U0315688

典型气体爆轰现象

Typical Gaseous Detonation Phenomena

赵焕娟　钱新明　等著

北　京

冶 金 工 业 出 版 社

2024

内 容 提 要

本书系统介绍了气相爆轰实验及爆轰传播特性，主要包括爆轰基础理论、气相爆轰实验方法及设备、预混气爆轰极限与失效原因分析、螺旋爆轰结构研究、爆轰动力参数、气体不稳定性对爆轰传播特性的影响、边界条件影响下的爆轰传播及机理，以及多孔材料对爆轰传播的抑制效果研究。

本书可供燃烧理论专业相关的高校老师和研究生阅读，也可供从事爆震燃烧基础研究及工程应用的科研人员参考。

图书在版编目（CIP）数据

典型气体爆轰现象 / 赵焕娟等著. -- 北京 ：冶金工业出版社，2024. 9. -- ISBN 978-7-5024-9975-4

Ⅰ. O38

中国国家版本馆 CIP 数据核字第 2024SQ8899 号

典型气体爆轰现象

出版发行	冶金工业出版社	**电　话**	(010)64027926
地　址	北京市东城区嵩祝院北巷 39 号	**邮　编**	100009
网　址	www. mip1953. com	**电子信箱**	service@ mip1953. com

责任编辑　张佳丽　美术编辑　吕欣童　版式设计　郑小利

责任校对　王永欣　责任印制　窦　唯

北京建宏印刷有限公司印刷

2024 年 9 月第 1 版，2024 年 9 月第 1 次印刷

710mm×1000mm　1/16；11. 5 印张；218 千字；168 页

定价 76. 00 元

投稿电话　(010)64027932　投稿信箱　tougao@cnmip. com. cn

营销中心电话　(010)64044283

冶金工业出版社天猫旗舰店　yjgycbs. tmall. com

(本书如有印装质量问题，本社营销中心负责退换)

本书合著人员

党文义　于安峰　于　康　周宣赤　庞　磊

包颖昕　康会峰　林　伟　武郁文　李　健

张　琦　李明智

序　言

在工程与科学的广阔天地中，爆轰现象因其迅猛而剧烈的特性，一直是研究者们探索的热点。赵焕娟教授和钱新明教授已在爆轰领域深耕十余年，致力于对爆轰波的自持燃烧特性、传播机理及其在极端条件下的行为进行深入研究。他们的工作不仅增进了业界对爆轰现象基本物理过程的理解，而且在提高爆炸安全性、优化爆炸加工技术以及发展新型爆轰驱动技术等方面取得了重要进展。

本书尝试将赵焕娟教授和钱新明教授多年的研究成果和经验与读者分享。不仅系统地总结了爆轰波的基本理论，还详细探讨了爆轰波在不同介质中的传播特性，以及其在实际应用中的工程问题和解决方案。此外，书中还介绍了赵焕娟教授团队和钱新明教授团队在爆轰波数值模拟、实验诊断技术和材料动态响应方面的最新研究成果。

这些成果的取得，不仅对国防科技和工业应用具有重要意义，也为相关领域的学术研究提供了新的视角和方法。我深信，通过这本书的出版与传播，能够激发更多学者和工程师对爆轰的兴趣，共同推动这一领域的科学发展和技术进步。

John H S Lee

2024 年 6 月 10 日

前　言

燃烧学是一门既古老又年轻的学科。从远古的钻木取火，到现今的航空航天，都与燃烧过程和现象密不可分。爆轰燃烧作为燃烧领域中一个特殊的燃烧模式，早在一百多年前因为煤矿瓦斯爆炸而受到关注，后来由于其在民用、军用领域都具有广泛应用背景，从而吸引了全世界诸多著名科学家去探索。到目前为止，对于爆轰燃烧的研究和认识正由爆轰宏观及唯象认识逐步深入到内在物理机理，爆轰燃烧在基础研究中取得的进展也推动其在工程应用中的发展。

目前氢气、天然气等可燃气体在工业、发电、汽车等行业获得了广泛的应用，将有效缓解能源问题和环境污染问题。然而氢气、天然气易燃易爆，且泄漏后易扩散，这些固有特性致使其在生产、储存、输运、利用等方面存在泄漏和燃烧爆炸的风险。当可燃气泄漏形成的可燃气团遇到火源被点燃后将会快速发展为爆燃，爆燃波在管道内等受限空间条件合适情况下将会转变为破坏力更强的爆轰波，造成无法估量的灾难性后果。因此，系统、全面地研究可燃气体爆轰机理将对完善气相爆轰传播特性具有重要意义。

本书作者赵焕娟是北京科技大学土木与资源工程学院安全科学与工程专业教授，师承北京理工大学钱新明教授和加拿大麦吉尔大学 John H S Lee 教授，热爱探索爆轰、爆炸力学领域，数十年如一日钻研爆轰机理，进行了旋转爆轰三维胞格形成机理与数字化模拟研究，探索研究了管道边界条件、初始条件、气体不稳定性、温度梯度等对典型爆轰动力学参数的影响。发表 SCI/EI/核心检索论文 40 余篇，授权发明专利 14 项，主持参与国家自然科学基金、国家重点实验室项目、博士后面上资助、国家重点研发计划、国家科技重大专项课题等。任职中国力学学会会员、中国应急管理学会会员，《安全、健康与环境》期刊编辑委员会（青年）委员、《安全与可持续学报（英文）》编辑委员会（青年）委员等。

本书作者钱新明是北京理工大学机电工程学院教授，长期从事爆炸安全、系统安全性分析与评估等研究与教学工作。在国内外重要学术期刊上已发表学术论文150多篇，SCI检索近百篇，授权国家发明专利40多项，获国家科技进步奖二等奖1项、省部级科技进步奖特等奖、一等奖多项。先后负责国家项目数十项。多次参与国内重特大爆炸事故的技术调查，如天津港“8·12”、响水“3·21”事故等，并做出重要贡献，受到国务院事故调查组高度评价。钱新明教授兼任国家安全生产专家组成员。应急管理部火灾事故调查专家组成员。教育部高等学校安全科学与工程类专业教学指导委员会委员。中国兵工学会爆炸安全专委会副主任委员。中国职业安全健康协会防火防爆专委会副主任委员和北京工程热物理学会理事。

感谢爆轰领域的权威专家John H S Lee教授，Lee教授是爆轰研究的先驱者之一，研究领域涵盖燃烧、爆轰、激波物理，以及爆炸动力学，在这些领域已经开展了50余年的基础研究及应用研究。这50余年里，在爆炸危害和安全方面，作为咨询委员服务于多个政府和工业咨询委员会机构。由于在爆炸和爆轰现象的基础和应用研究方面的突出贡献，Lee教授1980年获得了国际燃烧协会的银质奖章，1988年获得波兰科学研究会的Dionizy Smolenski奖章，1991年获得Nuna Manson金质奖章。Lee教授先后于1989年和1995年两次获得院系杰出教学奖，2003年被聘为中国科学院力学所荣誉教授，并获得了香港理工大学的著名Alumni Award奖（2003年），是加拿大皇家学会成员。感谢Lee教授在爆轰燃烧领域及研究人员培养上所做出的巨大贡献！致敬Lee教授淡漠名利，几十年如一日从事爆轰基础研究的那种追求真理的科学奉献精神，在此表示由衷的敬意！

感谢北京理工大学腾宏辉教授、上海交通大学张博教授、清华大学王兵教授等指导本书研究内容的前辈及同行者。感谢黄国忠教授、金龙哲教授、高玉坤高级工程师以及北京科技大学教务处的老师对本书的技术指导帮助。感谢为本书研究内容做出贡献的严屹然、牛淑贞、林敏、董士铭、刘菊林等，他们为本书成文提供了很多素材。感谢为本书文字编辑做出贡献的汪乐溪、刘婧、刘学荣、卢宇轩、穆广源等研究生同学。

感谢北京科技大学土木与资源工程学院安全科学与工程专业实验室的帮助。感谢中石化安全工程研究院有限公司的支持。感谢化学品安全全国重点实验室开放课题的资助。

由于作者水平有限，书中不妥之处，敬请读者批评指正。

赵焕娟　钱新明

2024年6月4日

目　录

1 爆轰基础理论

爆轰波是一道跨过它后热力学状态（比如压力和温度）急剧增加的超声速燃烧波。爆轰波可看作是一道带反应的激波，它使反应物转变成燃烧产物的同时伴随着能量的释放。因为这道波是超声速的，所以其前方的反应物在它到达之前不受干扰，因此保持初始状态不变。爆轰波是一道压缩波，跨过爆轰波后产物的密度增加并且产物的气流速度与波运动同一方向。

15 世纪时的学者们通过对具有特定化学组分混合物的研究，发现这些混合物受到外界物理冲击时会发生剧烈的化学分解反应，但是囿于当时的科学技术条件，无法对这种现象进行深入研究。直到 19 世纪后期，Berthelot 和 Vieille 两位学者通过对多种不同组分可燃气体混合物的实验研究，测量了爆轰波的速度，至此才真正发现并确定了可燃气爆轰现象。与此同时，Mallard 和 Le Chatelier 两位学者利用当时新兴的滚筒相机对气体的燃烧过程进行了实验观测，发现了气体混合物的两种燃烧模态：爆燃和爆轰。此外，根据观测结果他们认为爆轰面的绝热压缩导致了爆轰波中的化学反应。

进入 20 世纪之后，学者们尝试建立定量理论预测爆轰波的速度，经过几十年的研究，爆轰领域内产生了用于描述爆轰波的 CJ 模型和 ZND 模型。

1.1 CJ 理论

早期的爆轰理论由 Chapman 和 Jouguet 根据 Rankine 和 Hugoniot 的激波理论提出（后简称为 CJ 理论），可定性描述爆轰波结构。CJ 理论假设爆轰波在传播过程中是理想状态，没有和外部边界产生耗散，即不存在热传导、热辐射和摩擦损失。CJ 理论融合热力学和流体力学的理论，对爆轰波进行简化，将其看作一个一维的无厚度的强间断面，间断面两侧分别是未反应的可燃气体混合物和反应后的反应产物，爆轰波经过间断面的瞬间反应就已完成并放出能量。CJ 理论模型示意图如图 1-1 所示。

根据 CJ 理论，可以将爆轰波阵面视为理想状态下的界面，即不考虑能量损失、质量损失和动量损失，所以 CJ 模型遵循能量、质量和动量守恒定律，其三大守恒定律的关系式为：

$$\rho_0 D = \rho(D - U) \tag{1-1}$$

$$\rho_0 D^2 + p_0 = \rho(D - U)^2 + p \tag{1-2}$$

$$E_0 + \frac{p_0}{\rho_0} + \frac{1}{2}D^2 + Q = E + \frac{p}{\rho} + \frac{1}{2}(D - U)^2 \tag{1-3}$$

式中，ρ_0、ρ 分别为可燃物的初始密度与燃烧产物的密度；D 为爆轰波的速度；U 为燃烧产物的速度；p、p_0 分别为可燃物初始压力与燃烧产物压力；E、E_0 分别为单位质量的可燃物与反应产物的比内能；Q 为单位质量的可燃物燃烧后放出的热量。

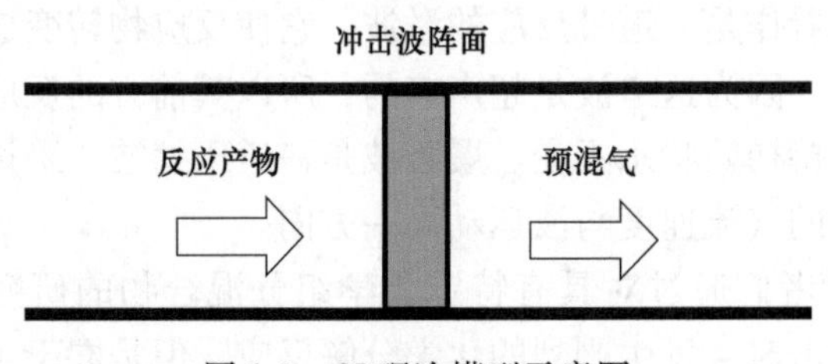

图 1-1　CJ 理论模型示意图

在 CJ 理论中，爆轰波阵面无厚度，化学反应瞬时发生，相当于反应物穿过波阵面后热力学参数发生突变，忽视了化学反应的过程。实际上，爆轰波阵面具有一定厚度，其内部的化学反应过程和流体动力学不能忽略，因此 CJ 理论不能用于描述波阵面的结构及其内部的化学反应过程。

1.2 ZND 模 型

为了深入研究爆轰波机理，Zeldovich、Von Neumann 和 Doering 分别提出了爆轰波结构理论模型，该模型之后被称为 ZND 模型。该理论模型认为爆轰波是由两部分组成，分别是位于前方的前导激波面和其后的化学反应区，两者以相同的速度耦合传播。此外，该理论认为化学反应区的末端平面状态为 CJ 状态，将该平面定义为 CJ 面。

ZND 理论模型示意图如图 1-2 所示。该模型假设反应区内发生的化学反应过程是一维且均匀不可逆的。在反应诱导阶段，反应物受到前导激波的绝热压缩作用，其温度、压力和密度都得到提高，进而导致反应物分子发生活化解离。之后反应物分子之间开始反应，释放出热量，这些能量为爆轰波提供向前传播的动力，使得爆轰波可以自持传播。ZND 模型阐明了爆轰波自持传播的机理，并且能够描述爆轰波的一维层流结构。

这两种理论都在一定程度上解决了爆轰传播的若干问题，但是仍旧不足以准确地描述实际爆轰传播中的结构变化和反应细节。两种理论都是建立在爆轰波是一维稳态的基础上，但大量的研究结果表明爆轰波是非稳态的三维结构。

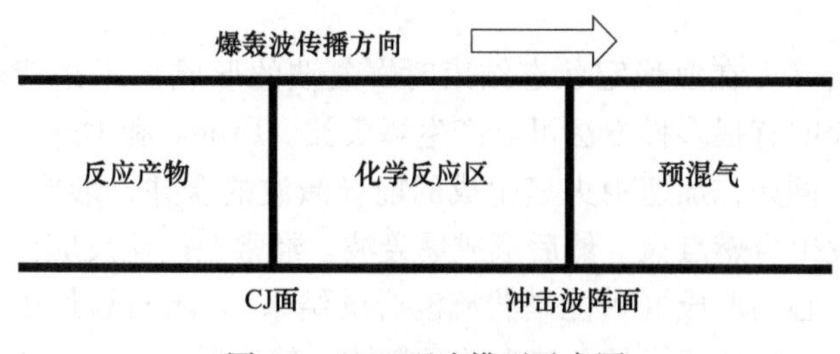

图 1-2 ZND 理论模型示意图

1.3 爆燃向爆轰转变

爆轰一旦起爆将以一个定常速度传播，而爆燃与爆轰不同，自主传播的爆燃本质上是不稳定的，在点火后趋向于持续加速。在适当的边界条件下，爆燃将加速到很高的超声速然后突然转变成爆轰。突然转变意味着在两个不同状态之间的转换。爆轰状态有明确的定义，它的传播速度对应于可爆混合物的 CJ 速度。然而，一般来说在爆轰出现前的爆燃状态并没有明确的定义。在光滑管中，观测到爆燃加速到某一最大速度（相对于固定坐标系），该速度为爆轰开始前混合物 CJ 爆轰速度的一半。此外还观测到，以一半 CJ 爆轰速度传播的预爆轰状态能够持续多个管径长度。因此，似乎在爆轰开始前存在一个亚稳定的准稳态爆燃状态。尽管在亚稳定状态的反应区和前导激波以几乎相同的速度传播，但是它们没有耦合成一道爆轰波，因为通过前导激波对混合物绝热压缩加热而导致的诱导时间，比试验所观测到的诱导时间要大几个数量级。因此，反应区是通过一个不同于激波点火的机制来传播的。应当指出的是传播进入混合物的反应区已经被前导激波所驱动，并且反应区相对于其前方反应物的传播速度比相对于固定坐标系所观测到的传播速度要小。由此可见亚稳定状态中湍流是导致反应区自主传播的机制。此外，CJ 爆轰速度的一半还很接近混合物的 CJ 爆燃速度。因此，可以做出合理的假设，即爆燃在向爆轰状态转变前，将加速到爆燃的最大速度（即 CJ 爆燃速度）。

DDT（Deflagration-to-Detonation Transition）过程中的火焰加速阶段包含了不同的火焰不稳定机理（Landau-Darrieus，热扩散等）。火焰同样是个密度分界面，该分界面在加速度和压力波相互作用下是不稳定的（Taylor 不稳定、Richtmyer-Meshkov 不稳定和 Rayleigh 不稳定等）。跨过火焰面气体的体积增加导致了爆燃前流动位移的产生，反应面传播进入它所导致位移的流场中。反应面上热量释放速率的波动导致了压力波的生成，从边界反射回来的压力波反过来又作用于火焰。因此，存在着正反馈机理使得自主传播的爆燃不稳定，并使其持续加速直到爆轰的开始。

爆轰的开始（即在亚稳定状态结束时爆轰波的形成）不是特定情况下的唯一现象。实验表明有很多种方法可以产生爆轰波。Urtiew 和 Oppenheim 对这个问题进行了描述，例如，加速中火焰生成的前导激波的合并，形成一个高温界面，在该界面上将发生自燃点火，然后形成爆轰波。经常在湍流反应区观察到局部热点或者说爆炸中心的形成（可能是湍流混合的结果）。来自爆炸中心的冲击波快速发展成爆轰泡，它持续增长并追上前导激波，然后形成过驱爆轰。回传进入燃烧产物的那部分冲击波称为回波。当球爆轰泡从管壁反射回来时，便生成了横向压力波。这些横波在爆轰和回波面间的产物区内的管壁间来回反射。偶尔能观察到的另外一种爆轰开始的模式是，来自反应区的压缩脉冲被放大并且不断追赶叠加到前导激波而形成爆轰。同样，爆轰的开始也经常这样发生，随着横波从壁面反射，传播经过反应区并持续放大，前导激波后的压力发生积累，最终形成爆轰。因此，我们注意到导致爆轰开始的机理有很多种，故不可能存在一个爆轰开始的通用理论。

Lee 等提出了解释爆轰开始时在湍流火焰刷中突然形成爆轰的机理。通过爆炸中心形成的冲击波强度一般较弱，最多是 $M=2$ 的量级。然而，完全发展的球爆轰泡看起来几乎是在局部爆炸中心自发形成的。这样就需要有一种非常有效的激波放大机制。Lee 运用 Rayleigh 准则解释了与热源耦合的周期性振荡的放大，提出了一种运动激波脉动的机理。假如以某一种方式对脉动前的介质进行预处理，使得化学能释放可以与脉动同步，便能导致快速放大。这种机理叫做 SWACER 机理(“Shock Wave Amplification by Coherent Energy Release” 首字母简写)，要达到这一点需要在激波脉动前的介质中存在一个诱导时间梯度。有了该诱导时间梯度，化学反应就可以通过到达的激波脉动来触发，且能量释放与传播中的激波相同步。

既然 DDT 涉及多方面的问题，所以难以发展出一种通用的理论来描述这一现象。这样，即使对于给定了初始条件和边界条件的可爆混合物，仍然不可能预测是否发生或者何时发生 DDT。

1.4 旋转爆轰

旋转爆轰（rotating detonation）与螺旋爆轰（spin detonation）是不一样的，两者有着本质的区别。在接近临界直径的直管中，爆轰波以螺旋方式从起爆端向另一端传播，被称为螺旋爆轰，这种传播方式与爆轰波带有横波结构的三维本质有关。这种爆轰波不能在管内停留。而出现在圆筒中的旋转爆轰则不同，它被局限在圆筒的起爆端，不停地绕着对称轴旋转，它不具备向另一端传播的运动分量，故不会从开口端泄出，从而一直停留在筒内。

对于旋转爆轰，爆轰产物依靠旋转时的离心力，偏离引导激波的波后区域，从而为新鲜可燃气体的同步注入提供可能，这使爆轰波的波前始终充满未燃气体，进而维持爆轰波的持续旋转，其流场如图 1-3 所示。高压的爆轰产物沿轴向经喷嘴喷出，产生推力，故可用于推进。由于该爆轰波一直处于运动状态，并长期存在于燃烧室中，故无需高速来流和不停顿地点火，也不产生因爆轰出口而诱导的噪声。可以说，在推进方面，旋转爆轰同时具备了脉冲爆轰和驻定爆轰的某些优点，既可以零起动，又没有出口爆轰产生的噪声，且爆轰产物的污染很小，故具有广阔的应用前景。

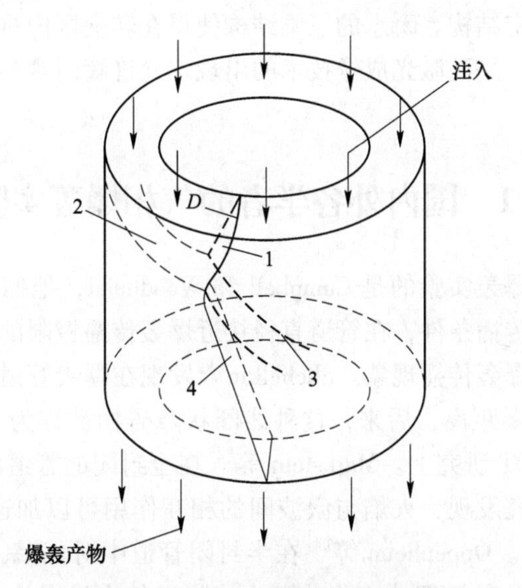

图 1-3 旋转爆轰燃烧室示意图

1—爆轰波；2—新鲜气体层；3—接触间断；4—透射冲击波；D—爆轰速度

2 气相爆轰实验方法

在20世纪50年代后期和60年代早期，许多崭新的诊断技术被引入爆轰研究中，如压电传感器、烟膜法、爆轰面光散射、高速纹影和干涉图法、完全补偿式的条纹摄影、薄膜热流计等。这些技术提供的令人信服的证据证明了自持爆轰波面普遍都是不稳定结构。瞬态的三维结构使得在转变区内难以进行细致的实验测量。直到近些年，平面激光成像技术的出现才允许瞬时观察三维不稳定爆轰波的横截面。

2.1 国内外各学者的气相爆轰实验

最早进行气相爆轰实验的是 Campbell 和 Woodhead，他们通过不断地降低管道直径来实现极限传播条件，在管道直径接近爆轰传播极限的小尺寸管道中首次发现并报道了螺旋爆轰传播现象。Shchelkin[1]发现在爆轰管道内加入螺旋状线圈可以大幅度缩短起爆距离，后来，这种线圈状障碍物被称为 Shchelkin 螺旋，被众多学者应用在 DDT 研究上。Markstein 等[2]在全封闭的管道中对 DDT 特性进行了相关的研究。研究发现，火焰与激波间的相互作用可以加速湍流火焰的形成，最终缩短 DDT 距离。Oppenheim 等[3]在半封闭管道中对氢/氧预混气体进行了一系列的试验。他们发现 DDT 大多形成于火焰附近的突发爆炸，且 DDT 的位置存在两种情况，一种是发生于湍流火焰内部；另一种发生在火焰前方，在激波绝热压缩下形成。Lee[4]通过实验研究了方形障碍物对乙烯/空气反应物 DDT 过程的影响，实验发现障碍物阻塞比在 0.3~0.7，障碍物间距足够大，火焰的伸展效果最佳；并且通过 OH-PLIF 成像技术显示障碍物会在流动边界层附近形成许多大小不一的旋涡，这些旋涡能够增加湍流强度，从而显著提高局部混气燃烧速度，加快火焰传播速度。中国科学技术大学孙金华等[5-6]在方管内对 DDT 过程中火焰形态变化进行了实验研究，实验结果表明，点火后，火焰形态从半圆形到指尖形再到“郁金香”型火焰转变，并分析了湍流对火焰状态的影响。江苏大学潘振华等[7-8]对狭缝内爆轰波的起爆和传播模式进行了实验研究，结果表明狭缝高度对起爆距离有较大影响，并在狭缝中观察到了稳定爆轰、“结巴”爆轰、驰振爆轰、低速稳定的传播模式。

对于爆轰波在管道内的传播特性，国外大量学者进行了深入的研究。Manson

等[9]研究了乙炔/氧气在不同管径下的传播特性。结果表明，在接近爆轰极限处，爆轰波的传播将变得更为复杂。爆轰传播速度随着管径的降低而降低。他们猜测爆轰极限形成的原因是热量损失在管壁形成了淬火层。Gordon 等[10]通过实验研究了在直径为 20 mm 的圆管内，氢气/氧气混合气体爆轰波传播时的爆轰失效情况。实验中首先在一个驱动段内产生一个过载爆轰波，而后观察过载爆轰波在管道内传播情况。初始状态时，采用驱动段与试验段的压力比控制过载爆轰强度，当混合气体的初始状态高于爆轰失效临界条件时，过载爆轰进入试验段管道后将逐渐达到稳定传播状态。然而，当混合气体初始状态低于爆轰失效临界状态时，过载爆轰进入试验段管道后，将逐渐衰减成爆燃波。当爆轰波速度接近于 CJ 速度时，在所有接近失效的混合气体中均观察到单头螺旋爆轰现象。Lee[11]提出将 $\lambda=\pi D$ 作为爆轰在圆管中传播的近极限条件的标准，其中 λ 表示爆轰胞格尺寸；π 表示圆周率，取 3.14；D 表示圆管的内径。Lee[12]对 $C_2H_2+2.5O_2+70\%Ar$ 的稳态气体和 CH_4+2O_2、$C_2H_2+5N_2O+50\%Ar$ 两种非稳态气体在环形管中的爆轰波传播情况进行了研究。研究发现，爆轰波传播能力的大小可以通过 λ/D 这一数值来衡量，该研究同时发现，随着初始压力的降低，爆轰波胞格尺寸逐渐变大。Lee 提出的爆轰极限判定标准对应于爆轰波中单头螺旋结构的首次出现。当胞格结构是单头时，胞格的尺寸是圆形管的周长即 πD。Lee 等[13]研究了不同规格的圆管和环形管中爆轰波接近极限状态的速度亏损，并获得了 d/λ（d 为管道直径，λ 为胞格尺寸）与速度亏损的变化趋势。他们的研究表明，在光滑管中，爆轰波传播速度的亏损达到 $15\%v_{CJ}$时开始失效，但在粗糙管中，爆轰波传播速度亏损高达 $50\%v_{CJ}$时仍然保持稳定自持传播。

国内也有许多学者对管道内爆轰波的传播进行了实验研究。张博等[14]进行了 $C_2H_2+2.5O_2+Ar$ 混合气体临界管径和爆轰胞格及临界能量的实验研究，首先分别测定了 $C_2H_2+2.5O_2$、$C_2H_2+2.5O_2+50\%Ar$、$C_2H_2+2.5O_2+70\%Ar$ 3 种混合气体在不同初始压力下的爆轰临界管径。结果表明：随着氩气稀释浓度的提高，在管道直径相同的条件下，可形成球形爆轰的临界压力增加，表明物质的爆轰敏感性降低。进一步探究各种物质临界管径与爆轰胞格的关系，得到了 3 种物质临界管径与胞格宽度的比例系数。最后分析了 3 种物质的临界管径与直接起爆的临界能量的关联性，并与 Lee 表面积能量模型对比，实验结果与理论模型基本吻合，得出 $C_2H_2+2.5O_2+Ar$ 混合气体爆轰临界管径与临界起爆能量之间的关系为 $E_c=16^{-1}\pi\rho_0v_{CJ}^2Id_c^3$。喻健良等[15]研究了初始压力对 CH_4+2O_2 气体爆轰波在管道内传播的影响，采用光纤探针测量爆轰波在管道内的传播速度，并采用烟迹法记录爆轰波胞格结构。结果表明：爆轰波在管道内传播时出现 5 种不同传播模式，分别为稳态式、快速波动式、结巴式、驰振式和失效模式。在稳态传播模式下，爆轰波局部速度波动很小且平均速度接近理论爆轰 CJ 速度，并呈现多头胞格结构。

高远[16]研究了临近失效条件下爆轰波非稳定传播的特性。研究表明：当初始压力远高于爆轰失效临界压力时，爆轰波在圆管和环管内稳定传播，且爆轰波为多头胞格状态。随着初始压力的降低，爆轰波在圆管及环管内传播时的局部速度波动增加，并呈现快速波动传播模式。当初始压力接近爆轰失效临界压力时，爆轰波胞格呈现单头螺旋状态。当初始压力低于爆轰失效临界压力时，爆轰波进入圆管及环管后其速度将逐渐衰减并直至失效。他们同时研究了在临近失效条件下，预混气体组分特性、初始压力等因素对爆轰波速度亏损的影响及速度亏损产生机理。爆轰波诱导区长度及管道边界层的增加，将导致爆轰波在管道内传播时产生能量损失，并产生速度亏损，最大亏损值可达30%理论 CJ 速度。景天雨等[17]在矩形截面爆轰管道中研究（150 cm 长，10 cm 高，3 cm 宽）气相爆轰波马赫反射过驱动马赫杆演化过程。研究表明，楔块表面过驱动马赫杆波阵面的演化非常复杂，其胞格尺寸呈现出明显的三阶段模式，即在楔面顶点附近是大尺寸胞格，经过一段强化过渡距离后，快速出现非常细小的胞格，然后缓慢增长并渐近地趋近最终稳定的胞格尺寸。过驱爆轰波的这种演化模式与燃烧转爆轰中过驱爆轰波衰减过程中胞格尺寸不断减小的规律不同，这可以归因于马赫反射、横波非定常性和不稳定性的共同作用。该研究发现过驱爆轰波的胞格尺寸随着过驱动程度的增加而减小，但是当过驱程度增加到一个临界值时，过驱爆轰波在烟膜上不会再产生更小的胞格。孙绪绪对含有障碍物的圆形和方形截面管道内进行氢气爆轰传播动力学研究，揭示了氢气爆轰波在含有较大阻塞比（0.802、0.889、0.923、0.951 和 0.960）和较大厚度（20 mm、60 mm 和 80 mm）孔板管道内的传播机理。发现当孔板阻塞比介于 0.802~0.960 时，在贫燃料一侧更容易形成爆轰波。随着孔板厚度的不断增加，发现了两种不同的爆轰点火机理，根据爆轰胞格结构特征分别将其命名为对称点火机理和非对称点火机理。同时揭示了管束结构管道内氢气燃烧转爆轰、爆轰传播极限机理和小尺寸扰动管道内爆轰重新起爆机理，发现管束结构可以显著促进燃烧转爆轰，且燃烧转爆轰的临界压力与管束位置密切相关。并且小尺寸扰动也可以促进爆轰起爆，且激波在小扰动结构表面反射诱导形成局部爆炸点是导致爆轰形成的直接原因，证明了胞格不稳定性是维持不稳定爆轰传播的主要原因。

对于爆轰波传播的抑制作用，Khomik 等[18-19]利用氢气-空气混合物爆轰波与不同阻塞率的多孔板作用，诱导爆轰在孔板下游失效并再起爆。结果表明，初始压力对再起爆浓度极限有很大影响，尤其是对于贫燃料的混合物。Qin[20]、Grondin[21]和 Lin[22]等使用两种类型的混合物（稳定气体和不稳定气体）来研究多孔板下游的爆炸波的再起爆过程。对于稳定的气体混合物，再起爆大部分是以分布式爆炸逐步形成的，但是对于不稳定气体混合物，再起爆大部分由剧烈的局部爆炸引起，并且起爆位置更靠近多孔板。Dupre 等[23]的实验使爆轰波穿过一段很短的有着多孔材料的管段，研究该管段前后压力和横波形态，证明了爆轰波的失效与横波损失有着直接关系，与热量和动量损失关系甚小。Vasil′ev 等[24]使用了声阻 4000 倍于初始气体的声吸收材料作为阻尼段对爆轰波进行抑制，确定了爆轰波失效极限下的阻尼段尺寸。Teodoreczyk 等[25]利用纹影和烟迹技术对气体爆轰在聚氨酯泡沫和金属丝网上的衰减和失效进行探究，提出了爆轰波与多孔壁作用的模型，分析了横波损失对爆轰失效的重要性。孙少辰等[26]在水平封闭的直管中，采用自主研制的阻爆实验系统对氢气-空气预混气体的爆轰火焰在波纹管道阻火器内的传播与淬熄过程进行了实验研究，研究发现，氢气-空气的爆轰速度数值较高，而且随着管径的增加，由于管壁热损失增大及其阻力因素等原因会导致预混气体爆轰速度趋向平稳；并且从经典的传热学理论出发，针对波纹板式管道爆轰型阻火器，推导出阻火单元厚度与爆轰火焰速度之间的关系，同时提出了爆轰条件下不同活性气体安全阻火速度的计算公式，为工业装置阻火器的设计与选型提供了更为准确的参考依据。

2.2 实验设备

预混气爆轰主要受边界条件和初始条件的影响，因此，搭建了不同形状的管道及低温环境下的管道装置来研究不同边界条件、初始状态对爆轰速度、爆轰极限、胞格尺寸等典型爆轰参数的影响。

2.2.1 圆管

爆轰实验平台由爆轰管道组、配气系统、点火系统和数据采集系统组成，爆轰实验平台示意图如图 2-1 所示，混气与充气等操作通过爆轰管前端的控制面板完成，之后通过点火系统直接在驱动段内引爆预混气，并形成稳定爆轰，数据采集系统采集实验段中的爆轰波速度等参数，还可在管道末端放置烟膜记录爆轰波结构。

2.2.1.1 爆轰管道组

爆轰管道组示意图如图 2-2 所示，管道组分为驱动段与实验段，驱动段长 1500 mm，其中放置 Shchelkin 螺旋以加速形成稳定爆轰。实验段为 PVC 管，厚 2 mm，可满足初始压力在 15 kPa 以内的爆轰实验，根据实验需求可选用直径为 50.8 mm、63.5 mm、80 mm 等的管道。

实验段上方安装光纤探头，用以测量爆轰波速度，其中各光纤探头间距为 10 cm，当爆轰波经过时触发光纤探头，可根据探头之间间隔距离与触发时间差计算爆轰波速度。

实验段管道末端放置烟膜以记录爆轰波结构，烟膜宽度与管道内壁周长相

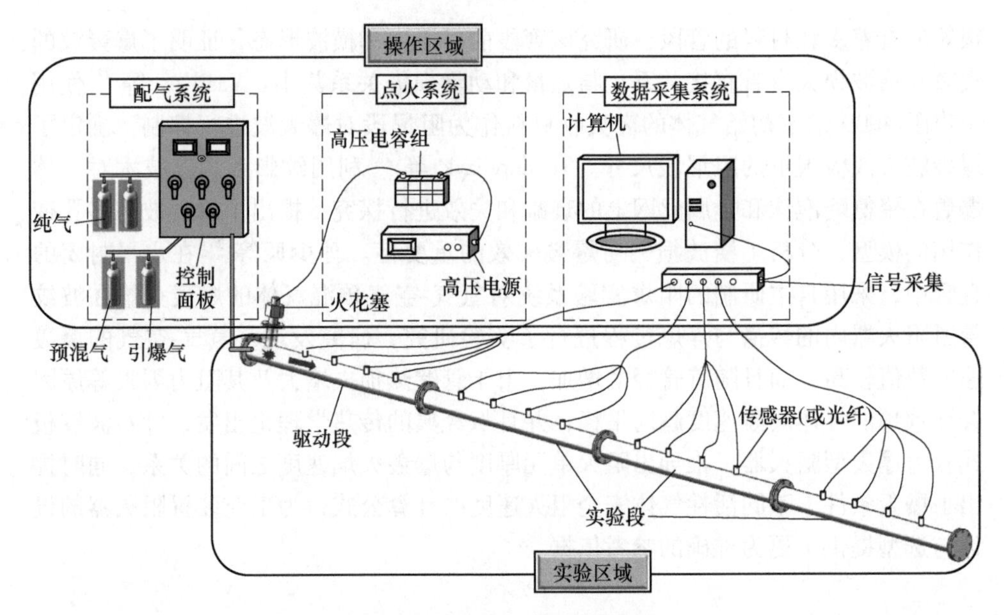

图 2-1　爆轰实验平台示意图

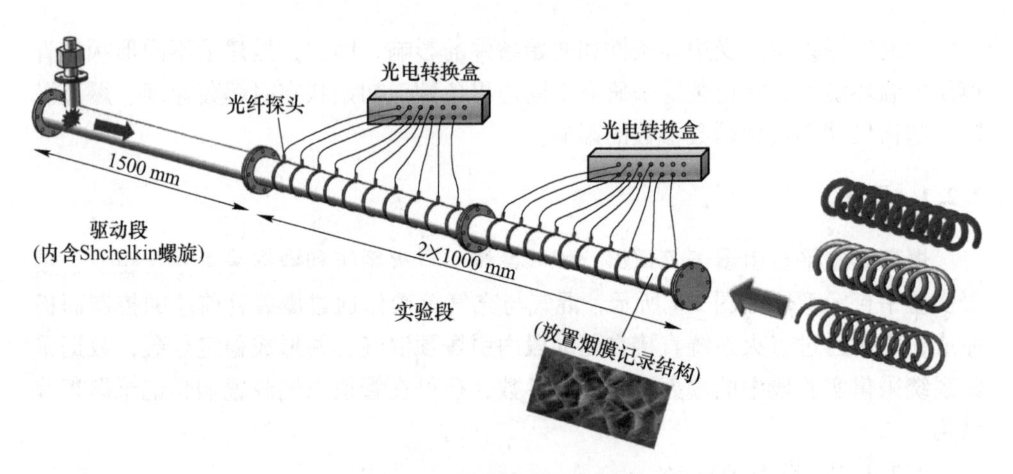

图 2-2　爆轰管道组示意图

等，卷曲后烟膜恰能覆盖管道内壁，安置过程中须保证烟膜无旋转。熏制前用酒精擦拭干净，过程中要保证烟迹均匀，须保证烟膜具有合适的烟迹厚度以获得最优的记录效果。实验后，可在烟膜结果表面喷一层透明保护漆，以更好地分析烟膜所记录的爆轰波胞格结构。

2.2.1.2　配气系统

如图 2-3 所示，配气系统由控制面板、压力传感器、数显表、真空泵、预混气气瓶、引爆气气瓶与各纯气气瓶组成。装置气密性能的好坏决定了实验中气体配比的准确度。同时，实验中充放气过程也由配气系统完成。

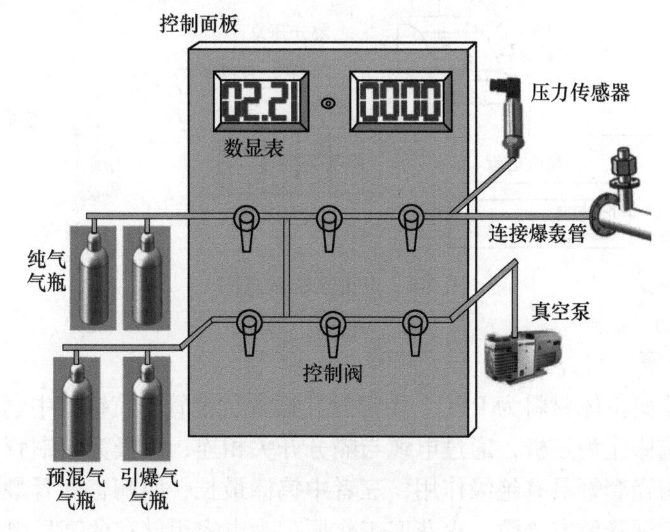

图 2-3 配气系统示意图

实验中使用的压力传感器型号为 Omega PX309-015AI 和 Omega PX309-300AI，两者均为 4~20 mA 输出，前者量程为 0~103 kPa，用于监测充入爆轰管中的预混气压力；后者为 0 ~ 2068 kPa，用于预混气的配置。数显表型号为 Omega DP25B-E。

真空泵型号为 Edward 公司 RV-12 旋片式真空泵，抽气速率 14.8 m^3/h，残余压力 0.2 Pa。在抽吸烃类混合气时，真空泵需配合油雾过滤器使用。

预混气配置通过开闭位于控制面板上的阀门完成，气体配比是否准确直接关系到实验能否成功。依据实验方案，按照道尔顿分压法原理，通过充配气系统配置实验所需预混气，静置 24 h 以充分混合。

2.2.1.3 点火系统

点火系统由触发器、隔分开关、电容组、高压电源与火花塞组成，如图 2-4 所示。使用前先向电容组充电蓄能，当电容组电压达到 15 kV 时，关闭高压电源停止充电。完成之后点按触发器，触发器能够提供瞬间 30 kV 的高压脉冲，电容组放电击穿隔分开关，而后火花塞产生的电火花引爆管内气体。

点火系统在使用前须检测各部分连接及地线连接是否完好，在充入预混气并确保爆轰管与控制面板之间的阀门关闭后方可启动高压电源。另外，可调节隔分开关两极的距离以控制点火能量。

A 电容组

实验中使用 Maxwell Technology 公司电容器，电容 0.03 μF，实验中并行连接 5 只电容器，电容组总电容为 0.15 μF。

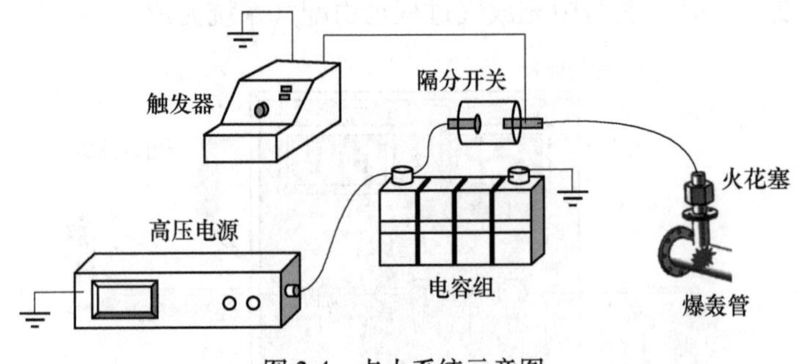

图 2-4 点火系统示意图

B 火花塞

所用火花塞主体材料为 PVC，内部开孔插入黄铜管，黄铜管中套有绝缘陶瓷管和钨棒。钨棒作为正极，通过电缆与隔分开关相连；负极为黄铜管，连接钨棒和黄铜管的陶瓷套管具有绝缘作用，三者中钨棒最长，而陶瓷套管最短，火花塞末端钨棒与黄铜管留有缝隙。火花塞工作原理为电容组储存的高压电源瞬间释放后击穿钨棒与黄铜管之间的空气，形成电火花。实验中电容组充电电压为 15 kV，由公式 $E = \frac{1}{2}CU^2$ 可得点火能量为 17 J。

C 高压电源

实验中使用的高压电源为 Glassman 公司生产的 MJ30N0400 型，可提供最高为 30 kV 的高压直流电压。在对电容组充电时，应调节高压电源所处电路中电流始终小于 1 mA。

D 触发器与隔分开关

触发器可提供高压脉冲将隔分开关尖端与连接柱之间的空气电离，从而导通隔分开关，使得电容组对火花塞放电而引爆管中气体。实验中使用的触发器如图 2-5（a）所示，型号为 EG&G 公司生产的 TM-11A 型，输出电压 0~30 kV，脉冲输出时间宽度为 4 μs。

实验中使用自制隔分开关，如图 2-5（b）所示，由电极、陶瓷套管及钨棒等构成。实验前调节隔分开关电极距离，一般 2 cm 左右的距离可保证电容组充电至 15 kV。触发器的高压脉冲将使电极导通，从而使得电容组向火花塞放电，引爆管道中预混气体在驱动段中形成爆轰波。

2.2.1.4 数据采集系统

数据采集系统中使用光纤测量爆轰波速度，如图 2-6 所示，爆轰波经过光纤时触发光纤盒，示波器上可观测到信号并记录爆轰到达时间。其中爆轰管道为 PC 材质，管道每隔相同距离安放光纤。光纤固定在半圆形夹具中，夹具上方插有直径与光纤大小相同、长 2 cm 的小铜管，如图 2-7 所示，光纤插入小铜管

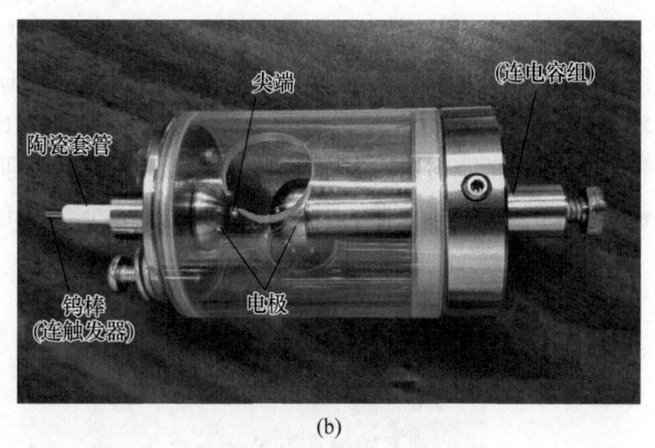

(a) (b)

图 2-5 触发器（a）与隔分开关（b）

1 cm，如此可确保当爆轰波通过光纤正下方时才可触发光纤盒。实验中根据光纤探头记录时间及距离可计算爆轰波速度。

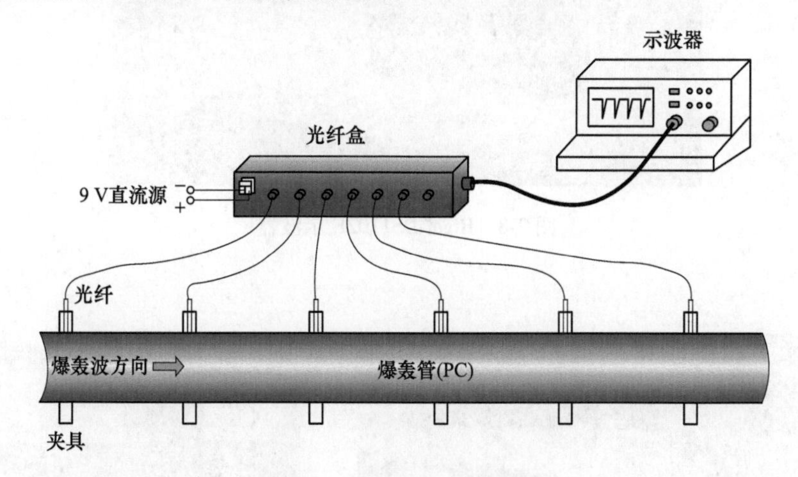

图 2-6 数据采集系统示意图

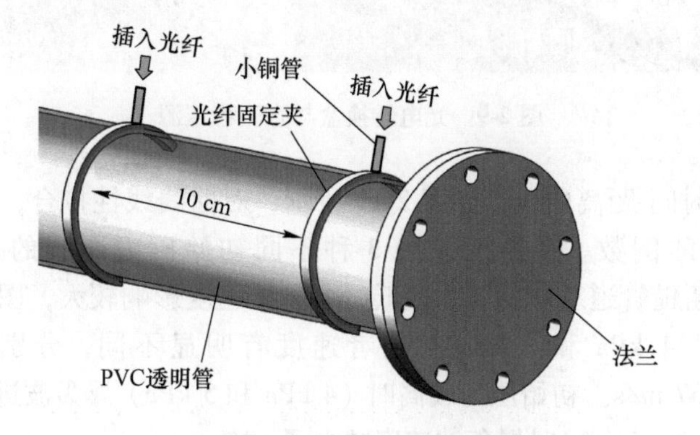

图 2-7 光纤探头安装示意图

所用示波器型号为 Rigol 公司生产的 DS1102E 型，采样频率最大为 1 GS/s，如图 2-8 所示。所用光电转换盒型号为 IF-950C，响应时间不超过 0.5 μs，数据传输速率为 100 Mbps，足以保证实验精度。使用 PYRAMID PS-32LAB 直流稳压源提供电压，光电转换盒所需电压为 9 V，如图 2-9 所示。当爆轰波通过时光纤盒被触发而引起电压突降，此时示波器可记录到电压信号，如图 2-10 所示。

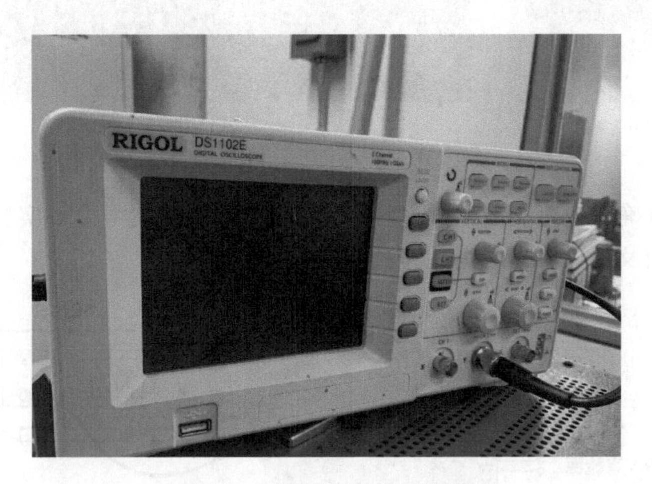

图 2-8　Rigol-DS1102E 示波器

图 2-9　光电转换盒与直流稳压源

由此可得时间-距离曲线，如图 2-11 所示，对曲线线性拟合，其斜率即为爆轰波平均速度的倒数。在光滑段中 3 种不同初始压力爆轰的速度接近，为 2132 m/s，但粗糙管道对初始压力较低时爆轰波速度影响较大，图中可看出初始压力为 2 kPa、4 kPa 和 5 kPa 时三者速度有明显不同，分别为 1285 m/s、1905 m/s和 2057 m/s。初始压力较高时（4 kPa 和 5 kPa）爆轰波进入粗糙段速度相对较低，而对于 2 kPa 时爆轰波速度减少了 40%。

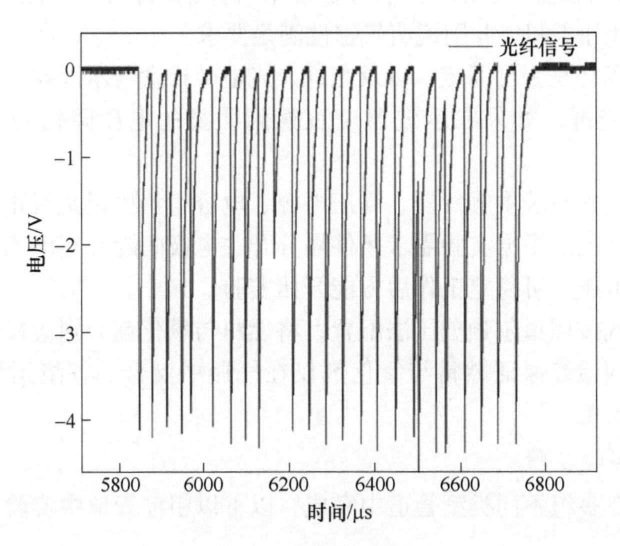

图 2-10 示波器数据记录

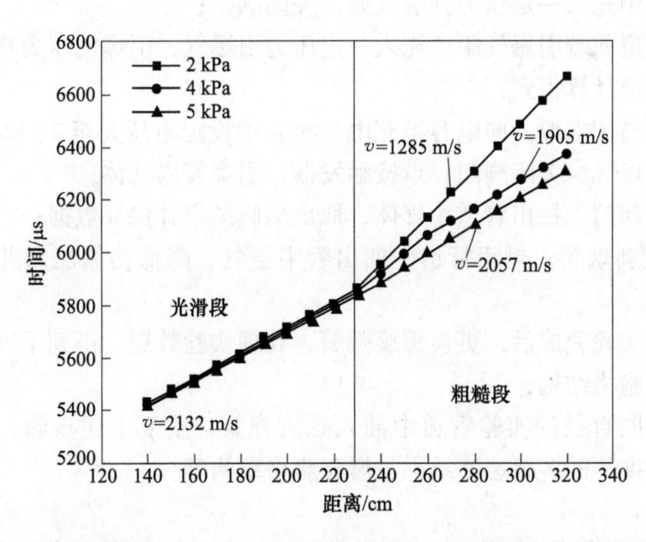

图 2-11 不同初始压力下 C_2H_2+2.5O_2 在直径 25 mm 管道中的时间-距离曲线

2.2.1.5 实验步骤

A 实验前检测与准备

实验前须对各系统进行检查，主要包括气密性检验、数据采集检测、点火系统调试及预混气配置等，若使用烟膜记录爆轰波结构，还需要熏制符合条件的烟膜。

（1）气密性检验。使用真空泵将管道中气体抽出，若绝对压力在 0.05 kPa 以下且泄漏率小于 5 kPa/h 则说明气密性满足要求。

（2）检查光纤是否已固定，以及光纤、光电转换盒与示波器的连接情况。用光源垂直照射光纤，如果在示波器上观察到明显的电压降信号，则说明连接完好。

（3）检查点火系统中触发器、高压电源、电容组负极板是否正确接地，以及各部件的连接状况。根据实验需求条件隔分开关电极间距并充电测试，当点火系统在指定充电电压下可稳定工作后方能开始实验。

（4）预混气按照道尔顿分压法配置，将燃料与氧化剂分别缓慢匀速地充入气瓶中，过程中须始终保证燃料与氧化剂仅在气瓶中混合。各组预混气放置 24 h 以上方可用于实验。

B　主要实验步骤

本次实验在多组不同类型管道中完成，以下以粗糙管道中实验为例，说明主要实验步骤：

（1）启动示波器，完成初始设定。安装烟膜，启动真空泵抽出管中空气；

（2）向管中充入一定压力预混气后，关闭阀门；

（3）向管道前端引爆气罐中充入一定压力引爆气，引爆气压力根据实验管道内预混气压力值计算得到；

（4）启动高压电源，向电容组充电，实验中设定电压充至 15 kV 后停止，之后迅速放入引爆气，关闭阀门，点按触发器，引爆管内气体；

（5）打开阀门，抽出管道中气体，取出烟膜结果并保存数据；

（6）固定新烟膜，封闭管道，抽出管中空气，降低初始压力并重复上述步骤完成实验；

（7）一组实验完成后，更换螺旋弹簧，处理实验数据，得到不同初始压力下的速度与爆轰胞格结构；

（8）在不同直径的实验管道中插入螺旋弹簧，重复上述步骤，得到不同管径、不同粗糙度下的多组速度结果与爆轰胞格结构等。

2.2.2　方管

图 2-12 为矩形截面管道设计图。该爆轰通道由两块钢板及中间挖空的铝合金板构成，合金板两侧开槽，槽内安装密封橡胶圈，3 块板合并时在外侧均匀加紧以达到合格的密封效果。合金板外侧打孔，通过装有密封橡胶圈的螺栓塞子将两个压力传感器安装于孔内。两个传感器的间距 $\Delta L = 20.4$ cm，测量所得波形的波峰距离为 Δt。在实验段管子的后端壁面处放入烟膜。

如图 2-13 所示，马赫反射矩形爆轰管道由驱动段（500 mm）、传播段

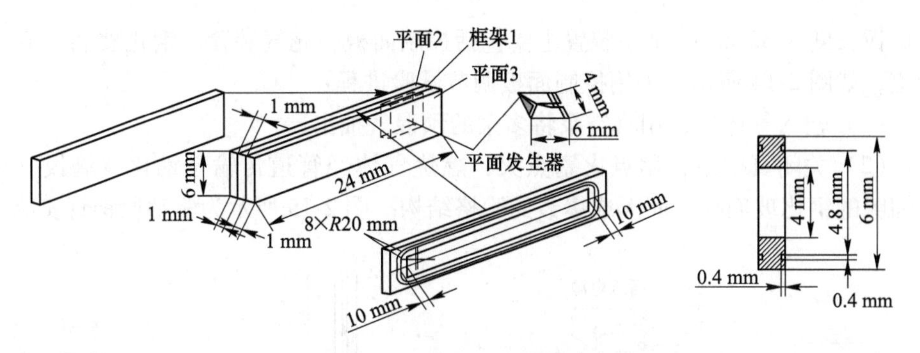

图 2-12　矩形截面管道设计图

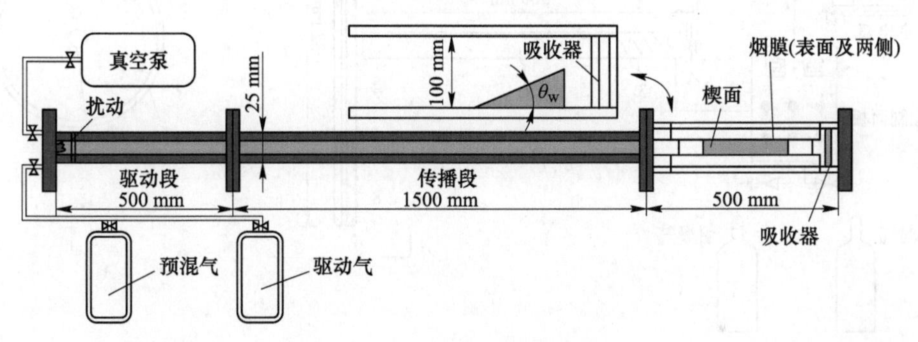

图 2-13　马赫反射矩形爆轰管道

（1500 mm）、观测段（500 mm）组成，截面尺寸均为 100 mm ×25 mm，材料为 6061 铝合金。观测段内放入不同角度楔面，宽度与截面尺寸相同。实验开始前，将楔面固定在管内，并在其两侧及表面放置烟膜。烟膜厚度为 1 mm，材质为聚酯乙烯，采用煤油灯均匀熏蒸。使用真空泵抽出管内气体，并保证密封管内压力在 0. 01 Pa 以下且泄漏率小于 2 Pa/h。充气过程中，首先缓慢且均匀地充入静置 24 h 的实验用预混气，当管内压力达到实验要求时停止，在驱动段中迅速充入适量高活性驱动气（乙炔、氧气混合气，体积比 1∶1），用 18 kV 电火花引爆。实验中驱动气被电火花直接引爆并迅速达过驱状态，强过驱爆轰波可在后方预混气中形成一道强激波，这道强激波可直接引爆后方预混气体。实验过程中驱动气的充入可使实验预混气快速形成 CJ 状态，且不会对后方预混气有太大的影响。另外，对于敏感度不高的临近状态预混气，利用驱动气形成过驱爆轰而实现直接起爆是有效的起爆方式。

2. 2. 3　柱爆轰

2. 2. 3. 1　试验台搭建

为控制爆轰速度，设定试验中驱动段钢管内径为 3. 2 mm，长 500 mm，钢化玻璃板长度为 32 mm。试验装置主要包括控制面板、充气装置、钢化玻璃、输气管道，如图 2-14 所示。采用控制面板调节试验进程：

（1）输入气体后，用真空泵将多余的预混气抽出；

（2）关闭真空泵，用点火塞点火，燃烧气体经管道传输至钢化玻璃板，在有间隙的钢化玻璃板之间形成爆轰的胞格结构。图 2-15 所示为驱动段钢管实物。

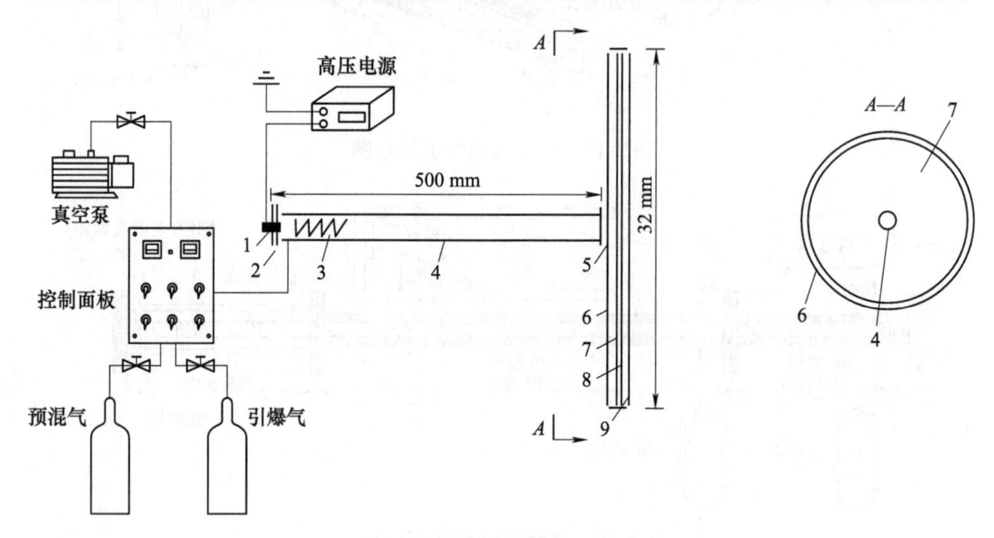

图 2-14　试验装置

1—点火塞；2，5—法兰；3—自制螺旋圈；4—驱动段钢管；6—密封橡胶圈；7—钢化玻璃；8—海绵；9—木板

图 2-15　驱动段钢管实物图

2.2.3.2 试验装置气密性检查

钢化玻璃板由密封橡胶圈保证玻璃板气密性，木板起到支撑玻璃板的作用。利用缓慢升压后稳压再继续升压的方式抽真空分段检查管道组件、法兰、阀门及焊缝严密性，如压力不降、无泄漏，则严密性试验合格。如果发现泄漏问题，应及时减压排气，修补缺陷后重复检查。校准分压，反复调试装置确保安全。

2.2.4 扰动实验

实验装置有光滑管道装置和环形管道装置两种。光滑管道直径 80 mm，由驱动段（1000 mm）和实验段（3000 mm）组成，管段之间采用法兰连接，如图 2-16 所示。实验段管道上方安装压力传感器，用来记录压力及时间，管道末端焊接开槽法兰，开槽部分安设橡胶圈，以提高管道的密闭性，在中段及末端安设烟膜用于记录横波的侧壁轨迹，烟膜要保证恰好覆盖管道内壁并且在放入的过程中保证烟膜无旋转。烟膜需要提前根据管道的尺寸进行裁剪，熏制前需要用酒精湿巾进行擦拭，熏制过程中需要注意将烟迹均匀附着在 PVC 膜表面。环形管道的实验装置是在光滑管道实验装置的基础上，将厚度为 5 mm，直径为 20 mm、40 mm 和 60 mm 的 PC 管插入直径为 80 mm 的光滑管道实验段末段，构成了环宽分别为 25 mm、15 mm 和 5 mm 的环形管道，在环形管内侧壁、PC 管的内壁及实验段中段中放置烟膜来记录爆轰波结构，各部分烟膜的安设位置如图 2-16 所示，外部管内壁、内部管外壁、内部管内壁放置的烟膜长度均为 1000 mm，宽度分别与外部管周长、内部管周长、内部管内周长相同。实验中选择高灵敏度的压力传感器测定实验中压力的变化，相同参数的实验均重复 3 次以上保证实验的可靠性。

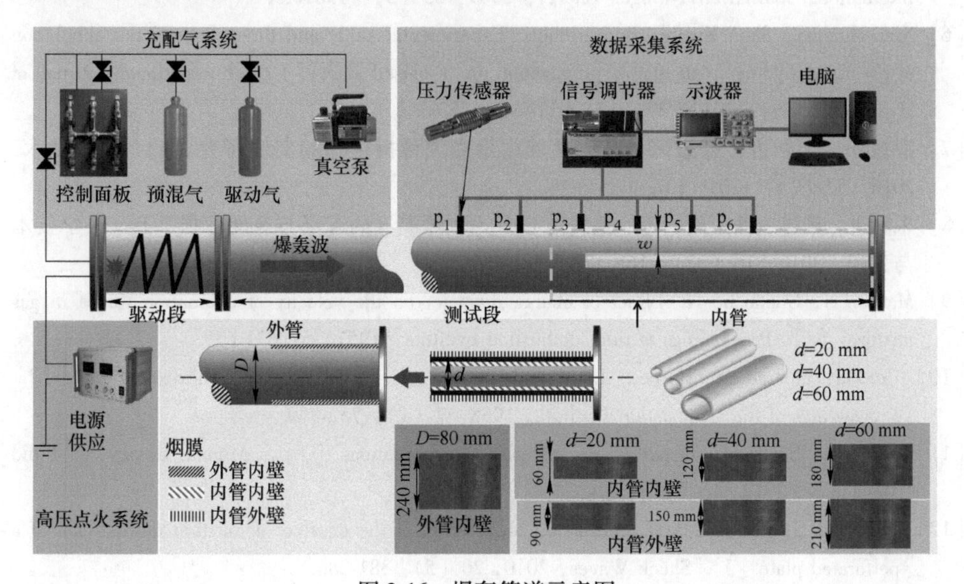

图 2-16 爆轰管道示意图

2.3 本章小结

本章主要综述了国内外各学者的气相爆轰实验及所用的实验设备。实验设备主要包括了不同截面的爆轰管道和相应的配气系统、点火系统、数据采集系统等。对各系统的主要功能和设备的性能参数进行了介绍说明，通过实验装置中数据采集系统的烟膜技术和压力传感器数据可获得不同管道内爆轰波的胞格结构和传播速度。

参考文献

[1] Shchelkin K L. Some methods for control of detonation [J]. Soviet Journal of Technical Physics, 1940, 10: 823-827.

[2] Markstein G H. Nonsteady Flame Propagation [M]. New York: Macmillan, 1964: Chapter D.

[3] Urtiew P A, Oppenheim A K. Experimental obervations of the transition to detonation in an explosive gas [J]. Proceedings of the Royal Society of London Series A. Mathematical and Physical Sciences, 1996, 295 (1440): 13-28.

[4] Lee S Y, Watts J, Saretto S, et al. Deflagration to detonation transition processes by turbulence-generating obstacles in pulse detonation engines [J]. Journal of Propulsion and Power, 2004, 20 (6): 1026-1036.

[5] Xiao Huahua, Wang Qingsong, He Xuechao, et al. Experimental and numerical study on premixed hydrogen/air flame propagation in a horizontal rectangular closed duct [J]. International Journal of Hydrogen Energy, 2009, 35 (3): 1367-1376.

[6] Xiao Huahua, Shen Xiaobo, Sun Jinhua. Experimental study and three-dimensional simulation of premixed hydrogen/air flame propagation in a closed duct [J]. International Journal of Hydrogen Energy, 2012, 37 (15): 11466-11473.

[7] 潘振华，朱跃进，张彭岗，等．狭缝内爆轰波传播模式的实验研究 [J]. 推进技术，2016, 37 (7): 1201-1207.

[8] 朱跃进，戴露，张彭岗，等．狭缝内 C_2H_4/O_2 预混气的起爆与速度亏损 [J]. 科学技术与工程，2016, 16 (32): 169-173.

[9] Manson N, Guenoche H. Effect of charge diameter on the velocity of detonation waves in gas mixtures [J]. Proceedings of the Combustion Institute, 1957, 6: 631-639.

[10] Gordon, Mooradian, Harper. Limit and spin effects in hydrogen-oxygen detonations [J]. Proceedings of the Combustion Institute, 1958, 7 (1): 752-759.

[11] Lee J H S. Dynamic parameters of gaseous detonations [J]. Annual Review of Fluid Mechanics, 2012, 16 (1): 311-336.

[12] Grondin J S, Lee J H S. Experimental observation of the onset of detonation downstream of a perforated plate [J]. Shock Waves, 2010, 20 (5): 381-386.

[13] Lee J H S, Jesuthasan A, Ng H D. Near limit behavior of the detonation velocity [J].

Proceedings of the Combustion Institute, 2013, 34 (2): 1957-1963.

[14] 张博，白春华，Lee J H S. C_2H_2-2. 5O_2-Ar 混合气体临界管径和爆轰胞格及临界能量的实验研究 [J]. 北京理工大学学报，2012，32 (3)：226-230.

[15] 喻健良，高远，闫兴清，等．初始压力对爆轰波在管道内传播的影响 [J]. 大连理工大学学报，2014，54 (4)：413-417.

[16] 高远．临近失效条件下爆轰波非稳定传播特性研究 [D]. 大连：大连理工大学，2014.

[17] 景天雨，任会兰，李健．气相爆轰波马赫反射过驱动马赫杆演化过程的实验研究 [J]. 中国科学：技术科学，2021，51 (4)：446-458.

[18] Khomik S V, Veyssiere B, Medvedev S P, et al. On some conditions for detonation initiation downstream of a perforated plate [J]. Shock Waves, 2013, 23 (3): 207-211.

[19] Khomik S V, Veyssiere B, Medvedev S P, et al. Limits and mechanism of detonation re-initiation behind a multi-orifice plate [J]. Shock Waves, 2012, 22 (3): 199-205.

[20] Qin H, Lee J H S, Wang Z, et al. An experimental study on the onset processes of detonation waves downstream of a perforated plate [J]. Proceedings of the Combustion Institute, 2015, 35 (2): 1973-1979.

[21] Grondin J S, Lee J H S. Experimental observation of the onset of detonation downstream of a perforated plate [J]. Shock Waves, 2010, 20 (5): 381-386.

[22] Lin W, Zhou J, Lin Z, et al. An experimental study on the onset of detonation downstream of a perforated plate with staggered orifices [J]. Experiments in Fluids, 2017, 58 (9): 121.

[23] Dupre G, Peraldi O, Lee J H, et al. Propagation of detonation waves in an acoustic absorbing walled tube [J]. Progress in Astronautics and Aeronautics, 1988, 114: 248.

[24] Vasil'ev A A. Near-limiting detonation in channels with porous walls [J]. Combustion, Explosion and Shock Waves, 1994, 30 (1): 101-106.

[25] Teodorczyk A, Lee J H S. Detonation attenuation by foams and wire meshes lining the walls [J]. Shock Waves, 1995, 4 (4): 225-236.

[26] 孙少辰，毕明树，刘刚，等．爆轰火焰在管道阻火器内的传播与淬熄特性 [J]. 化工学报，2016，67 (5)：2176-2184.

3 预混气爆轰极限与三维爆轰胞格结构表征研究

爆轰波是一道带有化学反应的激波，爆轰波阵面冲击未反应气体，引发爆轰化学反应并释放大量能量，形成高温高压燃爆区，给爆炸现场带来大量的人员伤亡、财产损失和环境破坏。为了研究抑爆防爆，本章开展了爆轰极限及爆轰胞格结构表征研究，构建了爆轰胞格结构动力学模型，开展了多条件多组分的爆轰实验，讨论了爆轰失效准则与胞格结构特征。

3.1 预混气爆轰极限与失效原因分析

选取典型可燃预混气 $C_2H_2+O_2$、$C_2H_2+2.5O_2$、$C_2H_2+2.5O_2+70\%Ar$ 和 CH_4+2O_2 在不同粗糙度管道中进行爆轰实验，对比光滑管道与粗糙管道实验结果，分析近极限条件下边界层效应与粗糙壁面对爆轰传播的影响，分析爆轰失效的关键因素。对于环形管道，内侧壁、外侧壁处的边界层效应均可影响爆轰。本节将在圆形管与环形管中进行爆轰实验，对比分析圆形管中胞格结构与环形管内侧壁、外侧壁处结果，研究环形管道内侧壁处边界层效应对爆轰传播的影响。

3.1.1 速度亏损与爆轰极限

实验中通过实验系统测量了不同初始压力下的爆轰波速度，结果如图 3-1 所示，图中各点数据均为管道组实验段的爆轰波速度。使用理论 CJ 速度将爆轰波速度 v 无量纲化处理，如图中纵坐标 v/v_{CJ}。总体而言，爆轰速度维持在 $90\%v_{CJ}$ 以上，随着初始压力减小速度缓慢降低，而趋近爆轰极限时出现速度突降。直径 25 mm 和 75 mm 的光滑管中 $C_2H_2+O_2$ 速度结果和 $C_2H_2+2.5O_2$ 速度结果均出现了突降现象，从 $90\%v_{CJ}$ 突降为 $50\%\sim60\%v_{CJ}$。

粗糙管中预混气 $C_2H_2+O_2$ 速度结果如图 3-2 所示，为与光滑管结果形成对比，图 3-2 中加入了光滑管道的速度结果。可以看出，无论是在直径 25 mm 还是 75 mm 管道中，粗糙壁面的作用下爆轰波速度均存在明显的下降。但是，粗糙管道中爆轰波可以保持在相对较低速度下稳定传播，图 3-2（a）中粗糙度 $d/D=0.08$ 时，爆轰波速度可在 $85\%v_{CJ}\sim v_{CJ}$ 范围内波动；粗糙度 $d/D=0.12$ 时爆轰波速度变化范围为 $80\%v_{CJ}\sim v_{CJ}$；当初始压力小于爆轰极限时，速度跌落至 $50\%\sim$

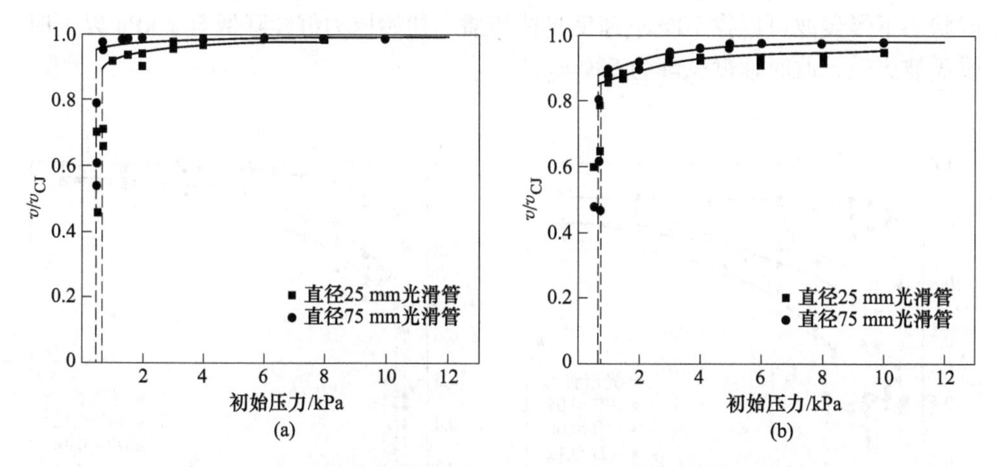

图 3-1　不同预混气在直径 25 mm 与 75 mm 光滑圆管中速度结果

（a）$C_2H_2+O_2$；（b）$C_2H_2+2.5O_2$

60%v_{CJ}。类似地，如图 3-2（b）所示，75 mm 管道中粗糙度 $d/D=0.14$ 时爆轰波速度最低可降为 70%v_{CJ}，初始压力低于爆轰极限则速度最低降为 55%v_{CJ}。

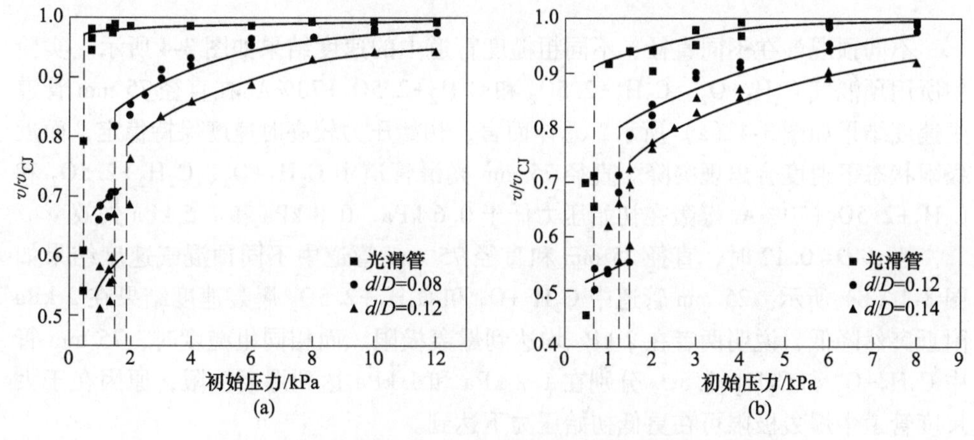

图 3-2　预混气 $C_2H_2+O_2$ 在不同粗糙管道中的速度结果

（a）直径 25 mm 管道；（b）直径 75 mm 管道

粗糙管中预混气 $C_2H_2+2.5O_2$ 的速度随初始压力变化曲线如图 3-3 所示，此处也加入光滑管速度结果作为对比。初始压力较高时，粗糙管中结果与光滑管类似，初始压力较高时爆轰波可以较高速度（80%v_{CJ}以上）稳定传播，而在初始压力降低趋近极限时速度亏损较大，如图 3-3 所示，在直径 25 mm 与 75 mm 管道中当粗糙度 $d/D=0.08$、$d/D=0.12$ 时爆轰波近极限条件下速度降为 75%v_{CJ}，爆轰在粗糙管壁中可以维持较低速度传播。图 3-3（a）中粗糙度 $d/D=0.12$ 时，近极限状态下爆轰波可以在 70%v_{CJ}速度自持传播。初始压力继续降低至 2 kPa 以下时爆轰波失效，此时速度突降为 55%v_{CJ}。

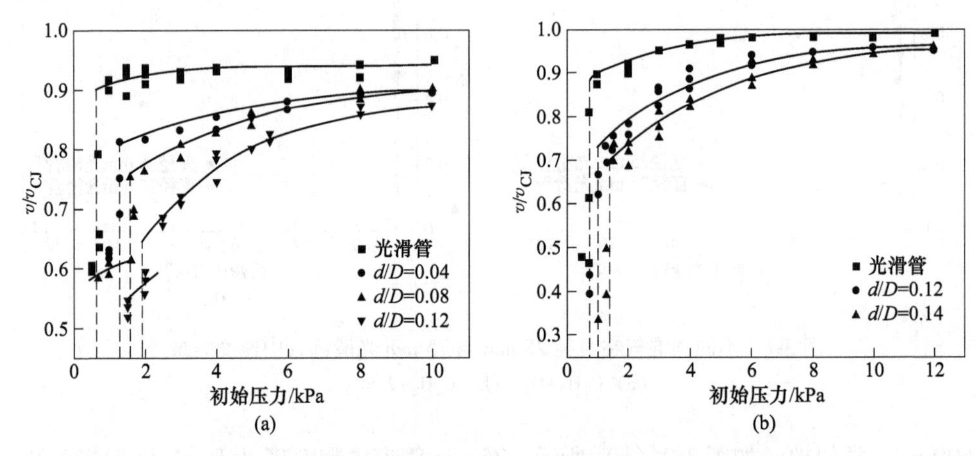

图 3-3　预混气 C_2H_2+2. 5O_2 在不同粗糙管道中的速度结果

（a）直径 25 mm 管道；（b）直径 75 mm 管道

不同预混气在不同直径、不同粗糙度管道中的速度结果如图 3-4 所示。实验中所用预混气 C_2H_2+O_2、C_2H_2+2. 5O_2 和 C_2H_2+2. 5O_2+70%Ar 在直径 75 mm 管道中速度结果如图 3-4（a）所示，总体而言，初始压力较高时速度保持稳定，而近极限状态下速度会出现突降。直径 75 mm 光滑管道中 C_2H_2+O_2、C_2H_2+2. 5O_2 和 C_2H_2+2. 5O_2+70%Ar 爆轰在初始压力低于 0. 6 kPa、0. 8 kPa 和 1. 5 kPa 失效。

当 d/D=0. 12 时，直径 25 mm 和直径 75 mm 管道中不同预混气速度结果如图 3-4（b）所示。25 mm 管道中 C_2H_2+O_2 和 C_2H_2+2. 5O_2 爆轰速度结果在 2 kPa 附近突然降低，说明两者在 2 kPa 均达到爆轰极限。而相同粗糙度时，75 mm 管中 C_2H_2+O_2 和 C_2H_2+2. 5O_2 分别在 1. 2 kPa 和 1 kPa 达到爆轰极限，原因在于大尺度管道中爆轰极限可在更低初始压力下达到。

图 3-4（c）为不同预混气在相同直径（75 mm）不同粗糙度管道的速度结果。d/D=0. 14 时 C_2H_2+O_2 和 C_2H_2+2. 5O_2 在 1. 5 kPa 左右可达爆轰极限，而不敏感预混气 C_2H_2+2. 5O_2+70%Ar，在 d/D=0. 12、d/D=0. 14 时分别在 4. 5 kPa、5 kPa 时达到爆轰极限。

研究表明，当初始压力降低时，螺旋爆轰由多头向单头衰减。本次实验结果中也观察到了这一现象，如图 3-5 所示，直径 25 mm 光滑管道中 C_2H_2+2. 5O_2 速度随初始压力降低而降低，同时螺旋横波频率衰减，在 0. 8 kPa 时观察到单头螺旋结构。继续降低初始压力则爆轰失效：0. 5 kPa 时爆轰结构消失，速度下降为 50%v_{CJ}。

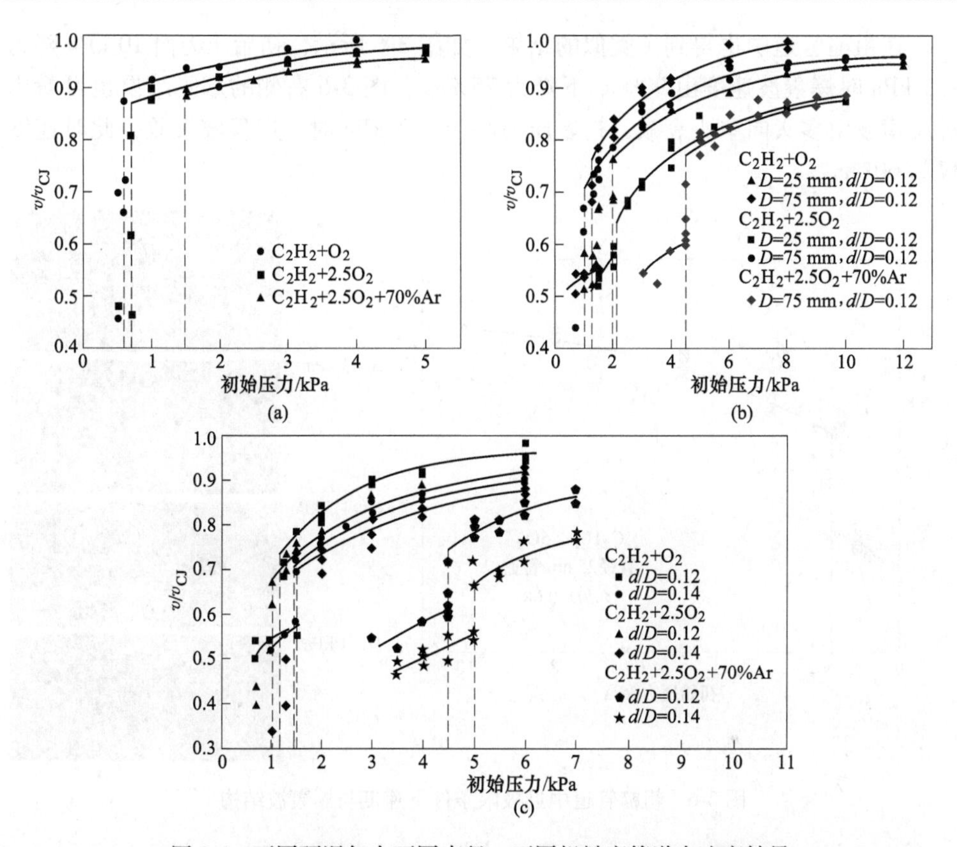

图 3-4 不同预混气在不同直径、不同粗糙度管道中速度结果

（a）不同预混气在直径 75 mm 光滑管中速度结果；（b）d/D=0.12 时，不同预混气在直径 25 mm 和直径 75 mm 中速度结果；（c）不同预混气在 75 mm 不同粗糙度管道中速度结果

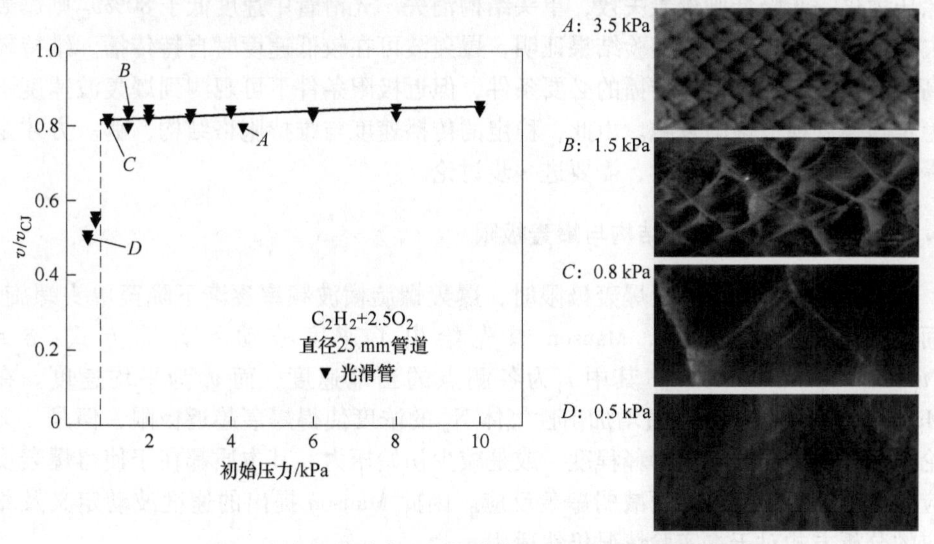

图 3-5 光滑管道中近极限条件下速度与爆轰波结构

在粗糙管道中也得到了类似的结果。如图 3-6 所示，初始压力由 10 kPa 降为 1.5 kPa 时爆轰波速度由 $90\%v_{CJ}$ 下降为 $75\%v_{CJ}$，图 3-6 右侧的烟膜结果也可看出螺旋横波由多头向单头衰减，初始压力小于 1.5 kPa 时，爆轰波失效，此时速度仅为 $60\%v_{CJ}$。

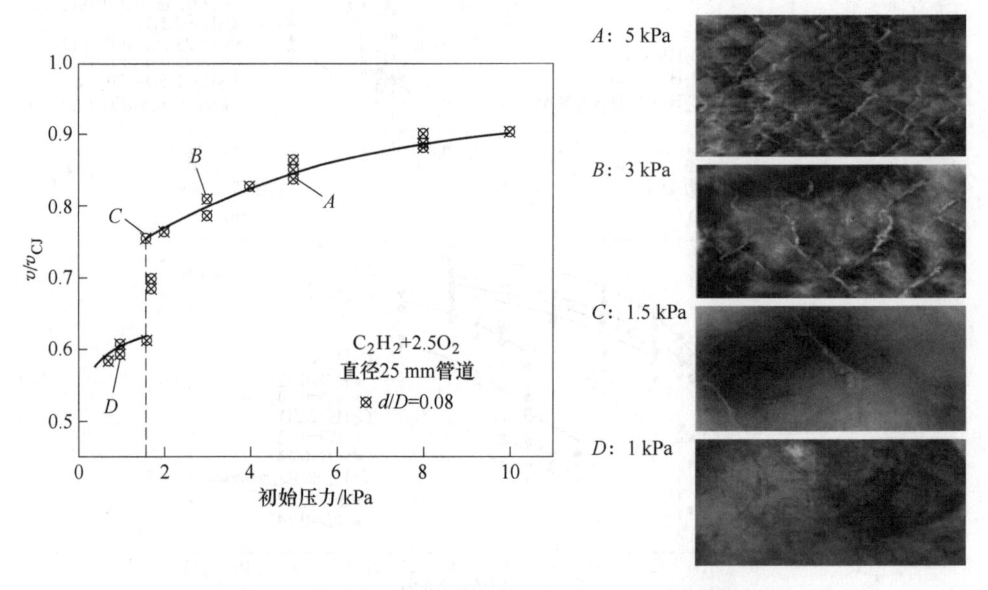

图 3-6　粗糙管道中近极限条件下速度与爆轰波结构

初始压力降低时爆轰波速度降低。而无论是光滑管或是粗糙管，随初始压力降低爆轰波螺旋横波频率也随之降低，近极限条件下速度突降单头螺旋出现，初始压力进一步降低则爆轰失效，单头结构消失。光滑管中速度低于 $80\%v_{CJ}$ 则爆轰失效，而粗糙管道中的实验结果证明，爆轰波可在较低速度时自持传播。维持较高的速度并非爆轰自持传播的必要条件，但近极限条件下可观测到爆轰波速度不稳定与螺旋横波逐渐衰减。由此，稳定的传播速度与维持胞格结构，哪一方才是爆轰自持传播的关键因素，需要进一步讨论。

3.1.2　速度波动、胞格结构与爆轰极限

初始压力降低而趋近爆轰极限时，爆轰螺旋横波频率逐渐下降至单头螺旋，而速度波动逐渐增大，Manson 首先给出了速度波动 δ 计算方式：$\delta = |v_l - v_m|_{max}/v_m \times 100\%$。其中 v_l 为各测点的当地速度，而 v_m 为平均速度。在 Manson 的研究中，他通过增加惰性气体 N_2 的浓度使得爆轰趋近极限，但是，无论是通过增加惰性气体稀释程度，或是减少初始压力，其本质都在于使得爆轰反应物的反应区长度增加而减弱爆轰反应。因此 Manson 提出的速度波动定义及相应的分析方式对于本实验情况仍然适用。

实验中预混气 C_2H_2+2.5O_2+70%Ar 在直径 75 mm 的光滑与粗糙管道中的速度波动-初始压力曲线如图 3-7 所示，无论是光滑管还是粗糙管中，在初始压力较高时速度波动较低，随初始压力降低速度波动逐渐升高，而在趋近爆轰极限时，速度波动突然增加。图 3-7 中光滑管中 1.5 kPa 时速度波动突然上升。对于粗糙管道，当粗糙度 $d/D=0.12$、$d/D=0.14$ 时，相应的速度跃升出现在 4.5 kPa 和 5 kPa 处。另外，对比图 3-4（b)(c）与图 3-7，速度波动跃升时对应的初始压力与速度突降时一致，两者结果相吻合。

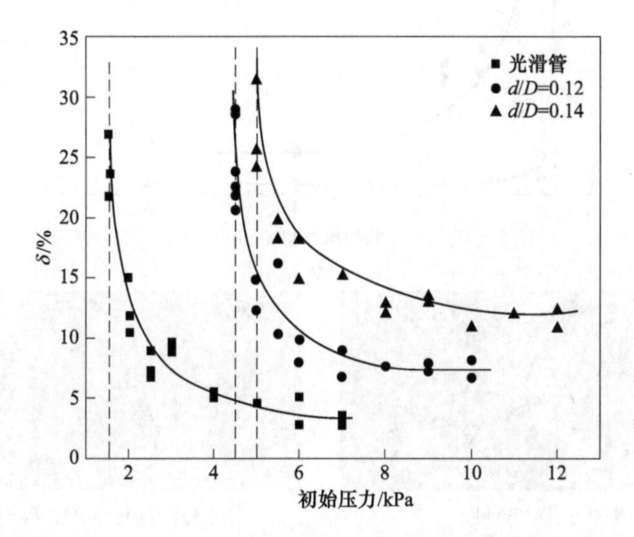

图 3-7 预混气 C_2H_2+2.5O_2+70%Ar 在直径 75 mm 管道中的速度波动-初始压力曲线

螺旋爆轰中横波频率随初始压力降低而减小，可以观察到爆轰波结构从多头逐渐削减为单头。与此同时当初始压力下降而接近爆轰极限时，速度减小且速度波动增大，图 3-8~图 3-10 展示了粗糙管壁中速度波动及爆轰结构随初始压力下降的关系。

光滑管结果如图 3-8 所示，速度波动曲线规律与图 3-7 相同，随初始压力减小而增大，而在烟膜结果中也可观察到横波模数逐渐减少，最终在爆轰极限附近出现单头螺旋，如图 3-8（b）中 C_1 和 C_2 所示。

粗糙管道中的速度波动结果及横波频率随初始压力变化趋势与光滑管相同，近极限条件时速度波动突然上升。以往的研究表明粗糙管壁的存在使得爆轰传播速度下降，而粗糙管壁附近也会形成湍流而影响爆轰[4,6]。当初始压力由 4 kPa 下降为 1.7 kPa 时，C_2H_2+O_2 的速度波动逐渐上升，最后突然跃升，如图 3-9 所示，而螺旋横波也由多头衰减为单头。C_2H_2+2.5O_2 在 25 mm 粗糙管中结果类似，趋近极限条件速度波动增大，横波频率减少，在 1.9 kPa 左右出现单头螺旋结构。

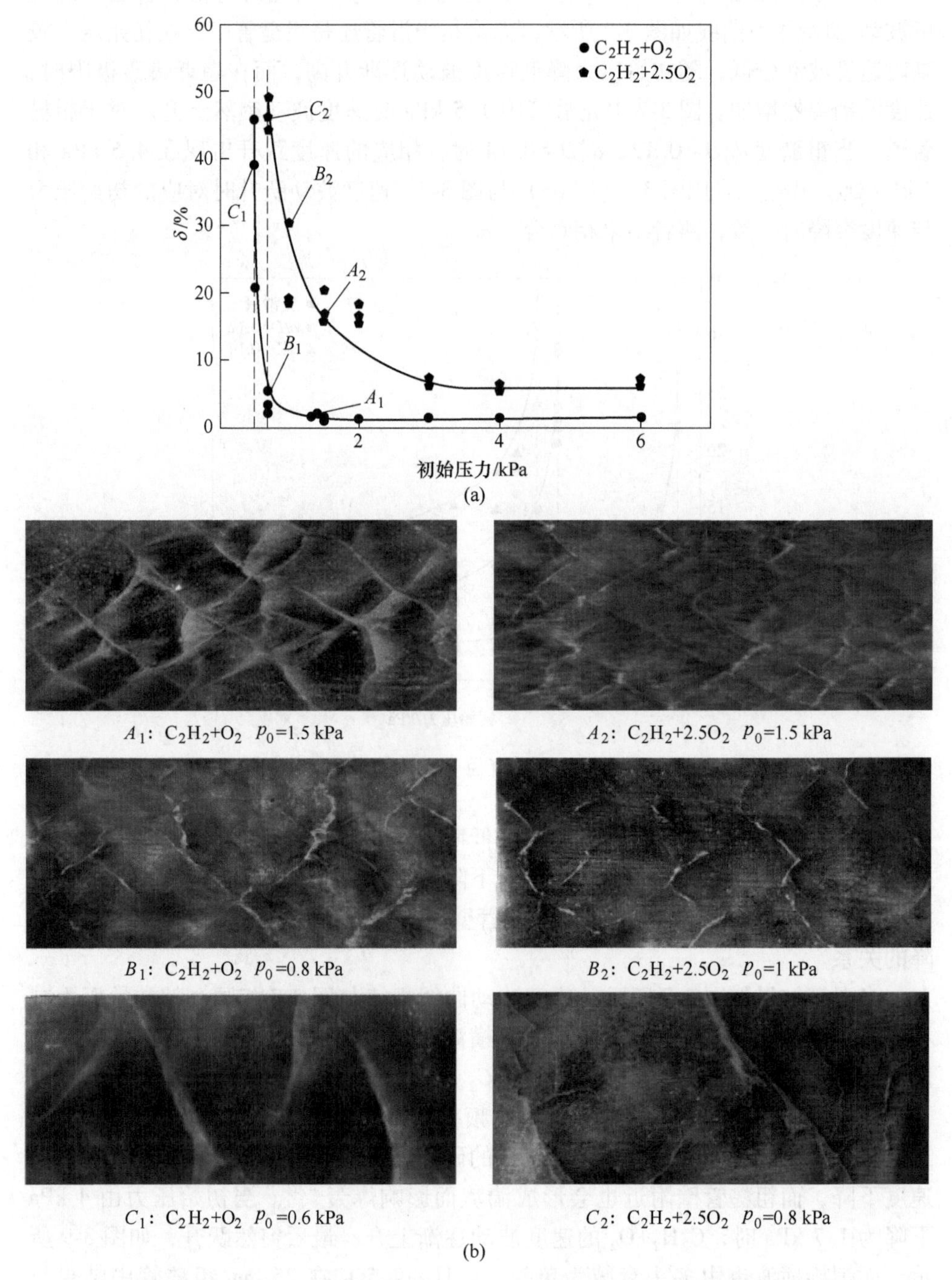

图 3-8　预混气 $C_2H_2+O_2$ 与 $C_2H_2+2.5O_2$ 速度波动（a）与烟膜结果（b）
（直径 75 mm 光滑管道）

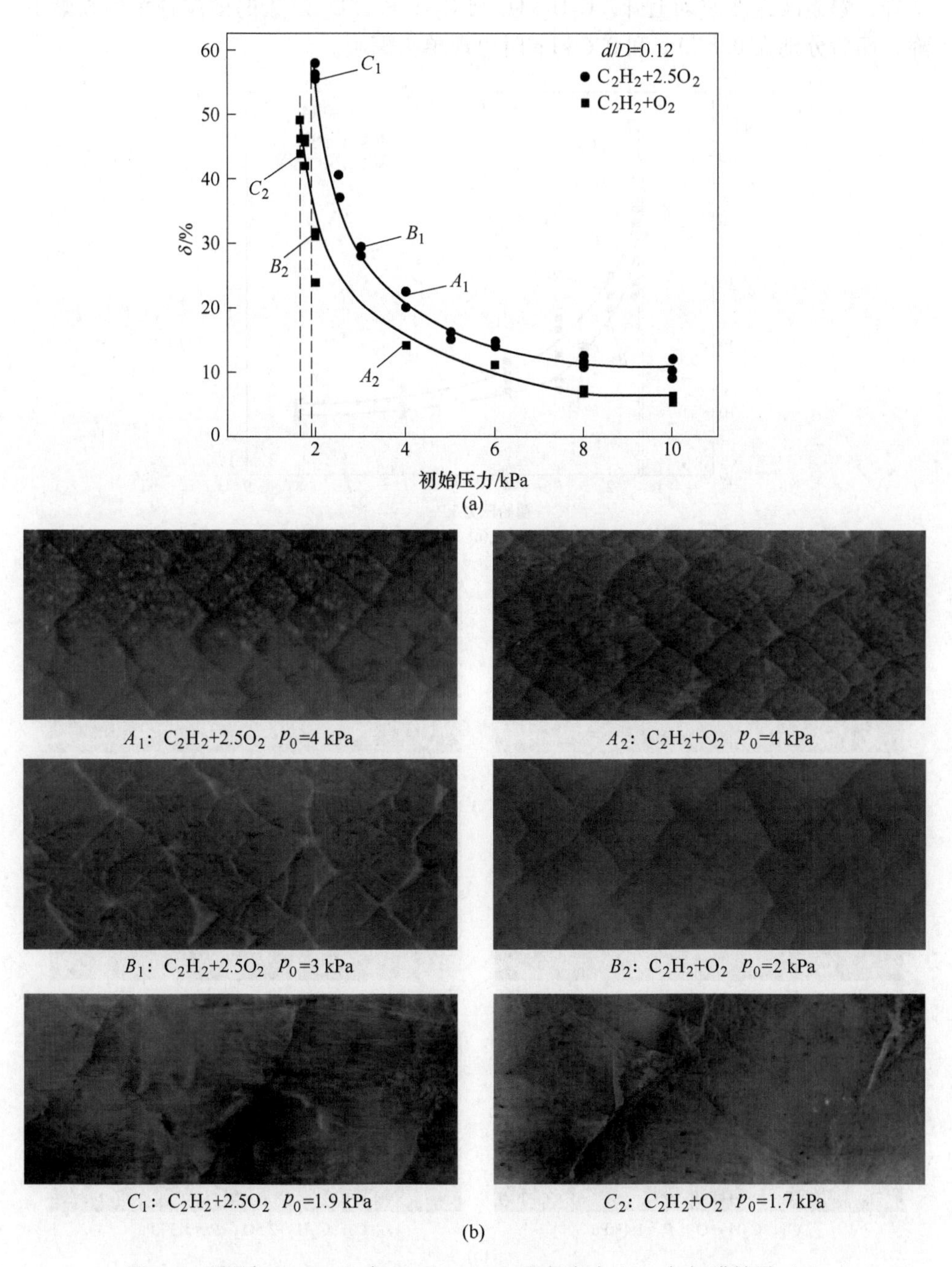

图 3-9 预混气 $C_2H_2+O_2$ 与 $C_2H_2+2.5O_2$ 速度波动（a）与烟膜结果（b）

（直径 25 mm 粗糙管道）

直径 75 mm 粗糙管道中也得到了类似的结果。如图 3-10 所示，随初始压力下降，爆轰波速度波动上升，$C_2H_2+O_2$ 与 $C_2H_2+2.5O_2$ 爆轰的横波频率均逐渐下降，而后分别在 0.8 kPa 和 0.6 kPa 时出现单头螺旋。

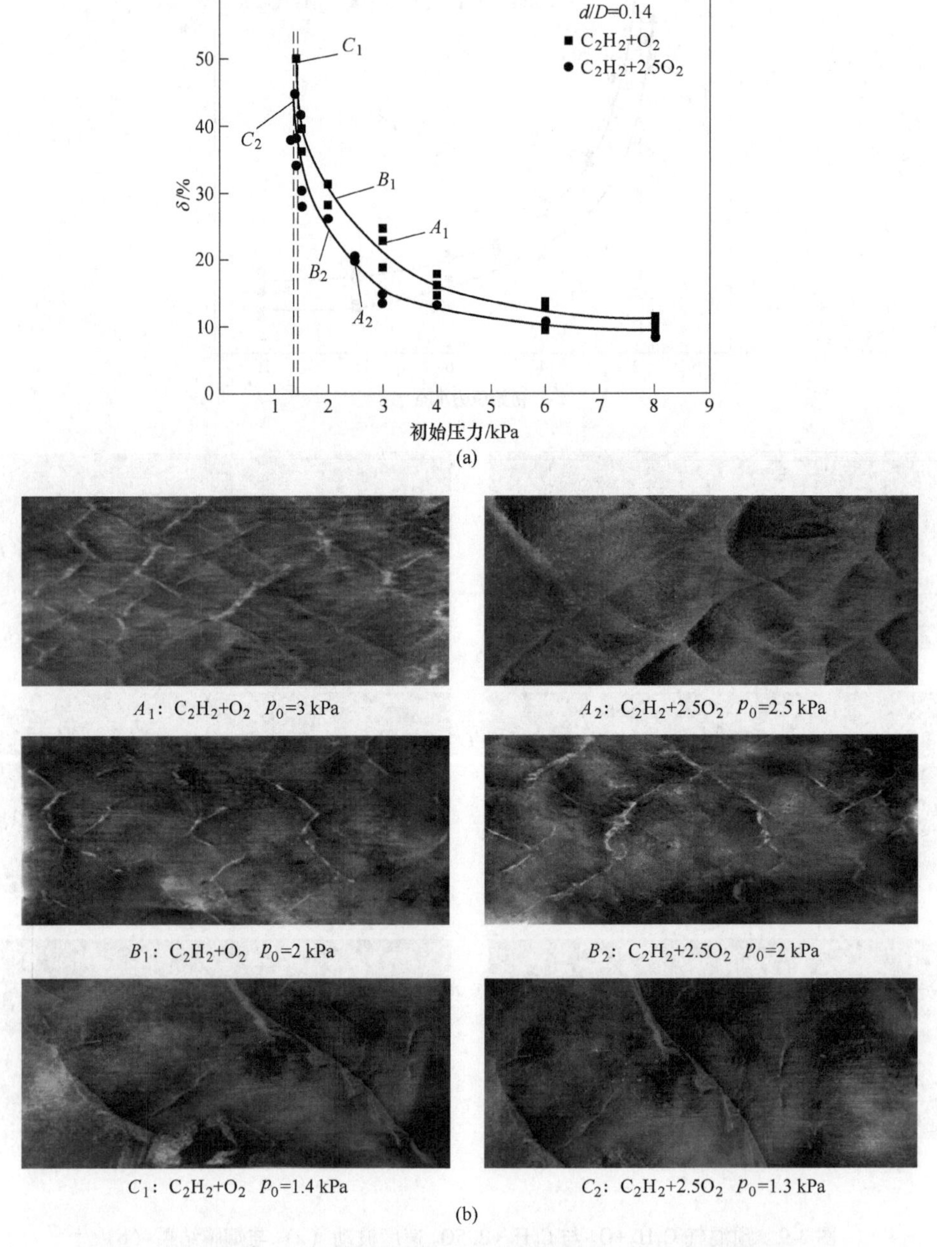

图 3-10 预混气 $C_2H_2+O_2$ 与 $C_2H_2+2.5O_2$ 速度波动（a）与烟膜结果（b）
（直径 75 mm 粗糙管道）

典型的稳定预混气 C_2H_2+2.5O_2+70%Ar 在粗糙管中速度波动与胞格结构关系如图 3-11 所示。此时粗糙管中整体趋势与上文结果相似，初始压力由 7 kPa 降

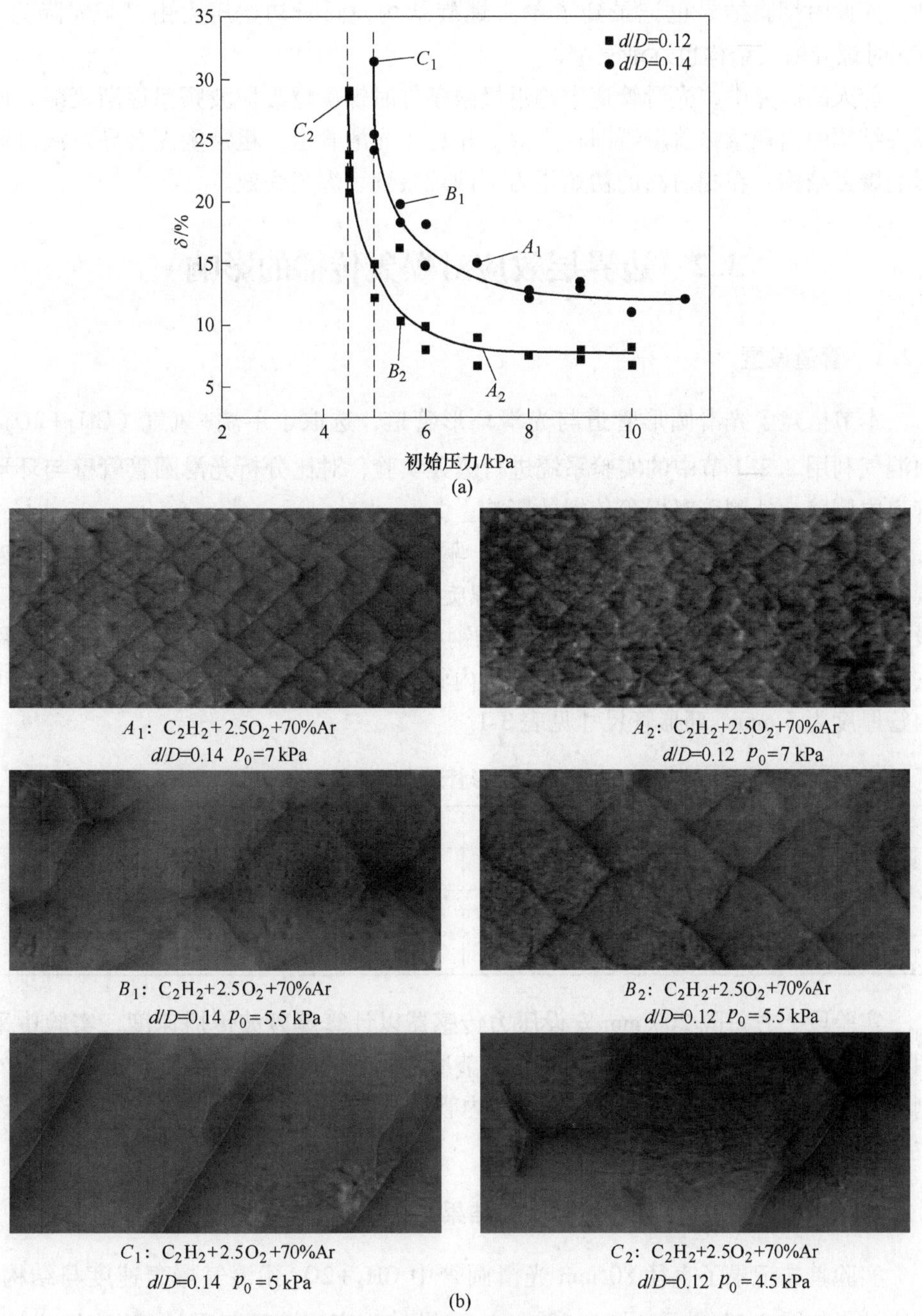

图 3-11 预混气 C_2H_2+2.5O_2+70%Ar 速度波动（a）与烟膜结果（b）

（直径 75 mm 粗糙管道）

为4.5 kPa的胞格结构变化如图3-11（b）所示，4.5 kPa速度波动上升，此时单头结构出现。类似地，粗糙管道中爆轰极限在更高初始压力下（5 kPa）即可达到，而此时烟膜结果也记录到了单头螺旋结构，同时初始压力由7 kPa降为5 kPa时螺旋横波结构也逐渐衰减。

前人的研究中，光滑管道中趋近极限条件时螺旋爆轰横波频率逐渐衰减，而单头结构的出现意味着爆轰即将失效。相比于光滑管道，粗糙壁面会导致湍流而影响爆轰结构，在相对高的初始压力下即观察到了爆轰失效。

3.2　边界层效应对爆轰传播的影响

3.2.1　管道设置

本节搭建了光滑圆形管道与光滑环形管道，选取了甲烷+氧气（CH_4+2O_2）预混气利用2.2.1节中的实验系统进行爆轰实验，对比分析光滑圆管管壁与环形管道内侧壁、外侧壁对爆轰传播的影响。

实验管道由驱动段与实验段构成，驱动段长1000 mm，前端与控制面板连接，之后设有点火塞并放置Shchelkin螺旋以促进稳定爆轰波的形成。实验段由3段长1000 mm的管段构成，管段为不锈钢材料，直径为80 mm，各管段之间采用法兰连接。在最后一段中插入PC材料内管以构成环形管道。实验中选取的PC内管厚度为5 mm，环形管尺寸见表3-1。

表3-1　环形管道尺寸参数

外管直径/mm	PC管厚度/mm	PC管外直径/mm	环管宽度/mm
80	5	30	25
	5	50	15
	5	70	5

实验段上方每隔200 mm安设压力传感器以计算爆轰波传播速度，实验中采用烟膜记录爆轰波结构，不同于3.1.2节所述圆管，环形管中需要记录环形管外侧壁、内侧壁和环形管端面，以及PC内管侧壁与端面的爆轰波结构，烟膜布设位置如图3-12所示。

3.2.2　光滑圆管及环形管道爆轰实验结果

实验首先记录了直径80 mm光滑圆管中CH_4+2O_2预混气爆轰速度与结构，速度结果如图3-13所示。图3-13（a）中纵轴为实测速度与理论CJ速度之比，横轴为爆轰波沿管道传播距离。由图3-13可知，初始压力较高时爆轰波速度可

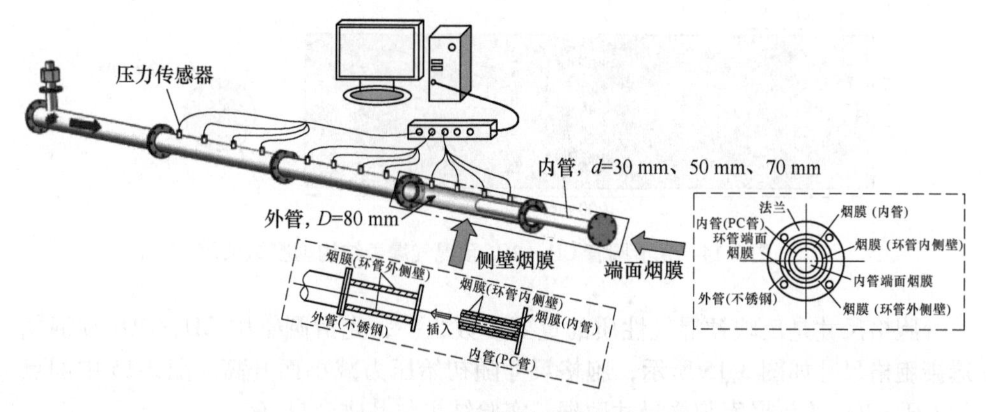

图 3-12 环形管结构示意图

保持 90%v_{CJ}以上且稳定传播。随着初始压力降低，爆轰波速度也随之下降，例如初始压力 $p_0=9$ kPa 时爆轰波速度在距离 3400 mm 处下降为 82%v_{CJ}，而 $p_0=8$ kPa 时速度进一步下降且波动更大。而当初始压力较低时，速度下降明显，例如 $p_0=4$ kPa 时速度在 61%v_{CJ}~85%v_{CJ}波动。初始压力降低而爆轰稳定性下降，导致在较低压力下出现较大的速度亏损与波动。速度随初始压力变化曲线如图 3-13（b）所示，随初始压力减小速度也减小，当平均速度低于 75%v_{CJ}后爆轰失效。

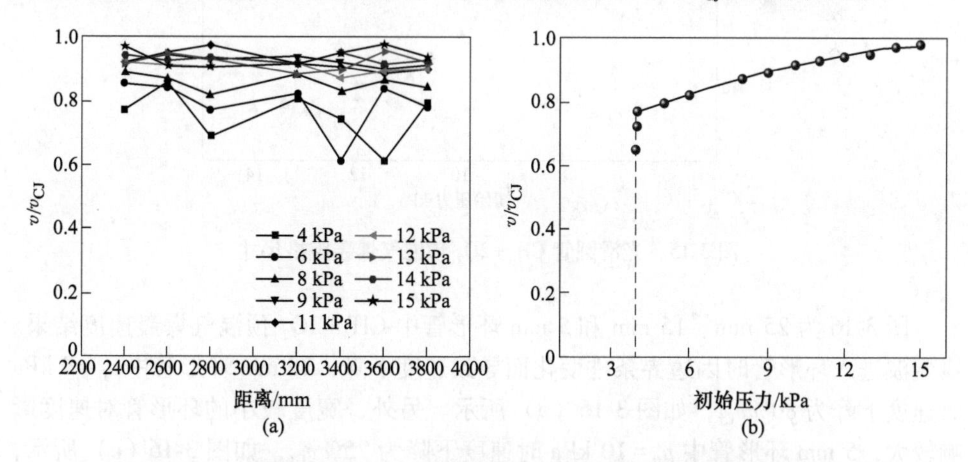

图 3-13 光滑圆管 CH_4+2O_2 预混气爆轰速度结果与爆轰波沿管道传播距离（a）和初始压力（b）的关系

实验中使用烟膜记录爆轰胞格结构，初始压力 $p_0=8$ kPa。由于 CH_4+2O_2 预混气的强不稳定性，螺旋横波存在强烈的相互碰撞且侧壁烟膜记录中胞格结构也较不规律。另外，螺旋横波绕轴旋转而在管道末端烟膜上留下端面胞格结构，如图 3-14 所示。

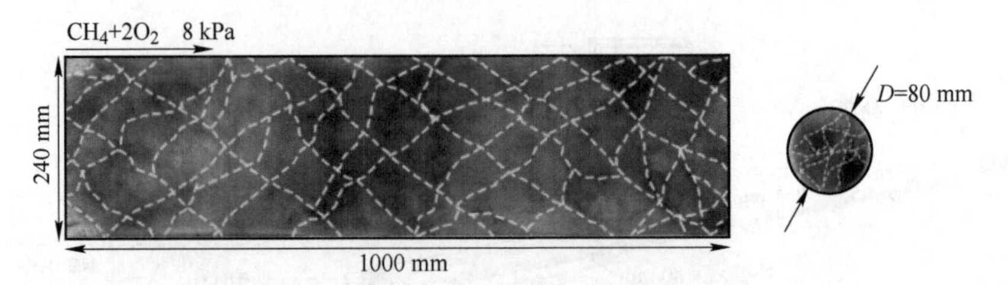

图 3-14　光滑圆管 CH_4+2O_2 预混气爆轰结构烟膜结果

胞格尺寸是反映预混气性质的重要参数之一，光滑圆管中 CH_4+2O_2 预混气爆轰胞格尺寸如图 3-15 所示，胞格尺寸随初始压力减小而升高。图 3-15 中圆点为 CH_4+2O_2 的数据库胞格尺寸数据，实验结果与其吻合良好。

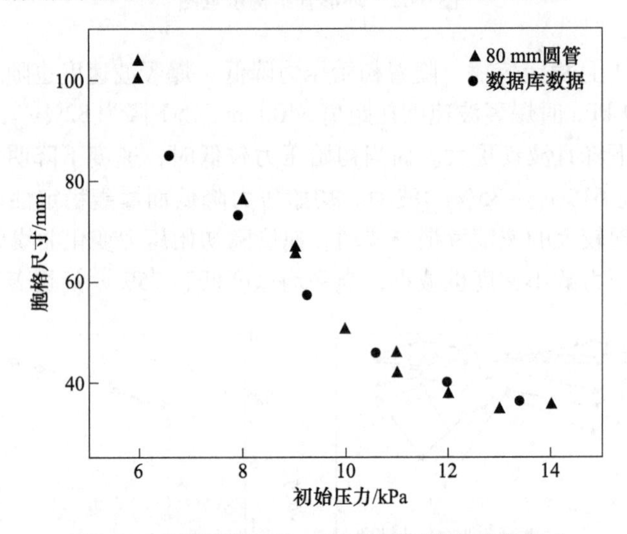

图 3-15　光滑圆管 CH_4+2O_2 预混气爆轰胞格尺寸

图 3-16 为 25 mm、15 mm 和 5 mm 环形管中 CH_4+2O_2 预混气爆轰速度结果。爆轰波进入环形管时因边界条件变化而导致速度下降，25 mm 环形管中 $p_0=9$ kPa 时速度下降为 $80\%v_{CJ}$，如图 3-16（a）所示。另外，宽度较小的环形管对速度影响较大，5 mm 环形管中 $p_0=10$ kPa 时速度下降为 $75\%v_{CJ}$，如图 3-16（c）所示，而当初始压力较高时 5 mm 管中也能观察到速度有明显下降，与此同时图 3-16（a）(b) 中 $p_0=14$ kPa、$p_0=15$ kPa 时速度进入环形管后则无明显变化。整体而言，初始压力降低速度减小，而进入环形管后速度略有降低，但初始压力较高时（9 kPa 以上），环形管中爆轰波速度无明显波动或突变，说明爆轰波在环形管中已达稳定自持传播状态。另外，不同环形管中速度-初始压力曲线如图 3-16（d）所示，边界层效应在较窄管道中影响明显，故而在环形管道中三者实验结果不同。

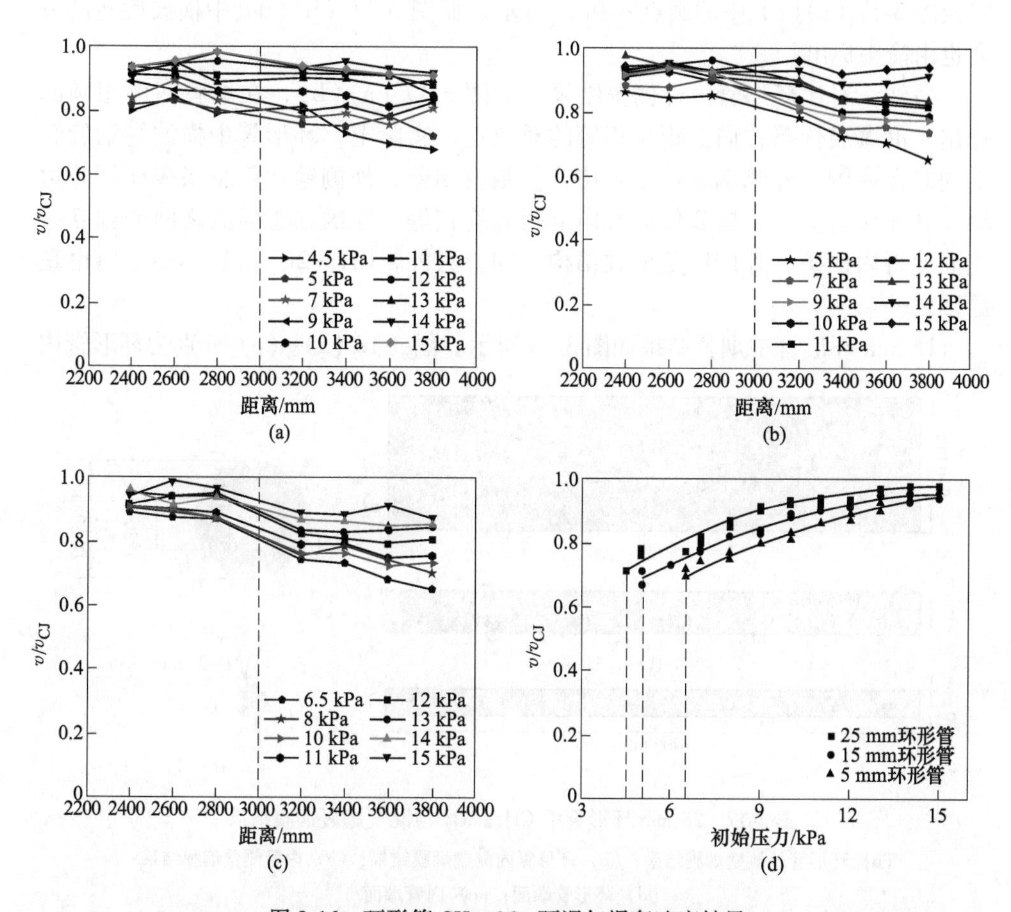

图 3-16　环形管 CH_4+2O_2 预混气爆轰速度结果

（a）25 mm 环形管 CH_4+2O_2 预混气爆轰速度结果；（b）15 mm 环形管 CH_4+2O_2 预混气爆轰结果；（c）5 mm 环形管 CH_4+2O_2 预混气爆轰速度结果；（d）三种环形管内 CH_4+2O_2 预混气爆轰速度结果对比

螺旋爆轰在传播中横波周向旋转，扫略管道侧壁而在烟膜上留下三波点轨迹，如图 3-17 所示，烟膜分别放置于环形管内侧壁、外侧壁、内管侧壁，以及环形管和内管端面。环形管内侧壁、外侧壁爆轰结构如图 3-17（a）(b）所示，三波点轨迹用虚线标出。环形管中横波沿传播方向绕轴旋转，侧壁烟膜记录三波点轨迹线，而实际爆轰具有三维结构，端面烟膜能够记录管道纵向截面的横波轨迹。

图 3-17（a）中外侧壁烟膜末端的圆点 a_1、a_2 与图 3-17（d）中端面结果外侧的圆点 A_1、A_2 是相同横波扫略得到，故可由此判断相对应的横波旋转方向。图 3-17（a）中，横波绕轴旋转的方向由箭头标出。相同地，环形管内侧壁烟膜与环形管端面烟膜内侧边缘的同源点如图 3-17（b）(d）中的圆点 b_1、b_2 和 B_1、B_2，

以及图 3-17（c）(e) 中的圆点 c_1和 C_1所示，而图 3-17（b）(d) 中横波旋转的方向也由箭头标出。

另外，对比环形管内外侧壁结果，如图 3-17（a）(b)，在烟膜两侧用圆圈标出了沿爆轰传播方向上距离相等的对应点。实际上，环形管中横波绕轴旋转而同时在内侧、外侧烟膜留下轨迹，但是内侧壁、外侧壁烟膜结果表面烟膜边缘处并非所有的点沿爆轰传播方向上距离均相等，原因在于横波之间的相互碰撞而使得内侧壁、外侧壁处横波结构不同，另外，CH_4+2O_2 的强不稳定性也是原因之一。

15 mm 环形管中烟膜结果如图 3-18 所示。图 3-18（a）~（e）分别为环形管内

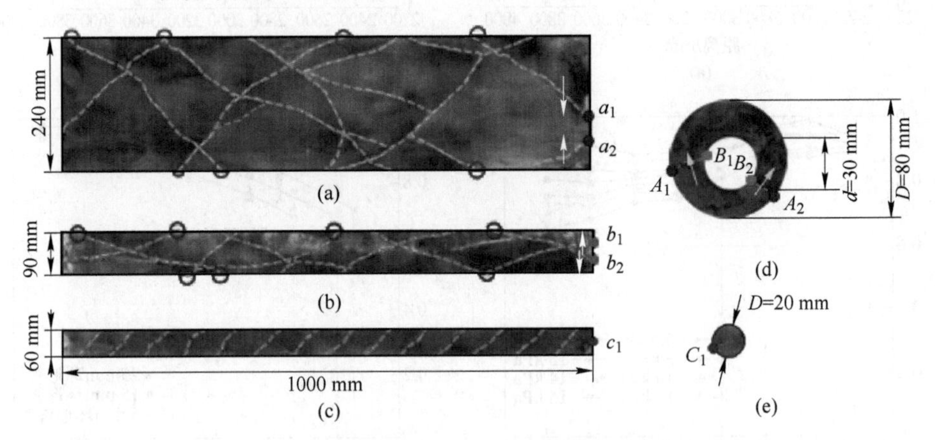

图 3-17　25 mm 环形管中 CH_4+2O_2 预混气爆轰烟膜结果

（a）环形管外侧壁烟膜结果；（b）环形管内侧壁烟膜结果；（c）内管侧壁烟膜结果；（d）环形管端面；（e）内管端面

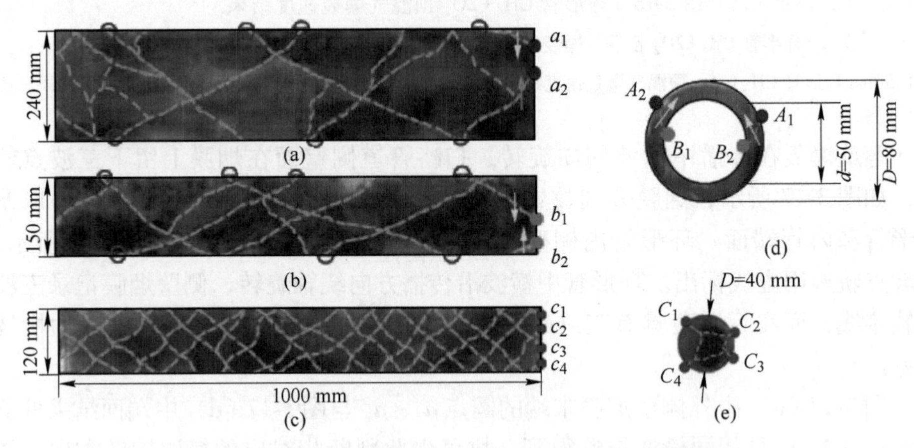

图 3-18　15 mm 环形管中 CH_4+2O_2 预混气爆轰烟膜结果

（a）环形管外侧壁烟膜结果；（b）环形管内侧壁烟膜结果；

（c）内管侧壁烟膜结果；（d）环形管端面；（e）内管端面

侧壁、外侧壁烟膜结果，内管侧壁烟膜结果，环形管和内管端面烟膜结果。虚线为三波点轨迹，白色箭头标出了横波旋转方向。图 3-19 为 5 mm 环形管中烟膜结果，环形管外侧壁、内管侧壁与端面结果分别如图 3-19（a）~（c）所示，由于环形管宽度过于狭窄而无法在内侧壁放置烟膜。

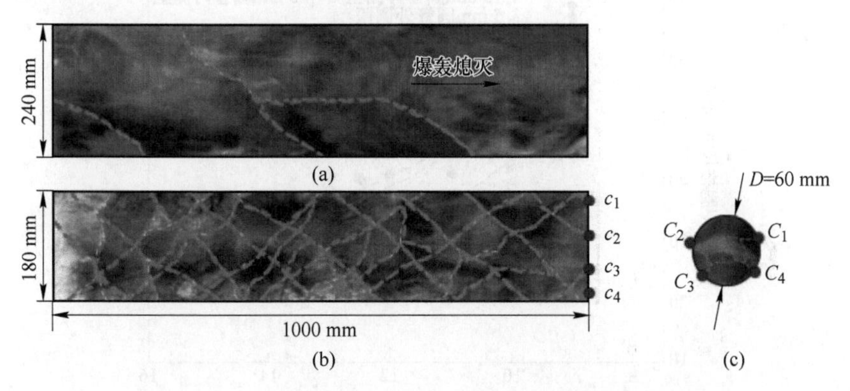

图 3-19 5 mm 环形管中 CH_4+2O_2 预混气爆轰烟膜结果

（a）环形管外侧壁烟膜；（b）内管侧壁烟膜；（c）内管端面

3.2.3 胞格结构与边界层效应

CH_4+2O_2 预混气爆轰在环形管道中内侧壁、外侧壁胞格尺寸随初始压力变化如图 3-20 所示。为与光滑管道相比较，图 3-20 中加入了在 80 mm 光滑圆管中的胞格尺寸数据。总体而言，胞格尺寸随初始压力增大而减少，而环形管中外侧壁胞格尺寸主要受初始压力影响，不同宽度环形管中外侧壁胞格尺寸差别不大。同样地，不同宽度环形管内侧壁胞格尺寸趋势大体相同，其值主要受初始压力影响。

相比于光滑管，环形管中，外侧壁胞格尺寸与光滑圆管类似，但内侧壁胞格尺寸稍小于外侧壁胞格尺寸，如图 3-20 所示。内侧壁、外侧壁的胞格尺寸-初始压力拟合公式分别为：$\lambda = 1522p_0^{-1.56}$ 、$\lambda = 1524p_0^{-1.45}$，拟合度 R^2 分别为 0.98 与 0.96。爆轰波扫略环形管内外壁而留下横波轨迹线，而横波与管壁碰撞将导致能量损失。另一方面，管壁附近存在边界层效应，这将导致爆轰波传播过程中流线向边界层弯曲，部分活化分子进入边界层而导致质量与动量损失，爆轰反应被削弱。相较于内侧壁，环形管外侧壁周长与曲率更大导致爆轰波在外侧壁处的能量损失大于内侧壁，因而环形管中内侧壁胞格尺寸小于外侧壁胞格尺寸。

对于环形管道，实验中测得的管径-螺距比（d_H/p）和轨迹线与管轴夹角 α 与声学理论修正模型对比结果如图 3-21 和图 3-22 所示，其中横轴 n 为螺旋爆轰周向横波模式个数。管径-螺距比和声学理论修正模型相符，其值随周向横波增

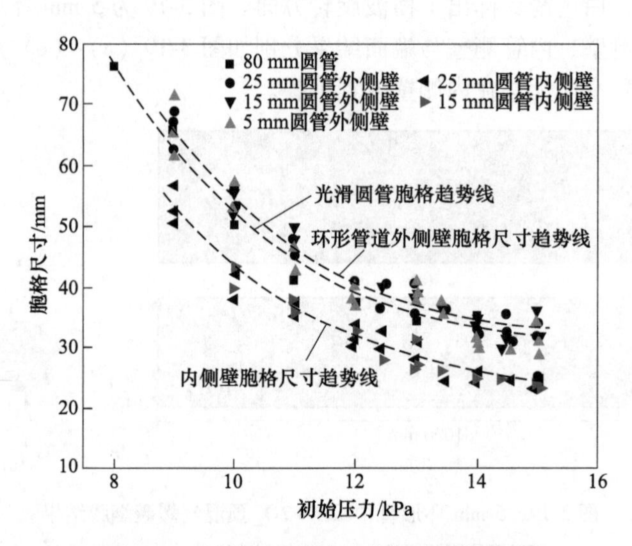

图 3-20　环形管内侧壁、外侧壁胞格尺寸

多而增大。实验测得的轨迹线与管轴夹角也与声学理论修正模型相符，环形管外侧壁与内侧壁轨迹线与管轴夹角相同。但 d_H/p、α 实验实测结果波动较大，原因在于 CH_4+$2O_2$ 预混气的强不稳定性，强烈的横波相互作用使得各组实验结果有所差异。

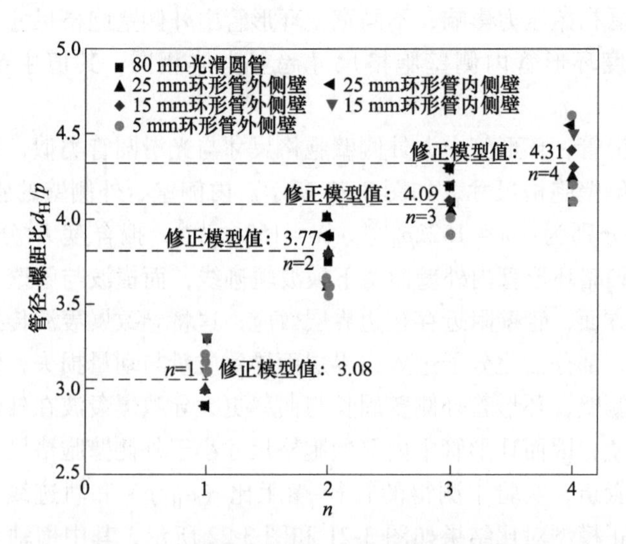

图 3-21　环形管内侧壁、外侧壁管径-螺距比

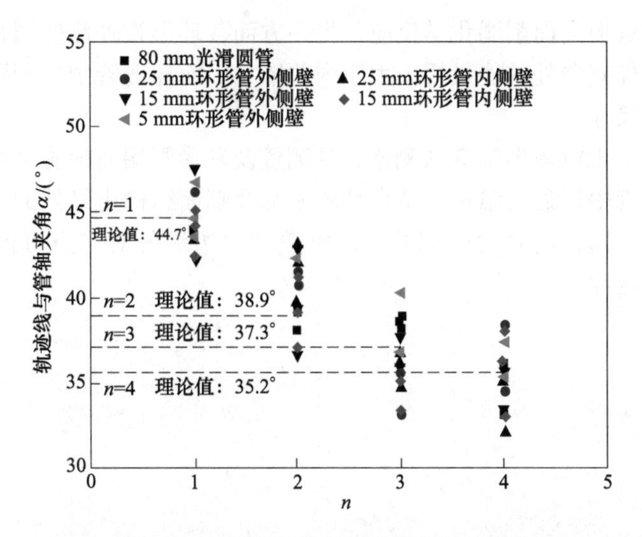

图 3-22 环形管内侧壁、外侧壁轨迹线与管轴夹角

3.3 本章小结

本章分析了光滑管和不同粗糙度管道中的爆轰极限，讨论了爆轰自持传播的必要条件，并研究了环形管道中的爆轰现象，分析了环形管内侧壁、外侧壁的胞格结构。主要结论如下：

（1）获得了预混气体管道爆轰失效的控制因素和胞格结构管道中预混气爆轰自持传播的必要条件。近极限条件下，C_2H_2+O_2、C_2H_2+2.5O_2 和 C_2H_2+2.5O_2+70%Ar 爆轰均能够在低速（65%v_{CJ}）与高速度波动（δ=50%）状态保持自维持传播，但胞格结构消失则爆轰失效。

（2）分析了粗糙管壁对爆轰极限的影响。随管壁粗糙度增大，爆轰极限压力升高。C_2H_2+2.5O_2 在光滑管中低于 0.8 kPa 爆轰失效，在粗糙度为 0.12 的粗糙管道中低于 1 kPa 爆轰失效，在粗糙度为 0.14 的粗糙管道中低于 1.5 kPa 爆轰失效。C_2H_2+2.5O_2+70%Ar 在光滑管中低于 1.5 kPa 爆轰失效，在粗糙度为 0.12 的粗糙管道中低于 4.5 kPa 爆轰失效，在粗糙度为 0.14 的粗糙管道中低于 5 kPa 爆轰失效。

（3）获得了环形管内侧壁、外侧壁的胞格尺寸与初始压力的关系。记录了环形管内侧壁、外侧壁 CH_4+2O_2 爆轰胞格结构，绘制了胞格尺寸-初始压力关系曲线，得到了拟合公式：$\lambda = 1522p_0^{-1.56}$、$\lambda = 1524p_0^{-1.45}$。

（4）分析了环形管道边界层与管道曲率对爆轰的影响机制。边界层效应和大曲率管壁对爆轰的削弱作用为：一方面，边界层效应使流线弯曲进入边界层中，导致质量与动量损失而削弱化学反应；另一方面，环形管外侧壁周长与曲率更大导致爆轰波在外侧壁处的能量损失大于内侧壁，因而环形管中内侧壁胞格尺寸小于外侧壁胞格尺寸。

（5）获得了光滑环形管道内侧壁、外侧壁及环形管端面的胞格结构，结合三者可描述环形管中爆轰波结构。结合烟膜末端及端面结构边缘处的同源点可分析螺旋爆轰旋转方向，而对比内侧壁、外侧壁烟膜边缘的对应点可说明 CH_4+2O_2 爆轰的强不稳定性。

4 螺旋爆轰结构研究

4.1 低频螺旋爆轰结构研究

爆轰速度与胞格结构是描述爆轰现象的经典参数。速度可以通过实验直接测得，而胞格结构则需通过一定的分析方式。然而，低频螺旋爆轰结构能够较为直观地说明，而高频螺旋爆轰则较为困难。本节将结合 $2H_2+O_2+3Ar$、$C_2H_2+2.5O_2+85\%Ar$、$C_2H_2+5N_2O$ 和 CH_4+2O_2 的侧壁与端面结果，分析单头、双头与四头螺旋爆轰端面结构，为后续高频螺旋爆轰的结构研究奠定基础。

4.1.1 管道设置

爆轰管道系统可分为驱动段和实验段，气体在驱动段内被点燃，随后逐渐发展形成稳定爆轰。驱动段长 1000 mm，实验段由 3 节长 1000 mm、直径 63.5 mm 的管段组成。实验段中各传感器（Omega PXM409-17.5BGUSBH）可记录爆轰波压力大小，管道末端的侧壁与端面烟膜用于记录横波的壁面与端面结构。侧壁与烟膜布设如图 4-1 所示。

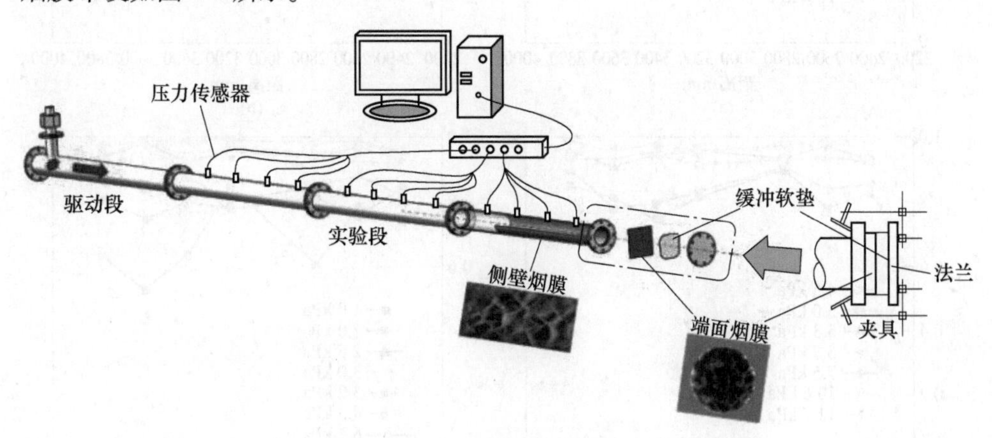

图 4-1 实验管道示意图

实验中侧壁烟膜恰好覆盖管道内壁，且放置过程须保证烟膜无旋转，如前所述，烟膜熏制前用酒精擦拭干净，实验后，可在烟膜结果表面喷一层透明保护漆，以更好地分析烟膜所记录的爆轰波胞格结构。端面烟膜尺寸应大于管道截面积，放置过程中应避免触碰 O 型橡胶圈。侧壁与端面烟膜放置前应标明对应方向。

4.1.2　爆轰波速度

爆轰波传播速度是判定爆轰是否已稳定传播的依据之一，故先给出爆轰波传播速度结果。预混气 $C_2H_2+2.5O_2+85\%Ar$、$2H_2+O_2+3Ar$、$C_2H_2+2.5O_2+70\%Ar$ 和 $C_2H_2+5N_2O$ 的速度结果如图 4-2 所示。横坐标为爆轰传播距离，纵坐标为爆轰实测速度 v 与理论速度 v_{CJ} 之比。整体而言，图中所给出的初始压力范围内爆轰波速度能够维持在 $80\%v_{CJ}$ 以上，且在传播过程中各测点速度未出现较大波动或突变，由此可说明爆轰波已达稳定自持传播状态。$C_2H_2+2.5O_2+85\%Ar$ 的结果如图 4-2（a）所示，9 kPa 或更高的初始压力时爆轰波速度可维持在 $90\%v_{CJ}$ 以上，而初始压力降低时，爆轰波速度总体仍可高于 $80\%v_{CJ}$，仅有个别点数据低于 $80\%v_{CJ}$（5.7 kPa 结果）。

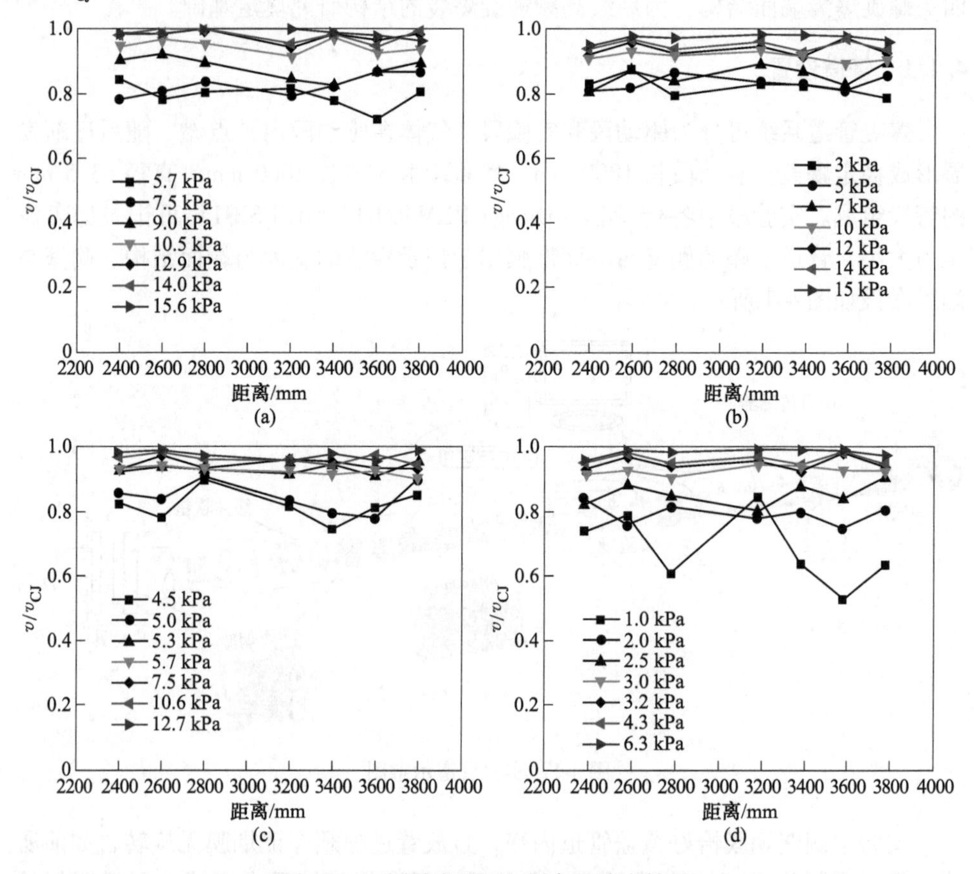

图 4-2　不同种类预混气爆轰的速度结果

(a) $C_2H_2+2.5O_2+85\%Ar$；(b) $2H_2+O_2+3Ar$；(c) $C_2H_2+2.5O_2+70\%Ar$；(d) $C_2H_2+5N_2O$

$2H_2+O_2+3Ar$ 相对 $C_2H_2+2.5O_2+85\%Ar$ 可在更低初始压力下稳定传播，如图4-2（b）所示，如前所述，初始压力较高时爆轰波速度可保持在 $90\%v_{CJ}$ 以上，而初始压力为 3 kPa 时爆轰波速度仍然较稳定。

对于 $C_2H_2+2.5O_2+70\%Ar$，如图 4-2（c）所示，初始压力在 5.3～12.7 kPa 内爆轰波速度总体大于 $90\%v_{CJ}$，5 kPa 和 4.5 kPa 速度结果相对较低，且速度波动有所上升。

$C_2H_2+5N_2O$ 在 3 kPa 以上的初始压力下可维持 $90\%v_{CJ}$，且总体而言速度结果保持稳定。2.5 kPa 时速度略有下降，速度波动小幅上升。而 2 kPa 时速度结果在 $80\%v_{CJ}$ 以下，速度亏损增加。而当初始压力继续降低时，如前文所述，近极限条件时爆轰速度出现较大波动，如初始压力为 1 kPa 时 $C_2H_2+5N_2O$ 的速度结果，说明此时爆轰不再稳定传播，接近失效。

4.1.3 单头、双头及四头螺旋爆轰结构分析

对于 4 种预混气体 $2H_2+O_2+3Ar$、CH_4+2O_2、$C_2H_2+5N_2O$ 和 $C_2H_2+2.5O_2+85\%Ar$，初始压力分别为 2.99 kPa、3.75 kPa、0.89 kPa 和 3.1 kPa 时，实验中可观察到单头螺旋爆轰结构，侧壁与端面烟膜结果如图 4-3 所示，图片上方横向箭头为预混合的传播方向。

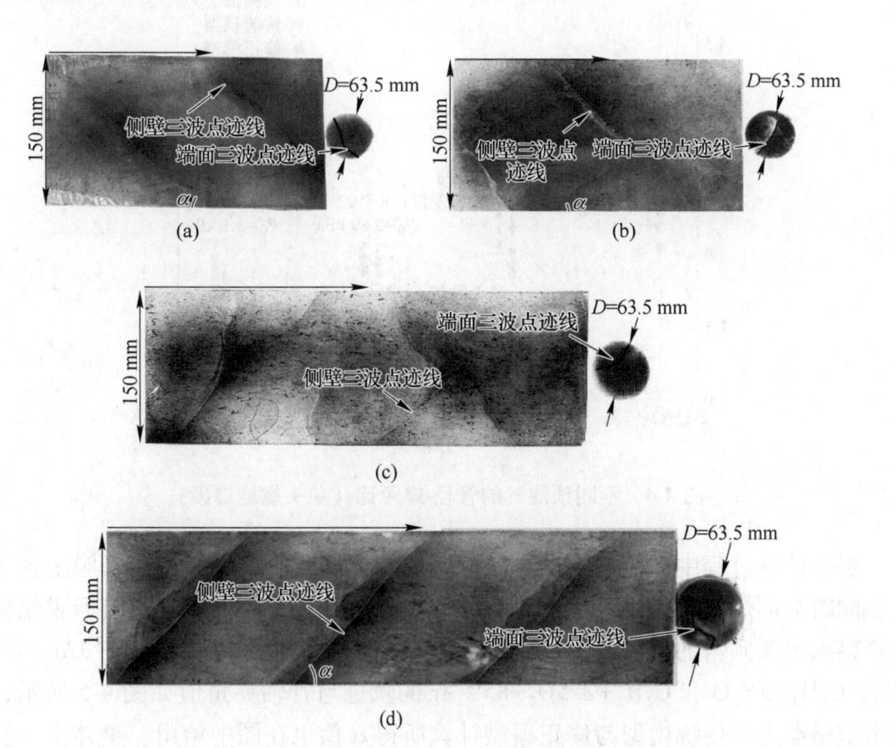

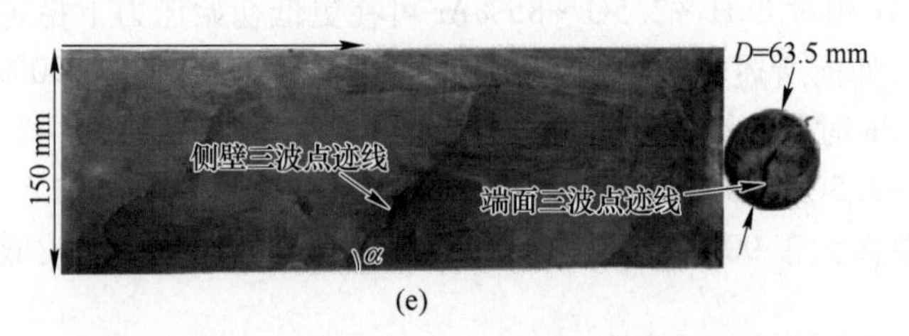

(e)

图 4-3　不同预混气在不同初始压力下的单头螺旋爆轰侧壁与端面烟膜结果

(a) $2H_2+O_2+3Ar$ (299 kPa); (b) CH_4+2O_2 (3.75 kPa); (c) $2H_2+O_2+3Ar$ (3.1 kPa); (d) $C_2H_2+2.5O_2+85\%Ar$ (3.1 kPa); (e) $C_2H_2+5N_2O$ (0.89 kPa)

对于单头螺旋爆轰，由烟膜结果统计了不同预混气的管径-螺距比和三波点轨迹线与管轴夹角值，并与胞格动力学传统模型与修正模型相对比。

图 4-4 中给出了 $2H_2+O_2+3Ar$、CH_4+2O_2、$C_2H_2+5N_2O$ 和 $C_2H_2+2.5O_2+85\%Ar$单头螺旋爆轰时管径-螺距比，而箭头给出了各组实验结果中与理论值的最大差值，整体而言实验值与修正模型相符，4 组预混气实验与理论值最大差距为 8.8%。

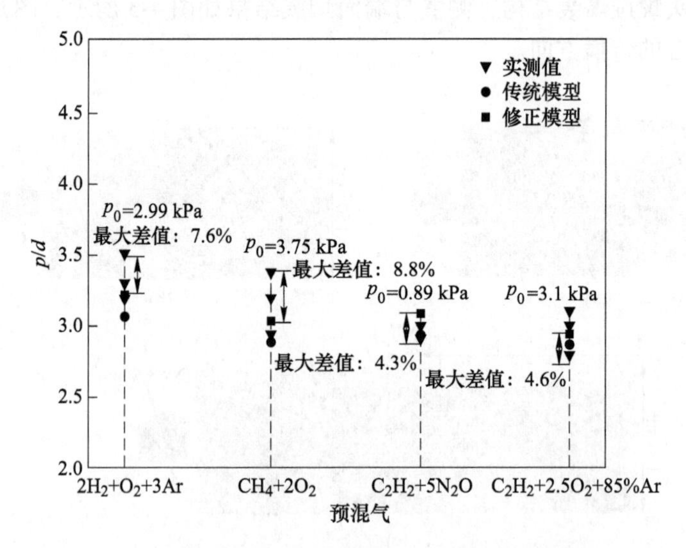

图 4-4　不同预混气的管径-螺距比（单头螺旋爆轰）

爆轰传播过程中，由一组沿周向旋转的螺旋横波扫略侧壁可在烟膜上留下轨迹，同时端面烟膜也可记录下此时的横波轨迹。如图 4-5 所示，各组烟膜结果均可观察到一条倾斜的轨迹线，即侧壁三波点迹线，实验测得 $2H_2+O_2+3Ar$、CH_4+2O_2、$C_2H_2+5N_2O$ 和 $C_2H_2+2.5O_2+85\%Ar$ 的轨迹与管轴夹角值如图 4-5 所示，同时由胞格动力学传统模型与修正模型计算所得 α 值也在图中给出。整体上，实测值与理论值相符。实验中 $2H_2+O_2+3Ar$ 测量值与修正模型相差 6.8%，而实验中相差最小为 $C_2H_2+5N_2O$ 的结果，测量值与修正模型相差 0.2%。轨迹与管轴夹角及管径-螺距比实验值与修正模型相符，说明单头螺旋横波行为与修正模型所述一致，爆轰传播过程中螺旋横波绕轴周向旋转。

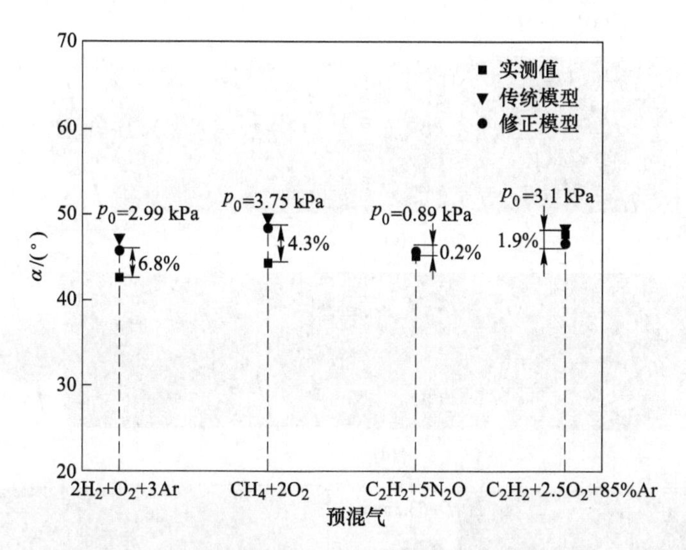

图 4-5 不同预混气单头螺旋爆轰轨迹与管轴夹角

在侧壁与端面烟膜记录中，单头螺旋爆轰只存在有左旋或右旋的单侧轨迹。而当初始压力升高时，爆轰化学反应释放能量增加，爆轰波传播过程中更高的声学模态被激发，因而周向螺旋频率增加，双头爆轰现象出现。

单头螺旋爆轰中，螺旋横波存在两种传播方向。而一般地，在双头螺旋爆轰中，两组螺旋横波传播方向相反。如图 4-6 所示，烟膜记录了 $2H_2+O_2+3Ar$、$C_2H_2+2.5O_2+85\%Ar$、$C_2H_2+5N_2O$ 和 CH_4+2O_2 在初始压力为 3.2 kPa、4.06 kPa、1.06 kPa 和 3.65 kPa 时的侧壁与端面三波点轨迹，图片上方横向箭头为预混气的传播方向。4 组预混气结果均出现了两组旋转方向相反的螺旋横波，在侧壁烟膜留下交叉的两条三波点轨迹线，在端面留下相对的两条轨迹线。

为进一步说明侧壁轨迹与端面轨迹，将侧壁与端面三波点轨迹描绘如图 4-7 所示，用短箭头标出了侧壁与端面轨迹线方向：沿着传播方向上升的线条为右手方向的轨迹线（右旋横波），沿着传播方向下降的线条为左手轨迹线（左旋横波）；图片上方长箭头为预混气传播方向。对于右侧端面结构，考虑到螺旋爆轰的三维结构，横波在侧壁边缘与端面边缘留下的轨迹点应重合，因此描绘端面结果时需从端面边缘处找到壁面轨迹线对应在端面结果的位置点，然后沿着端面结果中的轨迹线逐步描绘。

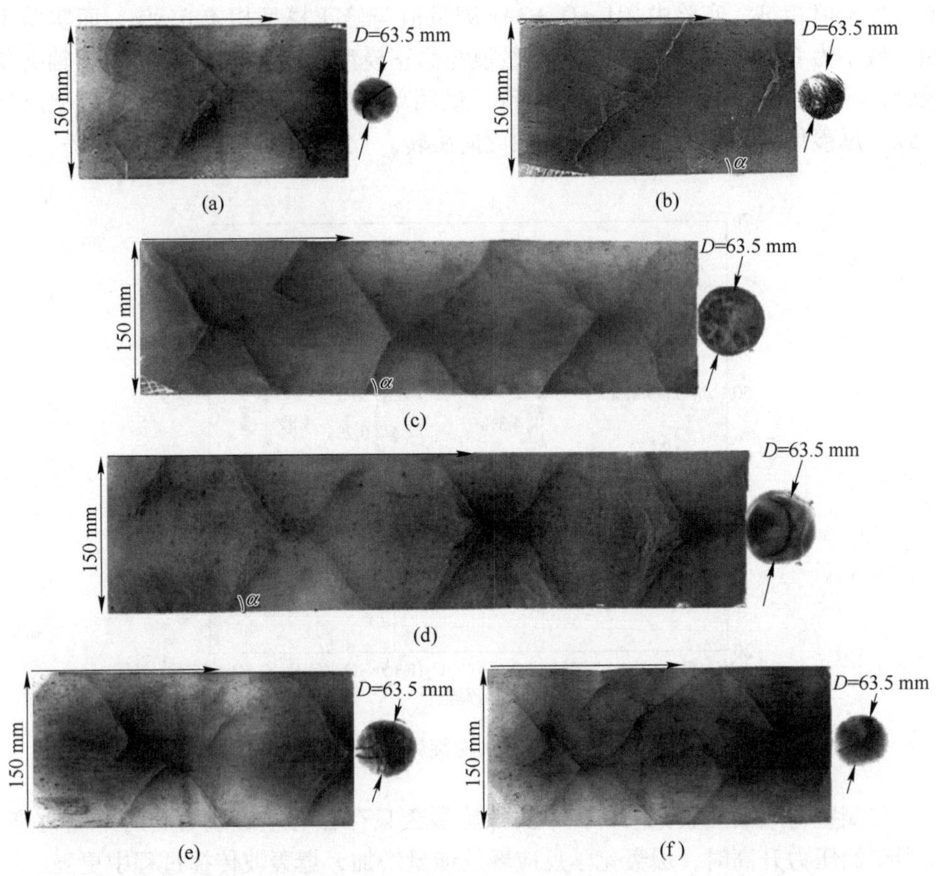

图 4-6　不同预混气在不同初始压力下的双头螺旋爆轰侧壁与端面烟膜结果

(a) $2H_2+O_2+3Ar$ (3.2 kPa); (b) $CH_4+2.5O_2$ (4.06 kPa); (c) $C_2H_2+5H_2O$ (1.06 kPa); (d) $C_2H_2+2.5O_2+85\%Ar$ (3.65 kPa); (e) $2H_2+O_2+3Ar$ (3.23 kPa); (f) $2H_2+O_2+3Ar$ (3.15 kPa)

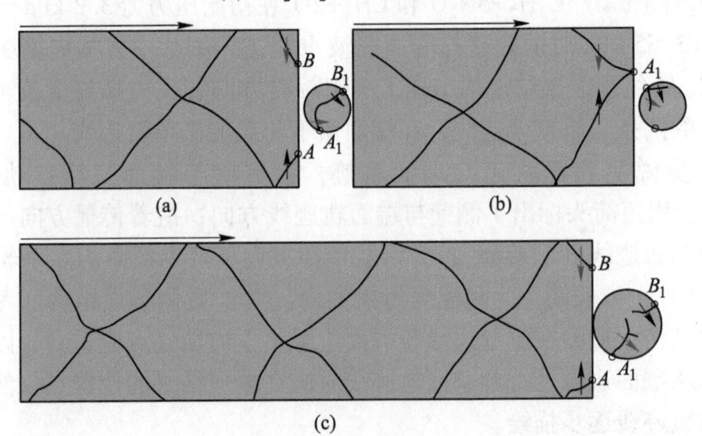

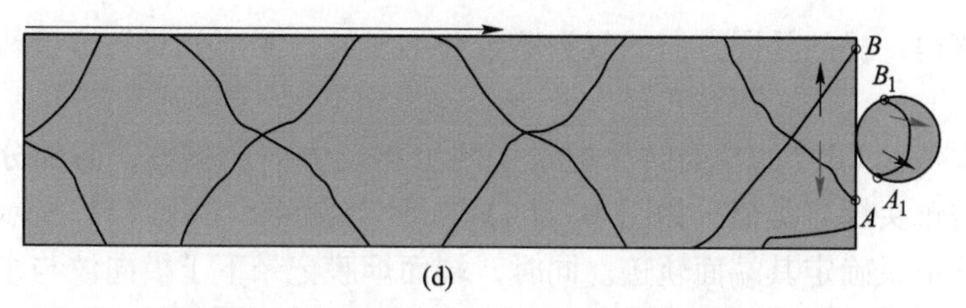

图 4-7 不同预混气在不同初始压力下的双头螺旋爆轰三波点轨迹
(a) $2H_2+O_2+3Ar$ (3.2 kPa); (b) $CH_4+2.5O_2$ (4.06 kPa);
(c) $C_2H_2+5N_2O$ (1.06 kPa); (d) $C_2H_2+2.5O_2+85\%Ar$ (3.65 kPa)

另外，对于端面轨迹结果，与单头爆轰的端面仅存在一段轨迹线不同，图 4-8 展示了多组双头爆轰的端面结果，端面处烟膜记录了由两组横波构成的马

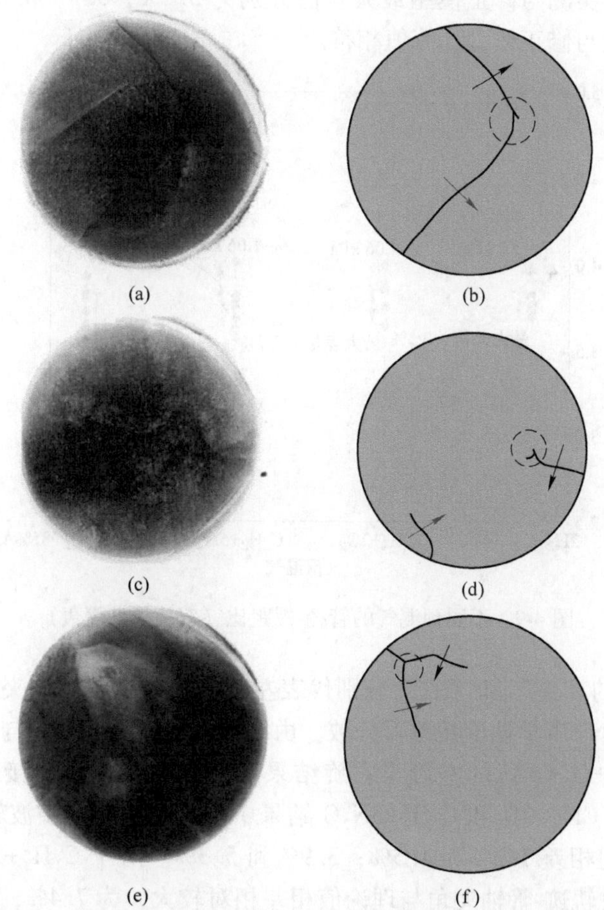

图 4-8 不同预混气在不同压力下的双头螺旋爆轰端面烟膜结果
(a) $2H_2+O_2+3Ar$ (3.1 kPa); (b) $2H_2+O_2+3Ar$ (3.1 kPa); (c) $2H_2+O_2+3Ar$ (3.23 kPa);
(d) $2H_2+O_2+3Ar$ (3.23 kPa); (e) $CH_4+2.5O_2$ (4.06 kPa); (f) $CH_4+2.5O_2$ (4.06 kPa)

赫结构，值得一提的是同方向的双头爆轰并不多见，大部分双头爆轰两组横波方向相反。

图 4-8（c）（d）的端面结果记录了两组相反方向的横波，而部分双头结果端面结果与单头爆轰类似，如图 4-7（a）（d）与图 4-8（b）（f）所示，此时需要结合侧壁记录确定其端面轨迹。同时，端面烟膜记录下了横向波与纵向波相互作用的马赫结构，在图 4-8 中用虚线圆圈标出。

对于双头螺旋爆轰，实验测得的 p/d 和 α 与胞格动力学传统和修正模型结果对比如图 4-9 和图 4-10 所示。对于管径-螺距比 p/d，4 组预混气的双头螺旋结果在理论值附近波动，如图 4-9 所示，实测与修正模型最大差值为 6.5%（C_2H_2+$5N_2O$ 结果），而 $2H_2$+O_2+3Ar、CH_4+$2O_2$ 和 C_2H_2+2.5O_2+85%Ar 在实验中双头螺旋爆轰结果 p/d 实测与修正模型最大差值分别为 3.1%，3.7%和 6.2%，总体而言，实验实测值与修正模型计算值相符。

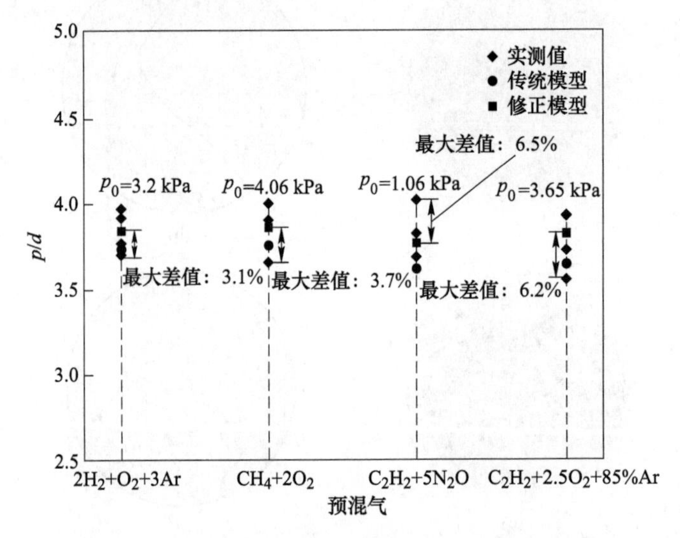

图 4-9　不同预混气的管径-螺距比（双头螺旋爆轰）

图 4-10 中的“左”和“右”分别代表左旋横波轨迹与管轴夹角和右旋横波轨迹与管轴夹角与声学理论相差百分数。由结果可知，传统模型与修正模型计算结果近似，$2H_2$+O_2+3Ar 的左旋与右旋结果与修正模型值最为接近，分别相差 0.9%和 0.5%；CH_4+$2O_2$和 C_2H_2+$5N_2O$ 结果中，左旋与右旋横波轨迹-管轴夹角和修正模型分别相差 1.2%和 1.5%；3.9%和 5.3%。对于 C_2H_2+2.5O_2+85%Ar 结果，左旋横波轨迹-管轴夹角与理论值相差相对较大，为 7.4%，而右旋横波轨迹-管轴夹角与理论值仅相差 4%。整体而言，对于预混气 $2H_2$+O_2+3Ar、CH_4+$2O_2$、C_2H_2+$5N_2O$ 和 C_2H_2+2.5O_2+85%Ar 结果，左旋横波与右旋横波侧壁轨迹与管轴中心线夹角均与修正模型计算值相符。

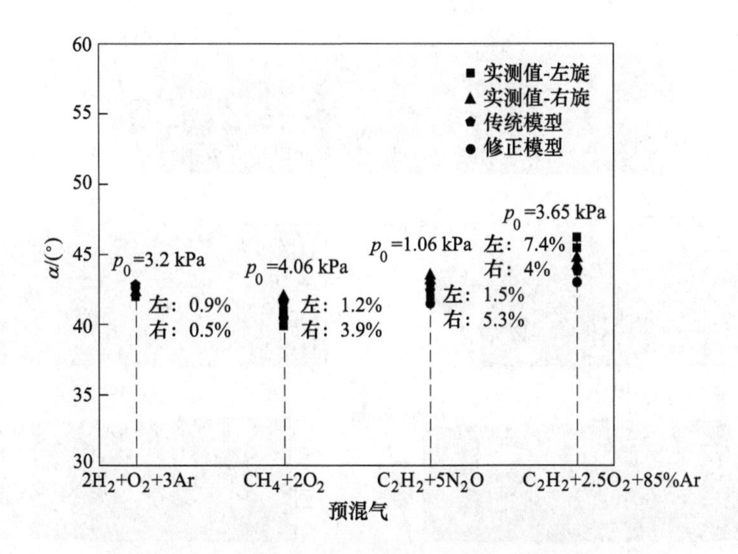

图 4-10 不同预混气双头螺旋爆轰轨迹与管轴夹角

实验中继续升高初始压力，双头螺旋爆轰也逐渐向四头螺旋爆轰发展，对于 $2H_2+O_2+3Ar$、$C_2H_2+2.5O_2+85\%Ar$ 和 $C_2H_2+5N_2O$ 的四头螺旋结果如图 4-11 所示，图片上方横向箭头表示预混气传播方向。此时侧壁烟膜记录了两组左旋与两组右旋横波扫略而留下的菱形结构，而端面横波结构也更加复杂。

四头爆轰侧壁结果中可观察到 4 组不同的横波轨迹，图片上方横向箭头表示预混气传播方向，如图 4-12 所示，用短箭头标示出了左旋与右旋方向的两组不同的横波轨迹，两组方向不同的横波旋转而在侧壁上留下 4 组交点，而两组同方向的横波间距即为胞格尺寸 λ，如图 4-12（b）所示。另外，对于初压为 1.77 kPa 的$C_2H_2+5N_2O$，由图 4-12（c）可知其爆轰在传播过程中由双头螺旋发展为四头螺旋，原因可能是预混气 $C_2H_2+5N_2O$ 的不稳定性在爆轰反应中激发了更高的横波频率。与此同时，图 4-12（d）也记录下了不稳定气两组横波碰撞而产生的类似胞格的鱼鳞状图案。

类似地，四头端面结果也需结合壁面轨迹线判断其方向，而与双头爆轰不同，横波频率的增加导致四头爆轰的端面结构更加复杂，如图 4-13 所示，端面结构并非是四组螺旋横波的简单叠加，原因是碰撞与反射而造成的马赫结构也会被烟膜记录。图 4-13（b）（d）中可观察到两组横波碰撞干涉而造成的马赫结构（如实线圆圈部分），同时，横波与管壁碰撞的结果从烟膜结果中也得以体现（如虚线圆圈部分）。另外，部分横波相互作用并无明显结构，如图 4-13（d）（f）（h）虚线方框部分所示，总体而言，尽管四头螺旋爆轰较单头、双头更为复杂，其内部螺旋横波结构仍可由端面结果较为直观地反映。

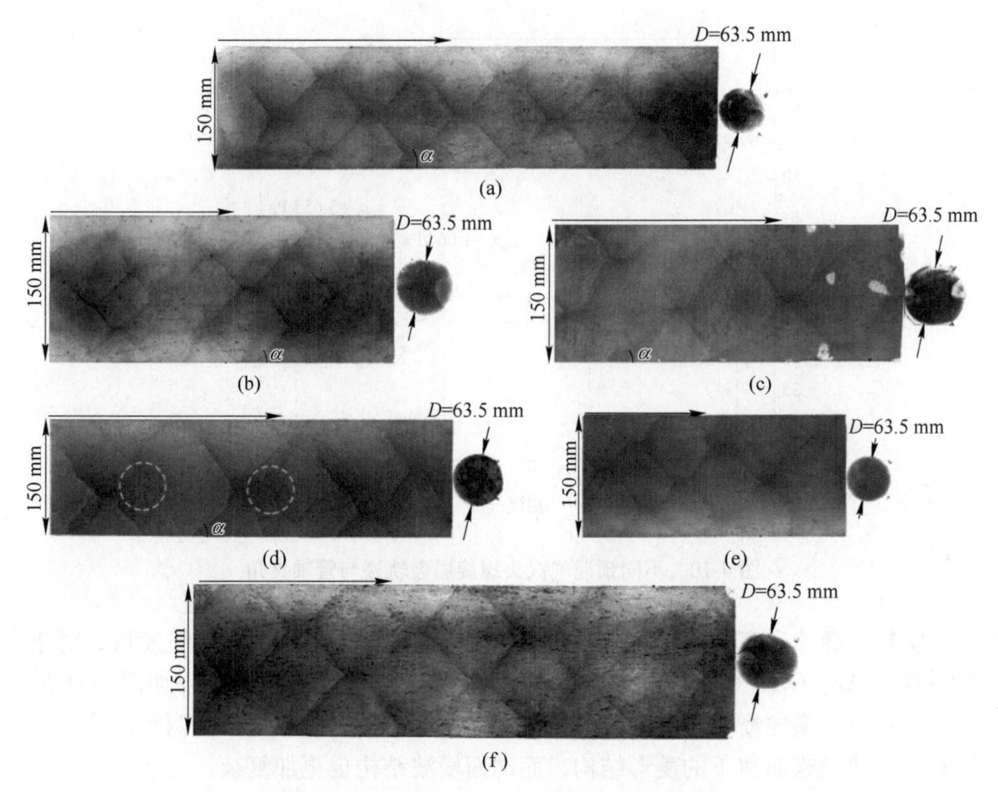

图 4-11　不同预混气在不同初始压力下的四头螺旋爆轰端面烟膜结果

(a) $2H_2+O_2+3Ar$ (4.2 kPa); (b) $2H_2+O_2+3Ar$ (4.71 kPa); (c) $C_2H_2+2.5O_2+85\%Ar$ (4.48 kPa); (d) $C_2H_2+5N_2O$ (1.77 kPa); (e) $2H_2+O_2+3Ar$ (4.8 kPa); (f) $2H_2+O_2+3Ar$ (3.56 kPa)

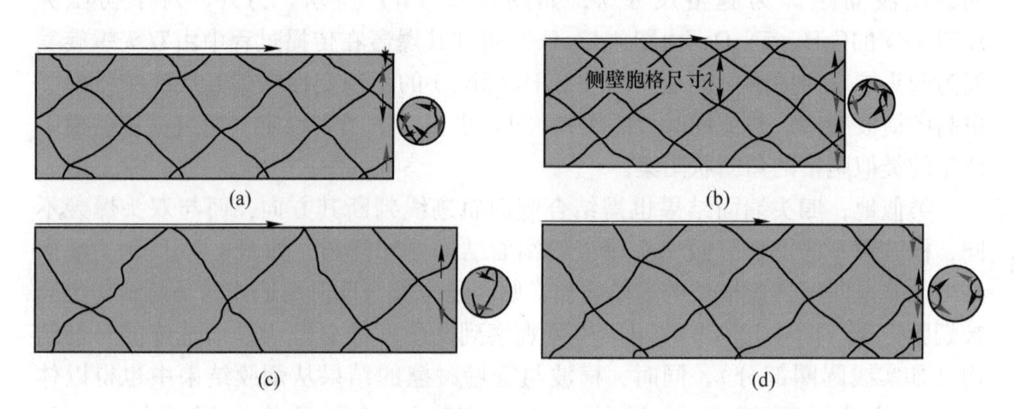

图 4-12　不同预混气在不同初始压力下的四头螺旋爆轰三波点轨迹描绘

(a) $2H_2+O_2+3Ar$ (4.2 kPa); (b) $2H_2+O_2+3Ar$ (4.71 kPa);

(c) $C_2H_2+5N_2O$ (1.77 kPa); (d) $C_2H_2+2.5O_2+85\%Ar$ (4.48 kPa)

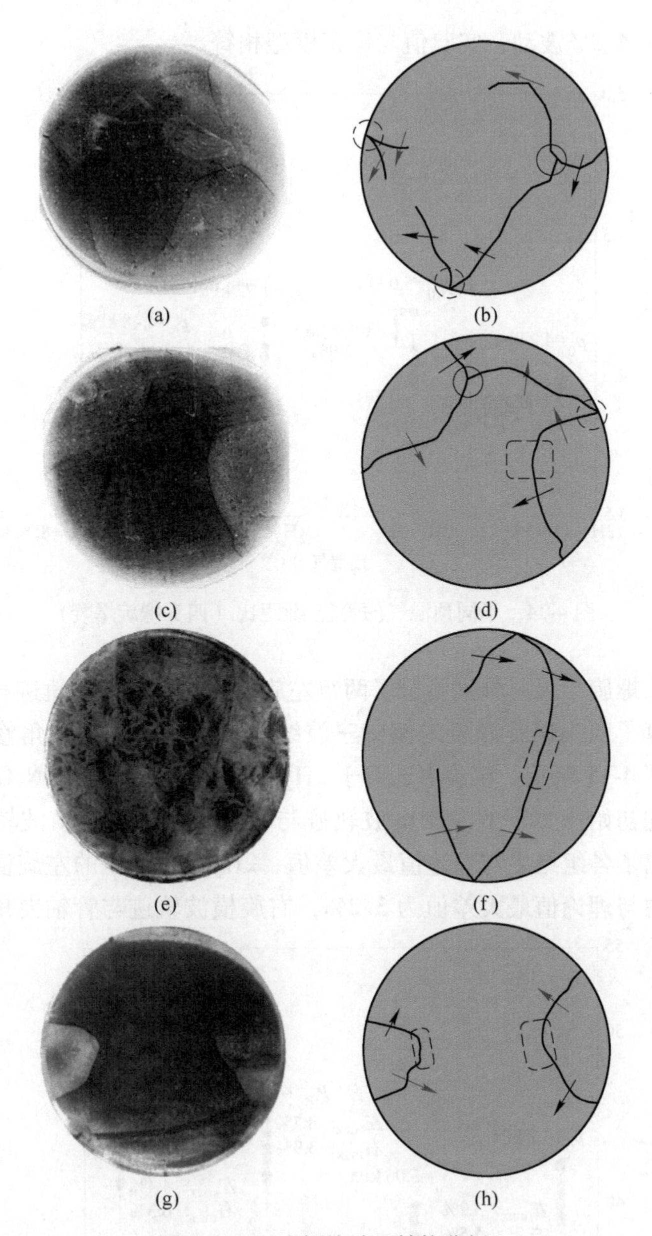

图 4-13 四头螺旋端面结构分析

(a) $2H_2+O_2+3Ar$ (4.2 kPa); (b) $2H_2+O_2+3Ar$ (4.2 kPa); (c) $2H_2+O_2+3Ar$ (4.71 kPa); (d) $2H_2+O_2+3Ar$ (4.71 kPa); (e) $C_2H_2+5N_2O$ (1.77 kPa); (f) $C_2H_2+5N_2O$ (1.77 kPa); (g) $C_2H_2+2.5O_2+85\%Ar$ (4.48 kPa); (h) $C_2H_2+2.5O_2+85\%Ar$ (4.48 kPa)

$2H_2+O_2+3Ar$、CH_4+2O_2、$C_2H_2+5N_2O$ 和 $C_2H_2+2.5O_2+85\%Ar$ 的四头螺旋爆轰管径-螺距比结果如图 4-14 所示。整体上，实验测得结果与修正模型理论相差

范围在 2.1%~4.3%波动，实验值与修正模型相符。

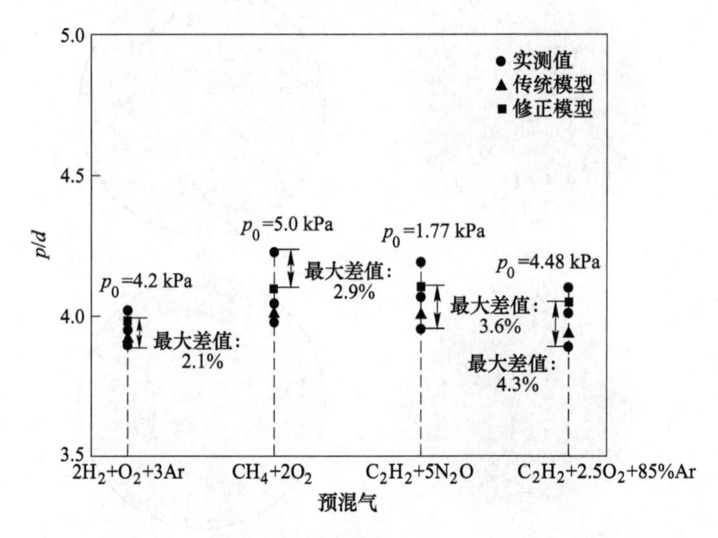

图 4-14　不同预混气的管径-螺距比（四头螺旋爆轰）

对于四头螺旋结果，分别测量了两组左旋与两组右旋横波轨迹与中心轴线夹角，同时计算了四头螺旋爆轰的侧壁三波线与管道中心轴线夹角修正模型理论值，结果如图 4-15 所示。实验中，对于 $2H_2+O_2+3Ar$ 和 $C_2H_2+5N_2O$ 的结果各选择了两组不同初始压力下的左旋横波轨迹与管轴夹角和右旋横波轨迹与管轴夹角。图中列出了各组结果与理论值最大差值，$2H_2+O_2+3Ar$ 的左旋横波轨迹与管轴夹角结果中与理论值最大差值为 3.2%，右旋横波轨迹与管轴夹角最大差值为

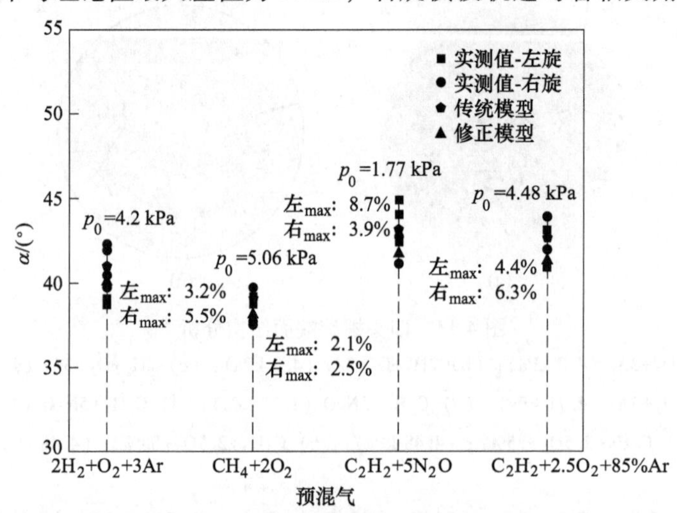

图 4-15　不同预混气四头螺旋爆轰轨迹与管轴夹角

5.5%，实验值与修正模型相符。同样地，CH_4+2O_2、$C_2H_2+2.5O_2+85\%Ar$ 的结果中左旋横波轨迹与管轴夹角和右旋横波轨迹与管轴夹角最大差值分别为 2.1% 和 2.5%、4.4% 和 6.3%。但是，$C_2H_2+5N_2O$ 的实测值与理论值相差较大，左旋横波轨迹与管轴夹角和右旋横波轨迹与管轴夹角与理论值最大分别相差 8.7% 和 3.9%。相对于 $2H_2+O_2+3Ar$ 和 $C_2H_2+5N_2O$，预混气 $C_2H_2+5N_2O$ 性质不稳定，爆轰波结构中横波强度较大且相互作用剧烈，因而在横波强度较大时实验现象与理论值偏差较大。

4.1.4 小结

当条件合适时，螺旋爆轰将由低频向高频逐渐发展。本节给出了低频螺旋爆轰的实验结果，联系侧壁与端面记录分别对其内部结构进行了分析，并结合声学理论修正模型进行了讨论。主要结论如下：

（1）验证了螺旋爆轰胞格动力学模型。在圆形管道中进行了低频螺旋爆轰实验，根据压力传感器结果计算了爆轰波速度，使用烟膜记录爆轰胞格结构，统计了管径-螺距比和轨迹与管轴夹角。对于 $2H_2+O_2+3Ar$、CH_4+2O_2、$C_2H_2+5N_2O$ 和 $C_2H_2+2.5O_2+85\%Ar$，管径-螺距比和轨迹与管轴夹角的实验值与修正模型值最大误差为 8.8% 和 8.7%。

（2）展示了端面胞格结构随初始压力的变化。随初始压力逐渐升高，螺旋频率逐渐增加，胞格结构趋于复杂。端面结果也可反映爆轰波内部结构，单头螺旋端面结果中仅可观察到一道螺旋横波轨迹线；双头结果中可观察到横波之间的相互碰撞；而四头螺旋爆轰端面结果更为复杂，四组绕轴旋转的螺旋横波碰撞、干涉与反射等行为均有体现。

（3）结合侧壁与端面实验结果，可直观地描述低频螺旋爆轰横波行为，螺旋横波绕轴旋转的方向可借由侧壁与端面结果判定。

4.2 高频螺旋爆轰结构研究

高频螺旋爆轰因复杂的横波相互作用而无法直观地描述其端面结构，因而选取合适的端面胞格分析方法与合理的端面胞格结构参数是亟待解决的问题。本节将给出针对高频螺旋爆轰端面结构的分析方法，对不同预混气爆轰实验结果进行分析。

4.2.1 参数选取与采集

侧壁三波点轨迹间距与方差可描述侧壁三波点轨迹结构，而端面结果与侧壁结果不同，爆轰内部横波扫略端面烟膜而留下的胞格图案可认为是爆轰三维结构在与传播方向垂直的二维截面，因此参数选取应围绕端面胞格进行。考虑端面结果几何特征，选取以下参数描述螺旋爆轰端面结构。

4.2.1.1 胞格面积、半径与中心点位置

理想条件下，稳定预混气在爆轰过程中，其前端面各处化学反应速率与强度均应相等，因而端面结果可认为由多个规律的圆形胞格构成。于是，在参数选取方面，本节根据三波线分布位置坐标，对端面上各胞格使用最小二乘法拟合，如图 4-16（b）所示，由 MATLAB 程序计算并统计了胞格面积与半径，并确定了胞格中心点位置。

4.2.1.2 等径三波点夹角与环向间距

三波线分散程度是描述端面结果的重要参数之一。考虑端面结果几何特性，使用等径三波点夹角作为参数描述端面三波线分布的规律性。如图 4-16（c）所示，点 P_1、P_2、P_3、…为统一极径下的三波点，即等径三波点。对于相同极径，若存在 3 个以上等径三波点，则计算其夹角 $\angle P_1OP_2$、$\angle P_2OP_3$、$\angle P_3OP_4$、…本节对于各组实验结果，均取 50 组不同极径并提取等径三波点，计算其等径三波点夹角，并根据极径计算环向间距。

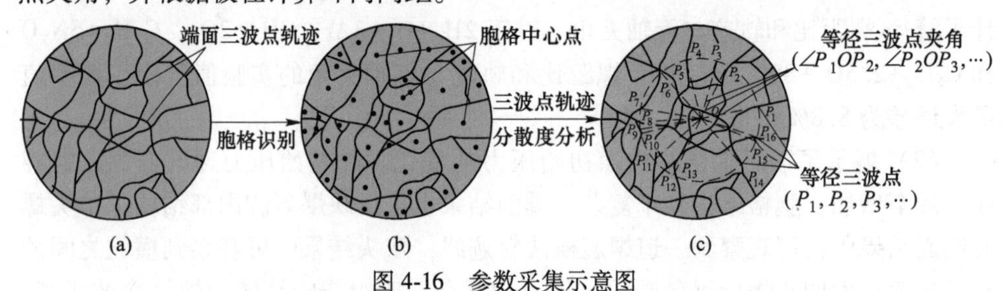

图 4-16　参数采集示意图

（a）端面三波点轨迹图；（b）胞格中心点图；（c）等径三波点夹角图

4.2.2 端面胞格结构

4.2.2.1 数字图像处理

图 4-17～图 4-19 为稳定预混气 C_2H_2+2.5O_2+85%Ar、$2H_2+O_2$+3Ar 与 C_2H_2+

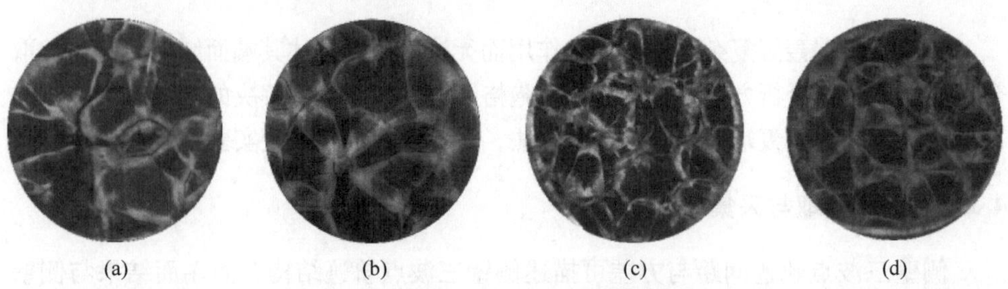

图 4-17　C_2H_2+2.5O_2+85%Ar 端面结果

（a）p_0 = 10.5 kPa；（b）p_0 = 12.3 kPa；（c）p_0 = 14 kPa；（d）p_0 = 15.57 kPa

2.$5O_2$+70%Ar 端面实验结果。三者端面胞格结构均较为规律。各组结果中随着压力增大，胞格个数增多而面积减小。另外，相较于 C_2H_2+2.$5O_2$+85%Ar 与 $2H_2+O_2+3Ar$，相同压力下的 C_2H_2+2.$5O_2$+70%Ar 结果胞格多而面积小。

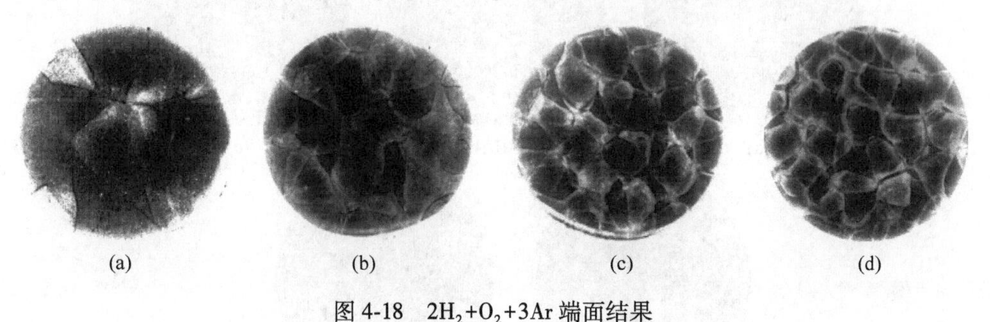

图 4-18　$2H_2+O_2+3Ar$ 端面结果

（a）p_0=6.16 kPa；（b）p_0=10.68 kPa；（c）p_0=13.82 kPa；（d）p_0=15.61 kPa

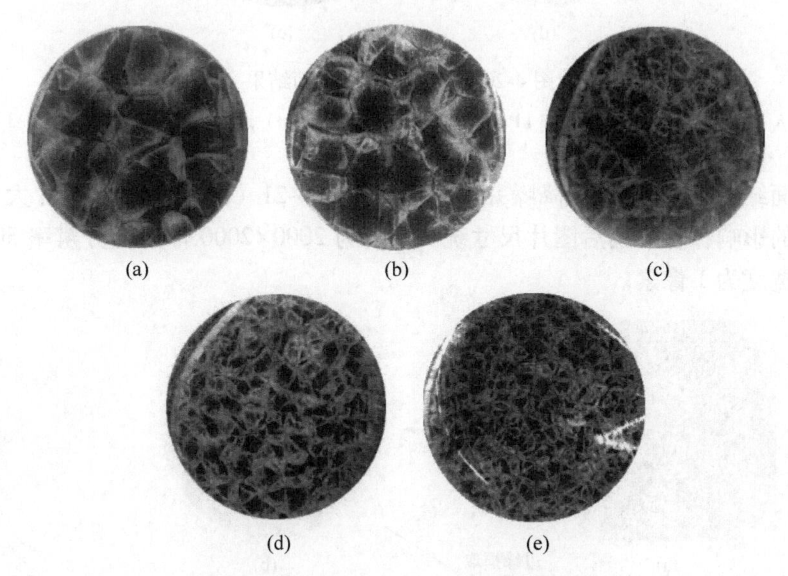

图 4-19　C_2H_2+2.$5O_2$+70%Ar 端面结果

（a）p_0=5.32 kPa；（b）p_0=5.74 kPa；（c）p_0=7.45 kPa；（d）p_0=10.57 kPa；（e）p_0=12.71 kPa

对于 C_2H_2+2.$5O_2$+85%Ar 与 C_2H_2+2.$5O_2$+70%Ar，$2H_2+O_2+3Ar$ 结果中三波点迹线更为清晰，原因在于 C_2H_2气体中存在碳分子而使结果中存在碳迹堆积。

如图 4-20 所示，随压力增加胞格数量增大，胞格面积减小，这一变化规律与稳定预混气相同。而相较于稳定预混气而言，不稳定预混气 $C_2H_2+5N_2O$ 结果不规律且较难以辨认，剧烈的爆轰反应导致 $C_2H_2+5N_2O$ 复杂的横波结构，同时，积碳也使得 $C_2H_2+5N_2O$ 结果清晰度下降。

以 C_2H_2+2.$5O_2$+70%Ar（p_0=5.32 kPa）端面结果为例，如图 4-21（a）所

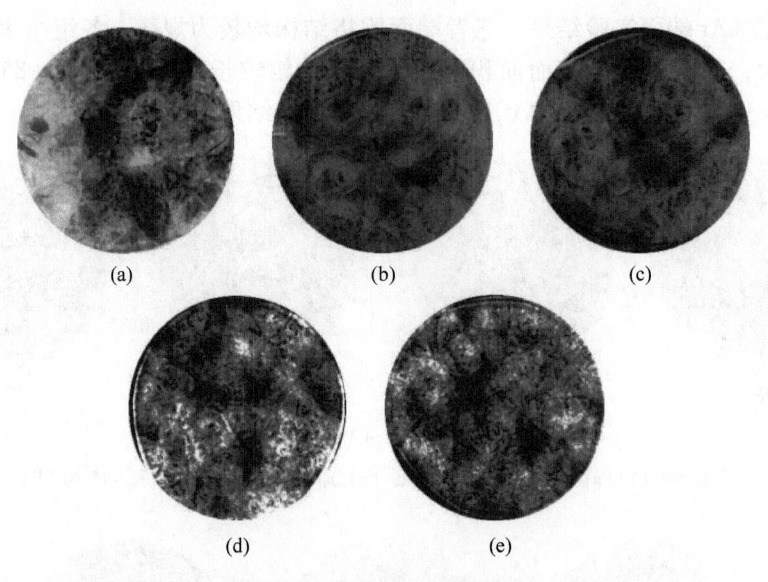

图 4-20　$C_2H_2+5N_2O$ 端面结果

（a）$p_0=2.3$ kPa；（b）$p_0=3.03$ kPa；（c）$p_0=3.19$ kPa；（d）$p_0=4.23$ kPa；（e）$p_0=6.3$ kPa

示，端面结果经 Photoshop 降噪并描绘后得到图 4-21（b）。为消除图片大小对处理结果的影响，将描绘后图片尺寸统一调节为 2000×2000 像素，分辨率 300 dpi，轨迹线宽度为 1 像素。

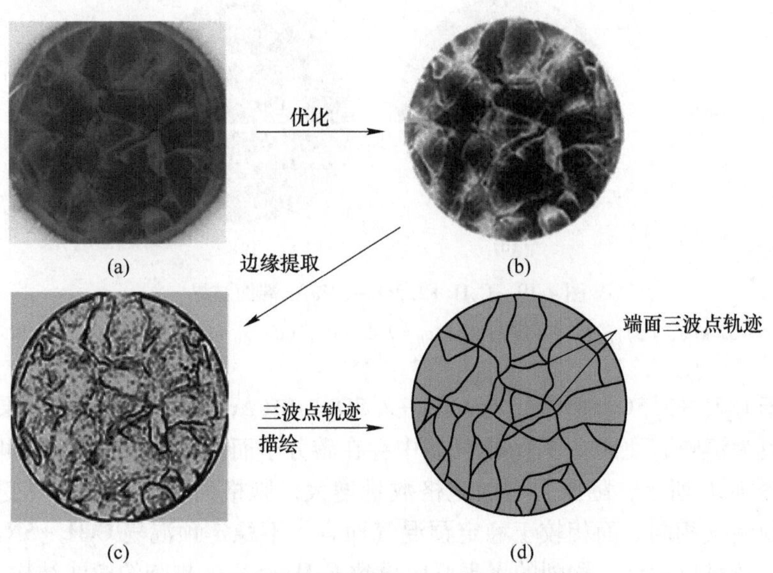

图 4-21　端面结果优化与三波点轨迹描绘

（a）$C_2H_2+2.5O_2+70\%Ar$ 端面结果；（b）经 Photoshop 降噪后得到的端面结果；

（c）边缘提取后的结果；（d）端面三波点轨迹

本节采用的图像识别步骤为图片灰度化、二值化、边缘检测、胞格识别、参数提取，特征分析的流程图如图 4-22 所示。256 色图像转化为灰度图像时采用式（4-1）的构造函数：

$$f(x,y) = 0.3 \times R(x,y) + 0.59 \times G(x,y) + 0.11 \times B(x,y) \tag{4-1}$$

对于灰度化图片，选取 0.9 作为初始阈值，采用自适应阈值法，利用迭代式阈值选择对其进行二值化处理。

之后使用腐蚀函数语句分割并提取端面胞格，利用最小二乘法实现对分割出的胞格结构进行圆的拟合，得到每一个胞格的中心坐标、胞格半径长度及相邻胞格中心距离。

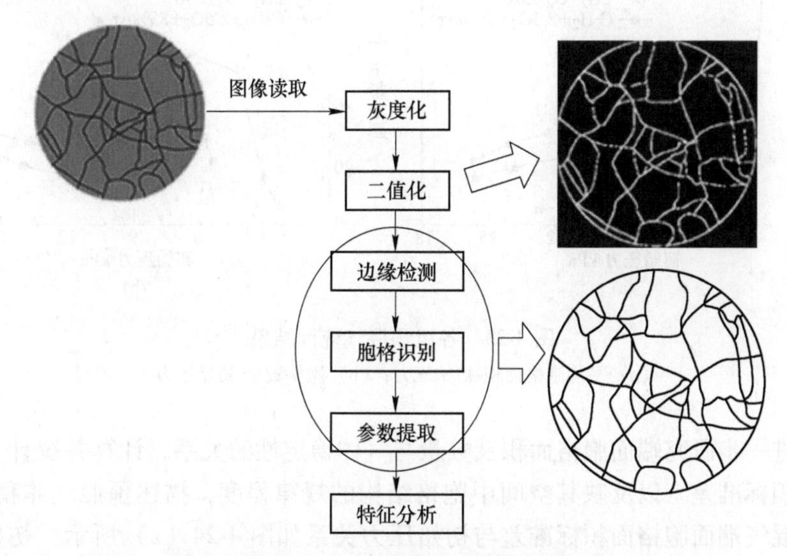

图 4-22 MATLAB 程序流程示意

4.2.2.2 参数计算与分析

A 端面胞格数量与面积

各组预混气平均胞格面积、胞格数量与初始压力关系如图 4-23（a）（b）所示。随初始压力增加，各组预混气平均胞格面积下降，胞格数量上升。其中，C_2H_2+5N_2O 与 C_2H_2+2.5O_2+70%Ar 结果随压力改变而变化较剧烈，C_2H_2+5N_2O 平均胞格面积由 275.6 mm^2 降至 25.84 mm^2，而 C_2H_2+2.5O_2+70%Ar 则由 71.9 mm^2降至 16.3 mm^2。与此同时，相较于 C_2H_2+2.5O_2+85%Ar 与 2H_2+O_2+3Ar，C_2H_2+5N_2O 与 C_2H_2+2.5O_2+70%Ar 胞格数量变化也更加明显，如图 4-23（b）所示，随初始压力增大，C_2H_2+5N_2O 胞格数由 11 个增加至 119 个，而 C_2H_2+2.5O_2+70%Ar 则由 43 个增加至 192 个。

C_2H_2+2.5O_2+85%Ar 与 2H_2+O_2+3Ar 的结果变化则更为平缓，可认为是预混

气体自身性质导致其化学反应受压力变化影响较小。由 Arrhenius 定律 $\omega = A \times e^{-\frac{E_a}{RT}}$（$A$ 为指前因子；E_a 为活化能，J/mol；R 为摩尔气体常数，J/(mol · K)；T 为反应温度，K），压力变化时引起指前因子改变，而预混气体自身性质决定活化能 E_a 值，实际反应中 C_2H_2+2.5O_2+85%Ar 与 2H_2+O_2+3Ar 受压力变化影响较小，说明 C_2H_2+2.5O_2+85%Ar 与 2H_2+O_2+3Ar 比 C_2H_2+5N_2O 与 C_2H_2+2.5O_2+70%Ar 更加稳定。

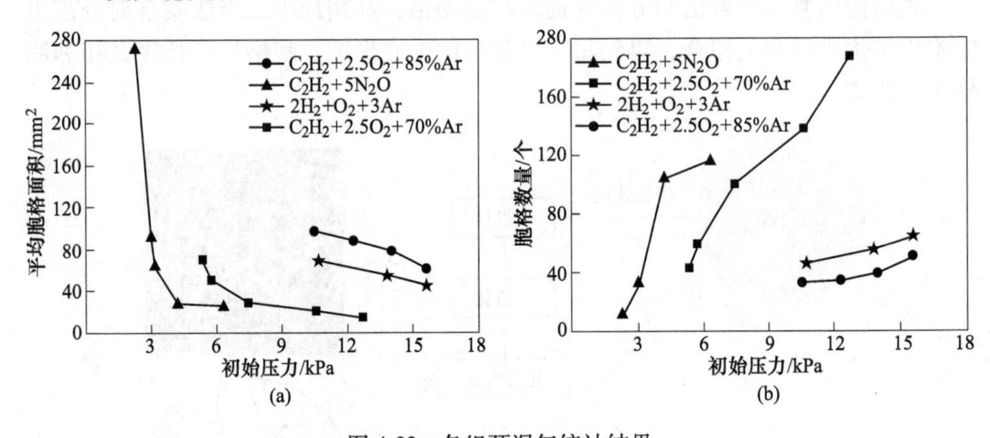

图 4-23　各组预混气统计结果

（a）平均胞格面积-初始压力；（b）胞格数量-初始压力

为进一步研究端面胞格面积及数量与气体稳定性的关系，计算并统计了端面胞格面积标准差，以反映其空间中胞格结构的规律程度，描述预混气体稳定性。各组预混气端面胞格面积标准差与初始压力关系如图 4-24（a）所示。初始压力为 2.3 kPa 时，C_2H_2+5N_2O 胞格面积标准差为 57.6，而随压力升高为 6.3 kPa，

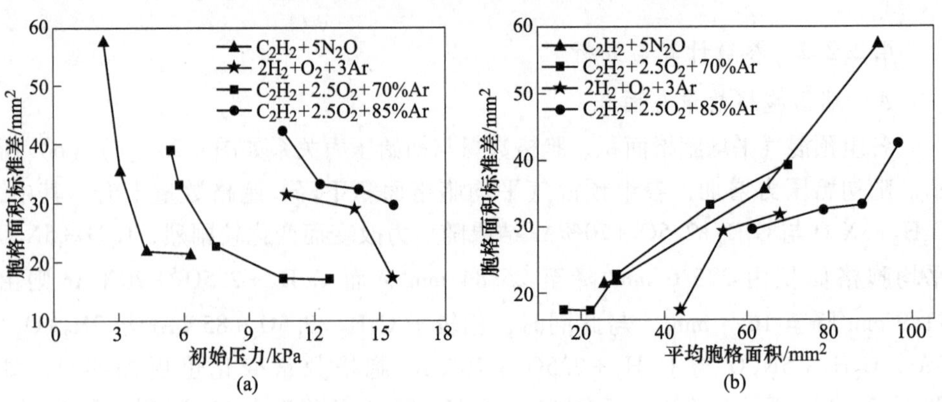

图 4-24　各组预混气统计结果

（a）胞格面积标准差-初始压力；（b）胞格面积标准差-平均胞格面积

其值降为 21.4。$C_2H_2+2.5O_2+70\%Ar$ 的胞格面积标准差则随初始压力变化由 39.2 降至 17.1。$C_2H_2+5N_2O$ 与 $C_2H_2+2.5O_2+70\%Ar$ 的胞格面积标准差随压力升高其变化趋于平缓，原因在于较高的初始压力抑制了气体的不稳定性。

另一方面，各组气体端面结果中胞格数量不同，导致其用于统计的样本容量差异较大。考虑到端面结果的几何特征，选取胞格平均面积作为横坐标以消除样本容量大小的影响，如图 4-24（b）所示。$C_2H_2+2.5O_2+70\%Ar$ 与 $C_2H_2+5N_2O$ 结果随平均胞格面积变化下降剧烈，但与 $C_2H_2+2.5O_2+85\%Ar$ 及 $2H_2+O_2+3Ar$ 的区别并不明显。原因在于胞格面积数据并不能描述三波线空间分布的规律程度，其定量分析方式有待进一步研究。

B Ar 稀释对端面胞格直径分布的影响

编写 MATLAB 程序统计了端面胞格直径，并计算其百分比，以 $C_2H_2+2.5O_2+70\%Ar$ 与 $C_2H_2+2.5O_2+85\%Ar$ 为例，分别如图 4-25 和图 4-26 所示。在初始压力升高时，胞格直径减小。而当初始压力增加至某一值时，两者胞格直径分布均向某一区间“靠拢”。如图 4-25（d）所示，10.57 kPa 的 $C_2H_2+2.5O_2+70\%Ar$ 胞格直径分布在 4 mm 附近出现峰值。这一峰值在 12.71 kPa 结果中更为明显，如图 4-25（e）所示，4 mm 处峰值为 30%，而 2~6 mm 胞格占所有胞格的 72%。初始压力升高使得端面结果更为规则，而胞格直径也趋于相等。

类似的规律在 $C_2H_2+2.5O_2+85\%Ar$ 结果中也可发现。如图 4-26（d）所示，初始压力为 14 kPa 时，$C_2H_2+2.5O_2+85\%Ar$ 胞格直径分布在 10 mm 附近峰值为 20%。当初始压力升为 15 kPa 时，如图 4-26（e）所示，峰值出现在 9 mm 附近，为 24%。另外，对比图 4-25 与图 4-26 结果，不难发现 $C_2H_2+2.5O_2+85\%Ar$ 胞格直径大于 $C_2H_2+2.5O_2+70\%Ar$，这与 4.2.2.1 节中结果相符，而原因在于相同初始压力下 $C_2H_2+2.5O_2+70\%Ar$ 爆轰反应相对更剧烈使得内部胞格直径更小。

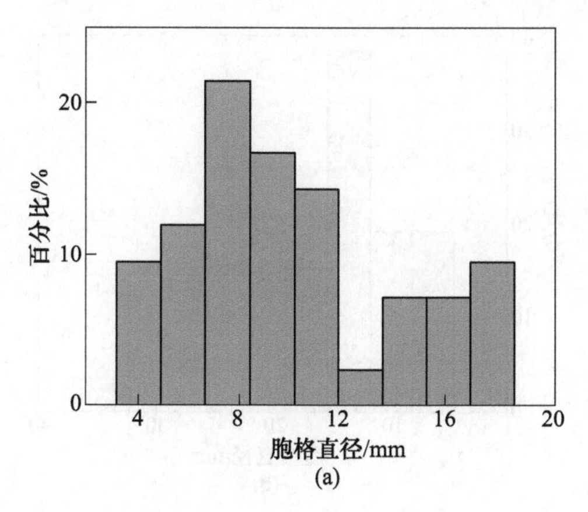

(a)

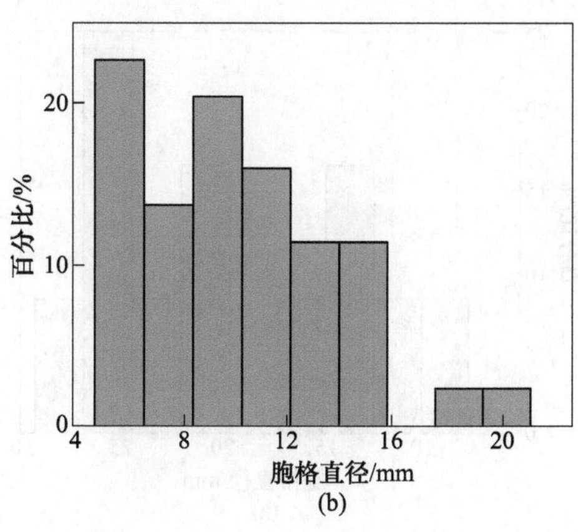

(b)

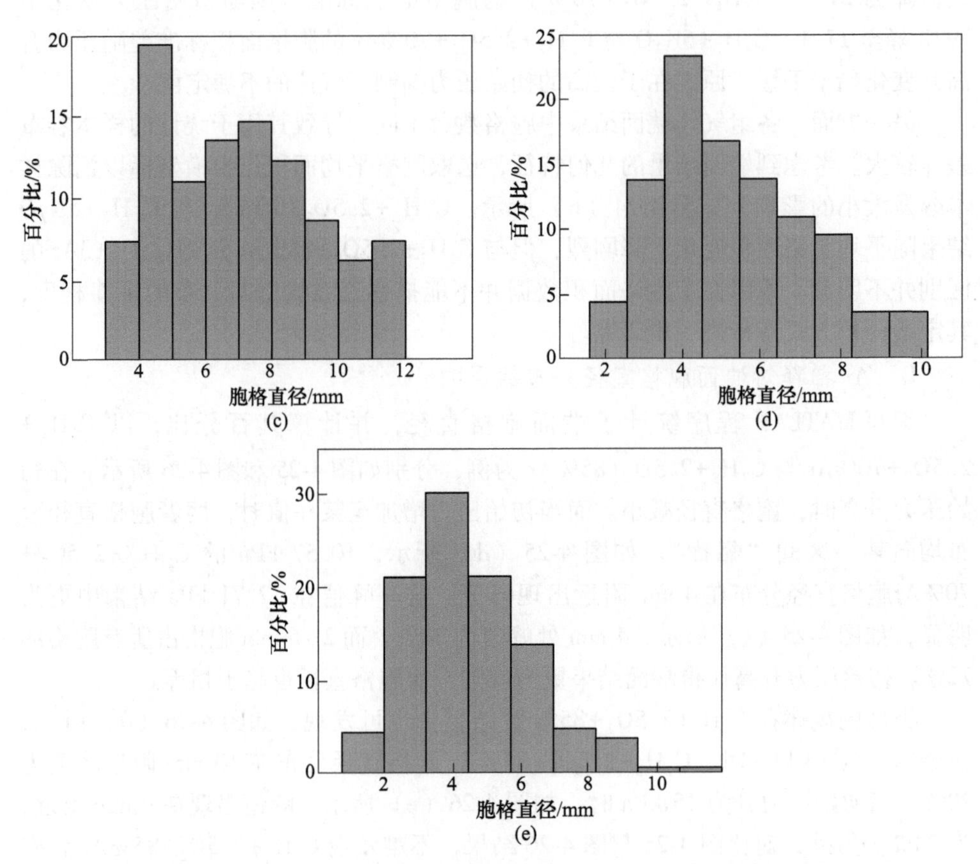

图 4-25　$C_2H_2+2.5O_2+70\%Ar$ 在不同初始压力下端面胞格直径分布直方图

(a) 5.32 kPa；(b) 5.74 kPa；(c) 7.45 kPa；(d) 10.57 kPa；(e) 12.71 kPa

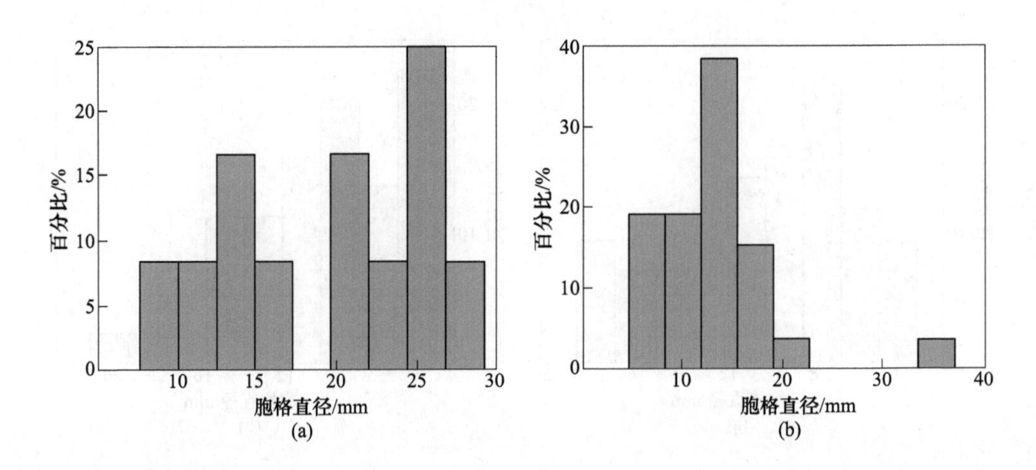

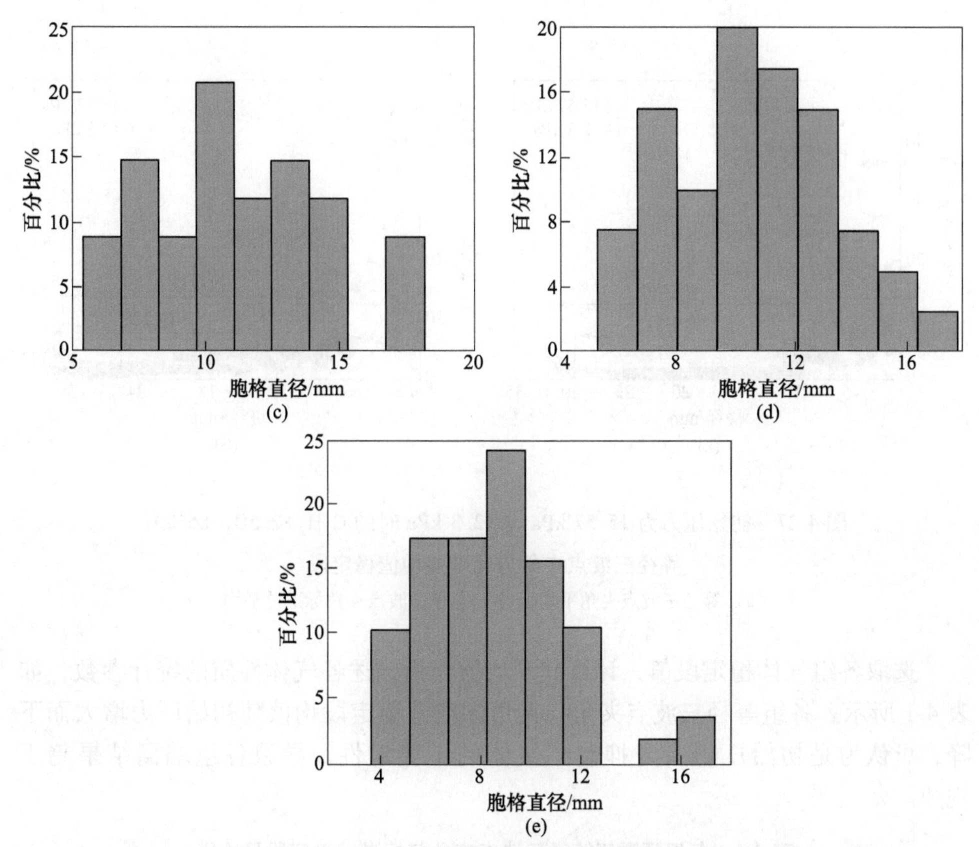

图 4-26　C_2H_2+2.5O_2+85%Ar 在不同初始压力下端面胞格直径分布直方图

(a) 8.4 kPa；(b) 10.5 kPa；(c) 12.3 kPa；(d) 14 kPa；(e) 15 kPa

C　端面三波线分布与预混气不稳定性

a　等径三波点夹角与标准差

如前所述，各组结果均计算 50 组不同极径处等径三波点夹角均值，并选取其稳定段值作为统计参数求取其平均值与标准差。以初始压力为 12.3 kPa 与 15.57 kPa 的 C_2H_2+2.5O_2+85%Ar 气体为例，如图 4-27 所示，对于等径三波点夹角与标准差均值，取数据其波动较小值作为稳定段值。另外，由图 4-27 可知，极径较小时，等径三波点夹角与标准差均值随极径增大而剧烈下降，随着极径进一步增大而保持稳定。当极径趋于管道半径时，两者均有缓慢上升趋势。

考虑到端面结果的几何特性，当极径较小时所采集的等径三波点均位于圆心附近，这导致所采集的样本容量较小，因而统计结果不能反映整体趋势。而随着极径逐渐增大，样本容量逐渐增大且统计结果趋于稳定，此阶段的统计数据可反映整体趋势；随着极径进一步增大，近管壁处的三波线受到管道边界的影响，因而统计值略有上升。

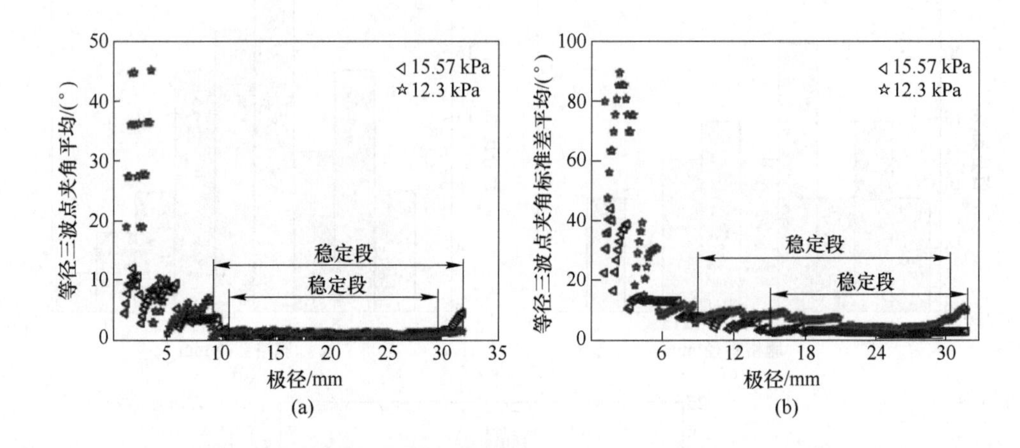

图 4-27　初始压力为 15.57 kPa 与 12.3 kPa 时的 C_2H_2+2.5O_2+85%Ar 等径三波点夹角与标准差均值稳定段

（a）等径三波点夹角平均；（b）等径三波点夹角标准差平均

选取各组气体稳定段值，计算其平均值作为描述各气体性质的统计参数，如表 4-1 所示。各组等径三波点夹角与夹角标准差稳定段均值随初始压力增大而下降，可认为是初始压力上升抑制了气体的不稳定性，导致各组端面结果趋于规律。

表 4-1　各组预混气等径三波点夹角与标准差稳定段平均值

预混气	初始压力/kPa	稳定段均值	
		等径三波点夹角/(°)	等径三波点夹角标准差/(°)
C_2H_2+2.5O_2+85%Ar	10.5	21.7	7.5
	12.3	14.4	5.9
	14	4.5	3.7
	15.57	2.8	2.7
2H_2+O_2+3Ar	10.68	12.9	11.8
	13.82	6.0	4.9
	15.61	4.9	4.1
C_2H_2+2.5O_2+70%Ar	5.32	4.8	7.1
	5.74	4.3	4.6
	7.45	3.1	3.1
	10.57	2.9	2.1
	12.71	2.8	2.1

续表 4-1

预混气	初始压力/kPa	稳定段均值	
		等径三波点夹角/(°)	等径三波点夹角标准差/(°)
$C_2H_2+5N_2O$	2.3	8.1	11.4
	3.03	3.2	7.4
	4.23	2.2	3.5
	6.3	1.9	2.9

b 端面胞格结构与预混气不稳定性

由图 4-20～图 4-23 可直观地判定不稳定气 $C_2H_2+5N_2O$ 端面结果较为不规律，而稳定气 $C_2H_2+2.5O_2+85\%Ar$ 端面结果规律性强于 $C_2H_2+2.5O_2+70\%Ar$。然而选取合适的方式定量描述端面结果与气体不稳定度的关系是必要的。

对于同种预混气而言，不同压力下的稳定段数据可反映端面结果规律程度，但对于不同种预混气体，稳定段数据受样本容量影响较大。如前所述，对于各组预混气体，初始压力增大均导致胞格数量增加。而由于各预混气体自身理化性质，对于同一压力下，端面结果中的胞格数量不尽相同，这将导致在不同种预混气中用于统计的等径三波点夹角数量存在较大偏差。因此需选取合适的方式消除样本容量不同而带来的影响。

一般地，对于同一极径下，等径三波点夹角标准差 σ 可写为：

$$\sigma = \sqrt{\frac{1}{n}\sum_{i=1}^{n}(x_i - Ex)^2} \tag{4-2}$$

式中，Ex 为等径三波点夹角平均值；x_i 为等径三波点夹角。

令 $I_i = \frac{x_i}{Ex}$，又 $n = \frac{360°}{Ex}$，则式（4-2）可写为：

$$\sigma = \sqrt{\frac{1}{n}\sum_{i=1}^{n}(x_i - Ex)^2} = Ex\sqrt{\frac{1}{n}\sum_{i=1}^{n}(I_i - 1)} \tag{4-3}$$

对于某一种气体端面结果，等径三波点夹角标准差的稳定段均值 $\overline{\sigma}$ 可反映其规律程度，而这一均值 $\overline{\sigma}$ 可写为：

$$\overline{\sigma} = \frac{1}{K}(\sigma_{d1} + \sigma_{d2} + \sigma_{d3} + \cdots + \sigma_{dK}) = \sum_{m=1}^{K}\frac{1}{K}\left[Ex_{dm}\sqrt{\frac{1}{n_{dm}}\sum_{i=1}^{n_{dm}}(I_{i,dm} - 1)^2}\right] \tag{4-4}$$

式中，σ_{d1}，σ_{d2}，σ_{d3}，…，σ_{dK} 为稳定段中不同极径下的等径三波点夹角标准差，K 为稳定段中统计值总个数，对于不同端面结果，K 取不同的值。

若预混气体为理想气体，且爆轰过程中保持其前端面各处化学反应速率与强度均应相等，即端面三波线空间分布完全规律时，可认为随压力增加，各处化学反应强度均有相同程度的提升，因而同种预混气体的任一极径处，不同初始压力时等径三波点夹角 x_i 与 Ex 之比 I_i 相等且不随压力值的变化而变化。

由此可得，若因初始压力增大，导致空间中各处爆轰反应剧烈程度均匀增加，进而使得不同极径下所采集的样本数量均增大 w 倍时，则任一极径 dm 处等径三波点夹角平均值 Ex'_{dm}可写为 $Ex'_{\mathrm{dm}}=\dfrac{Ex_{\mathrm{dm}}}{w}$，而等径三波点夹角标准差 σ'_{dm}可写为：

$$\sigma'_{\mathrm{dm}}=\sqrt{\frac{1}{n_{\mathrm{dm}}\times w}\sum_{i=1}^{n_{\mathrm{dm}}\times w}(x'_{i,\mathrm{dm}}-Ex'_{\mathrm{dm}})^2}=\sqrt{\frac{(Ex'_{\mathrm{dm}})^2}{n_{\mathrm{dm}}\times w}\sum_{i=1}^{n_{\mathrm{dm}}\times w}(I'_{i,\mathrm{dm}}-1)^2}$$

$$=Ex'_{\mathrm{dm}}\sqrt{\frac{w}{n_{\mathrm{dm}}\times w}\sum_{i=1}^{n_{\mathrm{dm}}}(I'_{i,\mathrm{dm}}-1)^2}=Ex'_{\mathrm{dm}}\sqrt{\frac{1}{n_{\mathrm{dm}}}\sum_{i=1}^{n_{\mathrm{dm}}}(I'_{i,\mathrm{dm}}-1)^2}=\frac{\sigma_{\mathrm{dm}}}{w} \tag{4-5}$$

即理想状态下当初始压力变化时，任一极径处等径三波点夹角标准差 σ'_{dm}与等径三波点夹角平均值 Ex'_{dm}仍呈线性关系，且均为变化前的$\dfrac{1}{w}$，式（4-5）对于任意 m 均成立，由此式（4-4）可改写为：

$$\bar{\sigma}=\sqrt{\frac{1}{n_{\mathrm{dm}}}\sum_{i=1}^{n_{\mathrm{dm}}}(I_{i,\mathrm{dm}}-1)^2}\times\sum_{m=1}^{K}\frac{Ex_{\mathrm{dm}}}{K}=\sqrt{\frac{1}{n_{\mathrm{dm}}}\sum_{i=1}^{n_{\mathrm{dm}}}(I_{i,\mathrm{dm}}-1)^2}\times\overline{Ex} \tag{4-6}$$

式中，$\overline{Ex}=\sum_{m=1}^{K}Ex_{\mathrm{dm}}/K$。即理想状态下对于同种预混气体，不同压力下的等径三波点夹角标准差平均 $\bar{\sigma}$ 与等径三波点夹角平均 $\overline{Ex}$ 呈线性关系。

由此，根据端面实验结果，对各组实验结果作线性拟合，如图 4-28 所示。预混气 C_2H_2+2.5O_2+85%Ar、2H_2+O_2+3Ar、C_2H_2+2.5O_2+70%Ar 与 C_2H_2+5N_2O 的斜率 k 分别是 0.24、0.98、1.97 与 4.35。斜率值可认为是初始压力变化时，其引起的化学反应变化的剧烈程度，这与各预混气自身理化性质有关。压力变化对 C_2H_2+5N_2O 的化学反应影响最为剧烈，其次为 C_2H_2+2.5O_2+70%Ar。对于 C_2H_2+2.5O_2+85%Ar，可认为其反应受初始压力变化影响最小。

另外，线性拟合中的 R^2值可反映横波空间分布规律程度。稳定预混气 C_2H_2+2.5O_2+85%Ar、2H_2+O_2+3Ar 与 C_2H_2+2.5O_2+70%Ar 的 R^2分别为 0.98、0.99 与 0.96，三者线性相关性良好。而不稳定预混气 C_2H_2+5N_2O 的 R^2为 0.76，相对于前三者而言更低。这与三者的端面结果规律性相符合。

4.2.3 壁面胞格结构

4.2.3.1 数字图像处理

与 4.2.2 节类似，也将编写 MATLAB 程序对实验结果进行处理，之后计算相

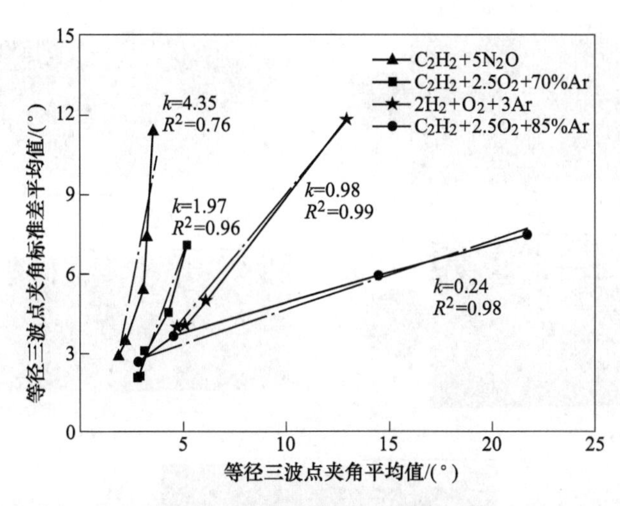

图 4-28 各组预混气等径三波点夹角标准差平均值-平均值拟合结果

应的胞格动力学参数。

预混气 $C_2H_2+2.5O_2+85\%Ar$、$2H_2+O_2+3Ar$、$C_2H_2+2.5O_2+70\%Ar$、$C_2H_2+5N_2O$ 和 $CH_4+2.5O_2$在初始压力较高时侧壁与端面烟膜结果如图 4-29 所示，图中上方横向箭头表示预混气传播方向。所列结果均在稳定爆轰状态下得到，对应的爆轰波速度结果 4.1.2 节已有说明，此处不再赘述。

相较于低频结果，侧壁结果记录的横波轨迹密集。如图 4-29（c）所示，较高的初始压力对应着较小的胞格尺寸；而从端面结果看，多组高频螺旋横波的碰撞、干涉与反射使得其内部结构复杂程度大大增加。

Lee 指出爆轰熄爆机制与气体不稳定性有关，稳定气可借由 ZND 模型描述其结构，横波对于稳定气爆轰影响较小；而对于不稳定气体，横波则是爆轰传播必不可少的一部分。一般地，稳定气的侧壁与端面结果规律性较好，如图 4-29（a）~（c）所示，烟膜结果可观察到清晰且规律的胞格结构，且侧壁结果中，横波轨迹较少出现“消失”“中断”等现象。而对于不稳定气 $C_2H_2+5N_2O$ 与 $CH_4+2.5O_2$，如图 4-29（d）（e）所示，侧壁轨迹线不规律，剧烈的爆轰反应与结构复杂的螺旋横波使得端面与壁面结果较难辨认，另外，积碳也对结果的清晰程度存在影响。

壁面烟膜记录了不同方向横波扫略管壁而留下的轨迹，在传播方向上，与管轴中心线夹角 0°~90°为“右旋”，-90°~0°为“左旋”。对于壁面烟膜记录，胞格尺寸 λ 是研究人员关注的重要参数之一。测量胞格尺寸时，可在侧壁结果不同位置画垂直传播方向的直线，标记直线与轨迹线交点位置并测量交点间距离。如图 4-30（b）所示，p_1、p_2、p_3、p_4即为交点，而其距离 λ_1、λ_2、λ_3可认为是三波点轨迹间距，统计多组结果即为胞格尺寸 λ。

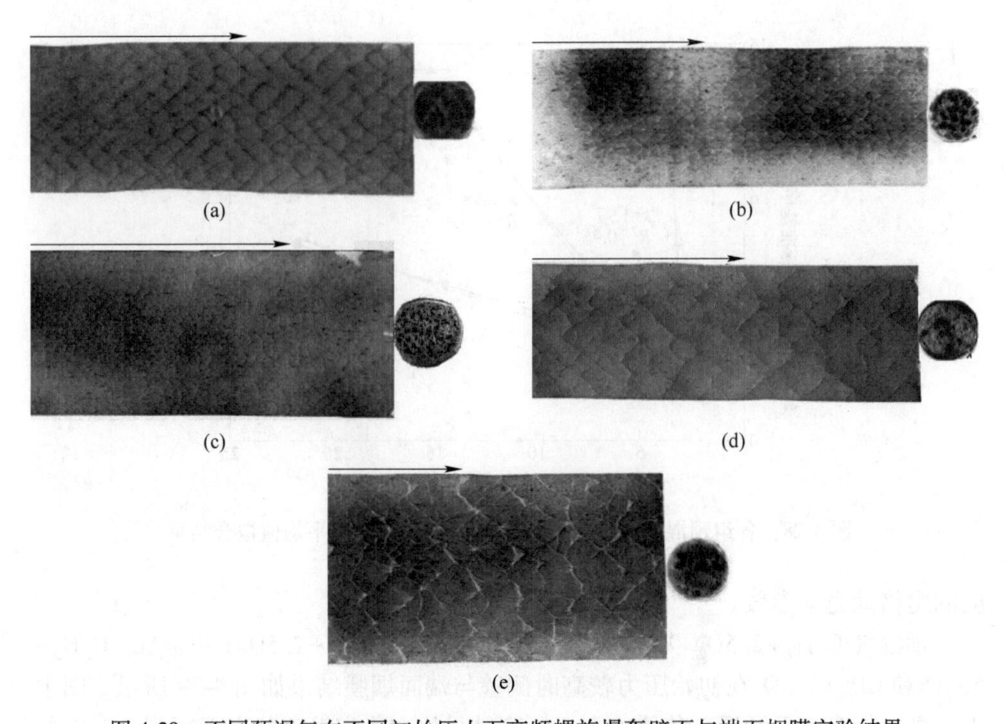

图 4-29 不同预混气在不同初始压力下高频螺旋爆轰壁面与端面烟膜实验结果

（a）C_2H_2+2.5O_2+85%Ar（12.3 kPa）；（b）2H_2+O_2+3Ar（10.68 kPa）；

（c）C_2H_2+2.5O_2+70%Ar（10.57 kPa）；（d）C_2H_2+5N_2O（3.19 kPa）；

（e）CH_4+2.5O_2（13.1 kPa）

为进一步分析侧壁结果，如图 4-30 所示，分别对侧壁结果中的左旋与右旋轨迹进行描绘，以 C_2H_2+2.5O_2+85%Ar，p_0 = 8.4 kPa 为例，左旋与右旋横波三

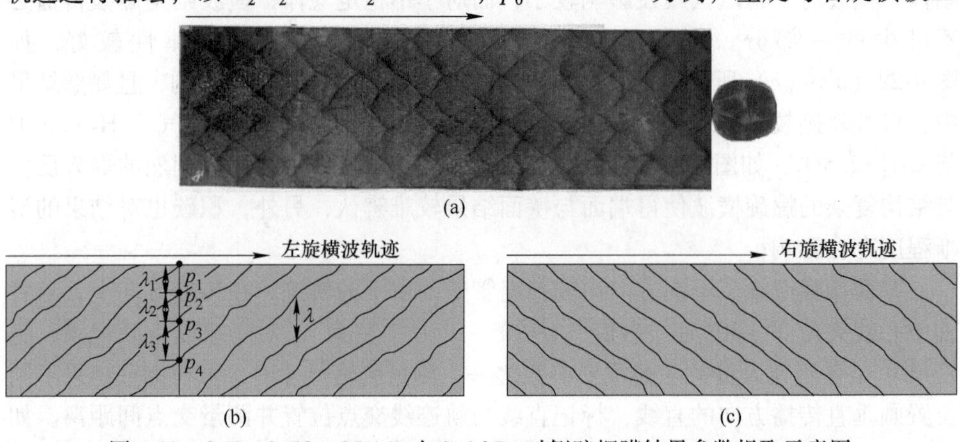

图 4-30 C_2H_2+2.5O_2+85%Ar 在 8.4 kPa 时侧壁烟膜结果参数提取示意图

（a）端面胞格图；（b）左旋横波轨迹图；（c）右旋横波轨迹图

波点轨迹如图 4-30（c）所示，为消除线宽影响，将描绘结果中线宽均定为 1 像素，图中上方横向箭头为预混气传播方向。使用 MATLAB 软件编写图像处理程序，将描绘结果离散，得到左旋与右旋结果矩阵。矩阵的行与列对应着描绘结果不同位置，而图片中轨迹线与空白区域的行列值不同，由此可得到三波点轨迹位置信息。

对于同一侧壁结果离散矩阵，三波点轨迹位置的行列值是可知的，而取同一列中的三波点轨迹，其行的间距即可认为是三波点轨迹间距，之后只需通过比例尺将像素单位转换为毫米单位即可。

4.2.3.2 参数计算与分析

为避免与 4.2.2 节所述端面胞格的结果相混淆，本节使用“壁面三波点轨迹间距”这一词代替“胞格尺寸 λ”。各组预混气壁面三波点轨迹间距随初始压力的变化情况如图 4-31 所示。左旋与右旋结果的壁面三波点轨迹间距近似相等，且均随初始压力增大而下降。如图 4-31（a）所示，初始压力由 8.4 kPa 升高至

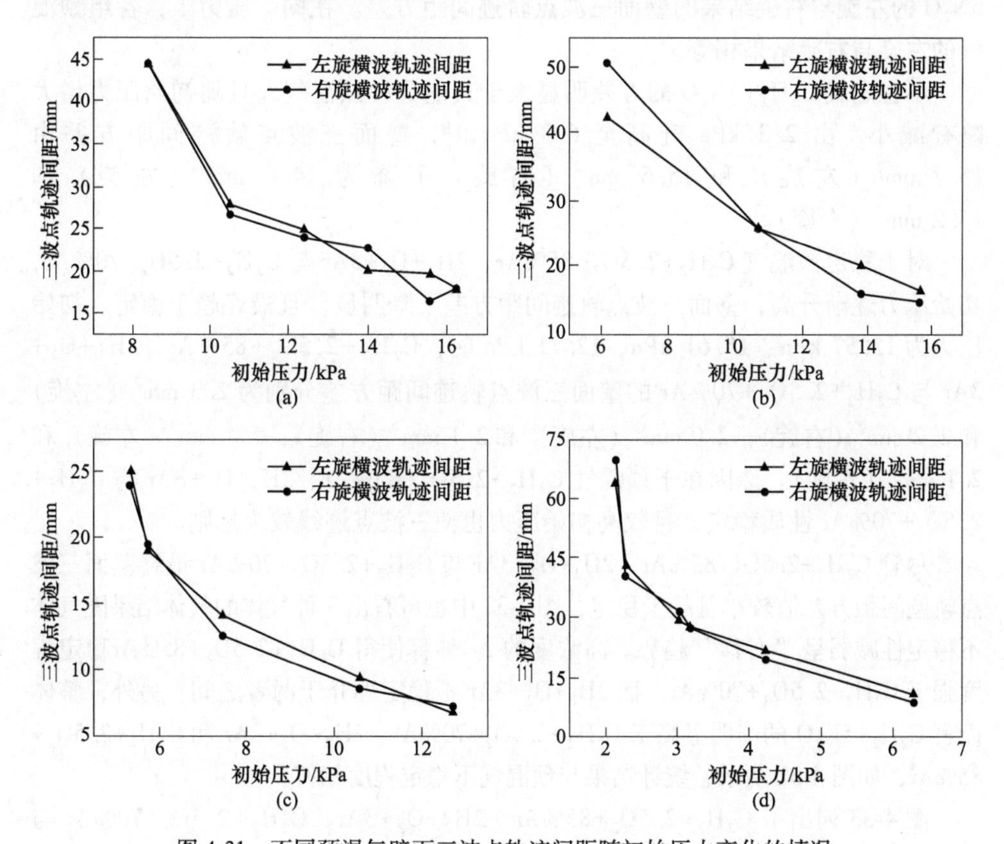

图 4-31 不同预混气壁面三波点轨迹间距随初始压力变化的情况

（a）C_2H_2+2.5O_2+85%Ar；（b）2H_2+O_2+3Ar；（c）C_2H_2+2.5O_2+70%Ar；（d）C_2H_2+5N_2O

16.23 kPa 时，C_2H_2+2.5O_2+85%Ar 的壁面三波点轨迹间距由 44.4 mm（左旋）和 44.6 mm（右旋）下降为 17.7 mm（左旋）和 17.8 mm（右旋）。另外，初始压力较高时，4 种预混气的壁面三波点轨迹间距变化均趋于平缓。

4 种预混气中不稳定气 C_2H_2+5N_2O 壁面三波点轨迹间距对压力变化较敏感，如图 4-31（d）所示，初始压力由 2.15 kPa 升高至 6.3 kPa 时，壁面三波点轨迹间距由 63.9 mm（左旋）和 69.8 mm（右旋）下降为 10.7 mm（左旋）和 8.8 mm（右旋），原因在于 C_2H_2+5N_2O 的强不稳定性使得压力变化对爆轰反应影响较剧烈。而对于稳定气 C_2H_2+2.5O_2+70%Ar，Ar 稀释与较高的初始压力抑制了预混气的不稳定性，这使得壁面三波点轨迹间距整体变化则较为平缓，初始压力由 5.32 kPa 升高至 12.71 kPa 时，壁面三波点轨迹间距由 25.0 mm（左旋）和 23.9 mm（右旋）下降为 6.8 mm（左旋）和 7.1 mm（右旋）。

不同位置的壁面三波点轨迹间距方差可反映壁面三波点轨迹间距的不规则度。统计了 C_2H_2+2.5O_2+85%Ar、2H_2+O_2+3Ar、C_2H_2+2.5O_2+70%Ar 与 C_2H_2+5N_2O 的左旋与右旋结果的壁面三波点轨迹间距方差。在同一压力下，各组预混气的左旋与右旋结果相等。

不稳定气 C_2H_2+5N_2O 的方差明显大于其他 3 种预混气，且随初始压力增大略有减小，由 2.3 kPa 升高至 6.3 kPa 时，壁面三波点轨迹间距方差由 15.7 mm^2（左旋）和 15.6 mm^2（右旋）下降为 14.8 mm^2（左旋）和 14.2 mm^2（右旋）。

对于稳定预混气 C_2H_2+2.5O_2+85%Ar、2H_2+O_2+3Ar 与 C_2H_2+2.5O_2+70%Ar，初始压力逐渐升高，壁面三波点轨迹间距方差下降明显，且最终趋于稳定。初始压力为 15.57 kPa、15.61 kPa、12.71 kPa 时，C_2H_2+2.5O_2+85%Ar、2H_2+O_2+3Ar 与 C_2H_2+2.5O_2+70%Ar 的壁面三波点轨迹间距方差分别为 2.3 mm^2（左旋）和 2.2 mm^2（右旋）；2.0 mm^2（左旋）和 2.1 mm^2（右旋）；2.4 mm^2（左旋）和 2.1 mm^2（右旋）。原因在于预混气 C_2H_2+2.5O_2+85%Ar、2H_2+O_2+3Ar 与 C_2H_2+2.5O_2+70%Ar 性质稳定，且较高初始压力也使三波点迹线较为规则。

尽管 C_2H_2+2.5O_2+85%Ar、2H_2+O_2+3Ar 与 C_2H_2+2.5O_2+70%Ar 最终壁面三波点轨迹间距方差值较小且趋于稳定，图 4-32 中也可看出 3 种气体的整体结果随气体不稳定性减弱呈“右移”趋势。高浓度的 Ar 稀释使得 C_2H_2+2.5O_2+85%Ar稳定程度强于 C_2H_2+2.5O_2+70%Ar，而 2H_2+O_2+3Ar 不稳定性介于两者之间。另外，整体而言 C_2H_2+5N_2O 的值明显高于 C_2H_2+2.5O_2+70%Ar、2H_2+O_2+3Ar 和 C_2H_2+2.5O_2+85%Ar，如图 4-32 所示，统计结果与预混气不稳定程度相符。

图 4-33 列出了 C_2H_2+2.5O_2+85%Ar、2H_2+O_2+3Ar、C_2H_2+2.5O_2+70%Ar 与 C_2H_2+5N_2O 的左旋与右旋方向的轨迹与管轴夹角值。结果表明，随初始压力增加，螺旋横波频率上升，各组预混气体轨迹与管轴夹角值降低，且左旋与右旋方

向大小近似相等，说明左旋与右旋横波强度相同。

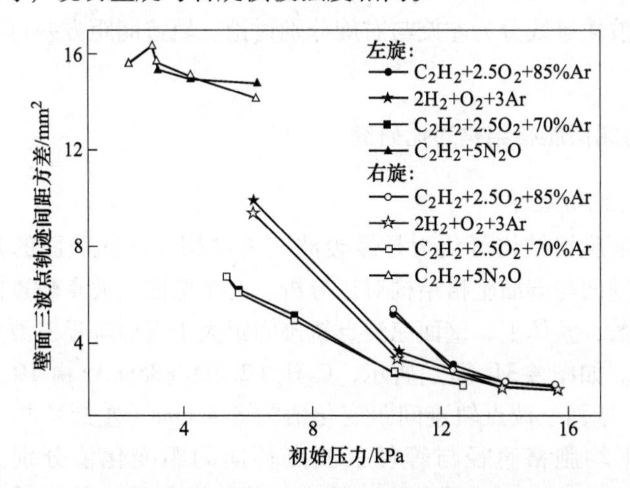

图 4-32　不同预混气左旋和右旋方向的壁面三波点轨迹间距方差

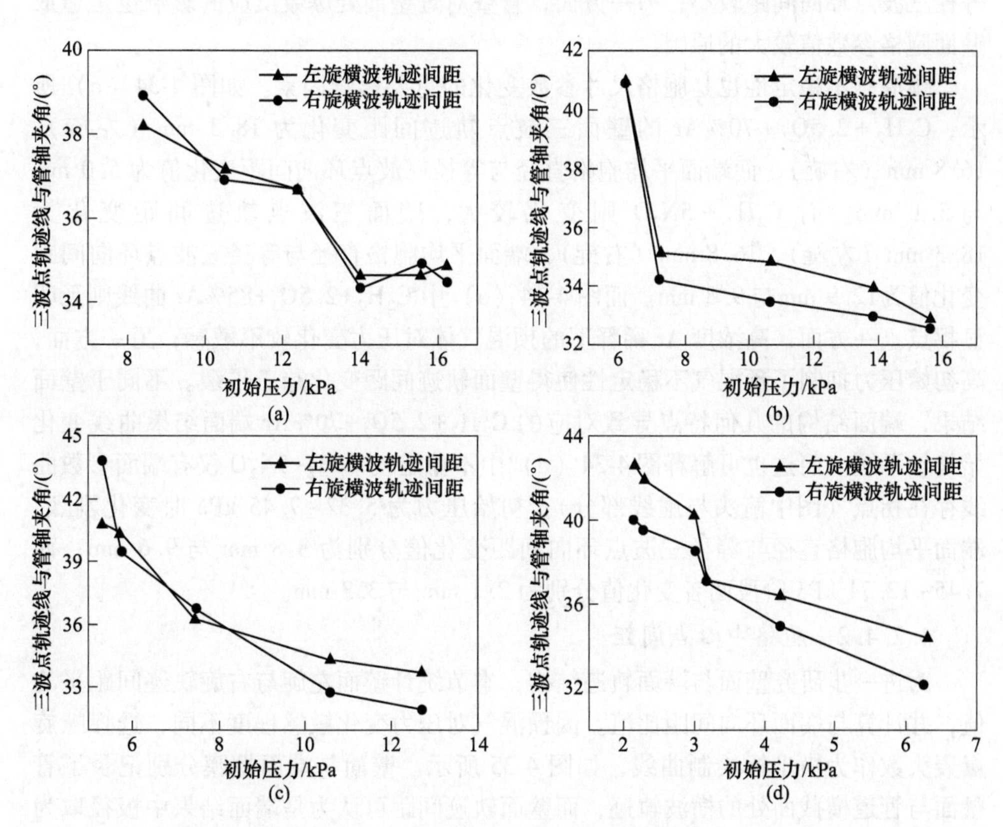

图 4-33　不同预混气左旋与右旋方向的壁面三波点轨迹线与管轴夹角值随初始压力变化的情况

(a) $C_2H_2+2.5O_2+85\%Ar$；(b) $2H_2+O_2+3Ar$；(c) $C_2H_2+2.5O_2+70\%Ar$；(d) $C_2H_2+5N_2O$

通过分析得到了侧壁结构与预混气不稳定性的关系。侧壁结构与对于侧壁烟膜结果，将横波轨迹线分为左旋与右旋分别讨论。轨迹间距方差可描述预混气的不稳定程度。

4.2.4 壁面与端面胞格结构对比研究

4.2.4.1 胞格尺寸

壁面与端面胞格结构可认为是爆轰波三维结构在不同截面的几何体现，因此，有必要将壁面与端面胞格结构对比分析。对于壁面三波点轨迹间距与端面胞格尺寸相关参数，整体上，壁面三波点轨迹间距大于端面等径三波点环向间距与平均胞格直径。如图 4-34（a）所示，C_2H_2+2.5O_2+85%Ar 由 10.5 kPa 升高为 15.57 kPa 时，壁面三波点轨迹间距变化值为 8.4 mm（左旋）与 10.1 mm（右旋），而端面平均胞格直径与等径三波点环向间距变化值分别为 3.8 mm 与 0.9 mm。一方面，与壁面结果相比，端面结构的几何特性使得平均胞格直径与等径三波点环向间距较小；另一方面，管壁对近壁面处爆轰反应的影响也是造成壁面胞格参数值较大的原因。

预混气不稳定性也是胞格尺寸参数变化的重要影响因素。如图 4-34（c）所示，C_2H_2+2.5O_2+70%Ar 的壁面三波点轨迹间距变化为 18.3 mm（左旋）、16.8 mm（右旋），而端面平均胞格直径与等径三波点环向间距变化值为 5.0 mm 与 5.1 mm。而 C_2H_2+5N_2O 则变化较大，壁面三波点轨迹间距变化为 18.3 mm（左旋）、16.8 mm（右旋），端面平均胞格直径与等径三波点环向间距变化值为12.9 mm与 9.8 mm。而图 4-34（a）中 C_2H_2+2.5O_2+85%Ar 曲线则无明显拐点。一方面，高浓度 Ar 稀释下的预混气体对压力变化较不敏感；另一方面，高初始压力抑制了预混气不稳定性使得壁面轨迹间距变化趋于平缓。不同于壁面结果，端面结构的几何特点导致对应的 C_2H_2+2.5O_2+70%Ar 端面结果曲线变化始终较平缓。而这也可解释图 4-34（d）中不稳定气 C_2H_2+5N_2O 仅有端面参数曲线存在拐点（图中箭头与虚线部分）：初始压力为 5.32~7.45 kPa 时变化剧烈，端面平均胞格直径与等径三波点环向间距变化值分别为 3.8 mm 与 9.6 mm；而 7.45~12.71 kPa 阶段两者变化值分别为 2.1 mm 与 3.3 mm。

4.2.4.2 胞格中心点间距

为进一步研究壁面与端面轨迹结构，本节统计壁面左旋与右旋轨迹间距平均值，并计算与端面环向间距比值。因预混气对压力变化敏感程度不同，选择螺旋爆轰头数作为横坐标绘制曲线，如图 4-35 所示。壁面与端面烟膜分别记录了管壁面与管道横截面处的横波轨迹，而壁面轨迹间距可认为是端面结果中极径取为管道半径时的等径三波点环向间距。尽管端面结果仅记录了瞬间的截面方向爆轰波结构，但壁面与端面间距比仍可反映爆轰波近管轴处与管壁附近结构存在

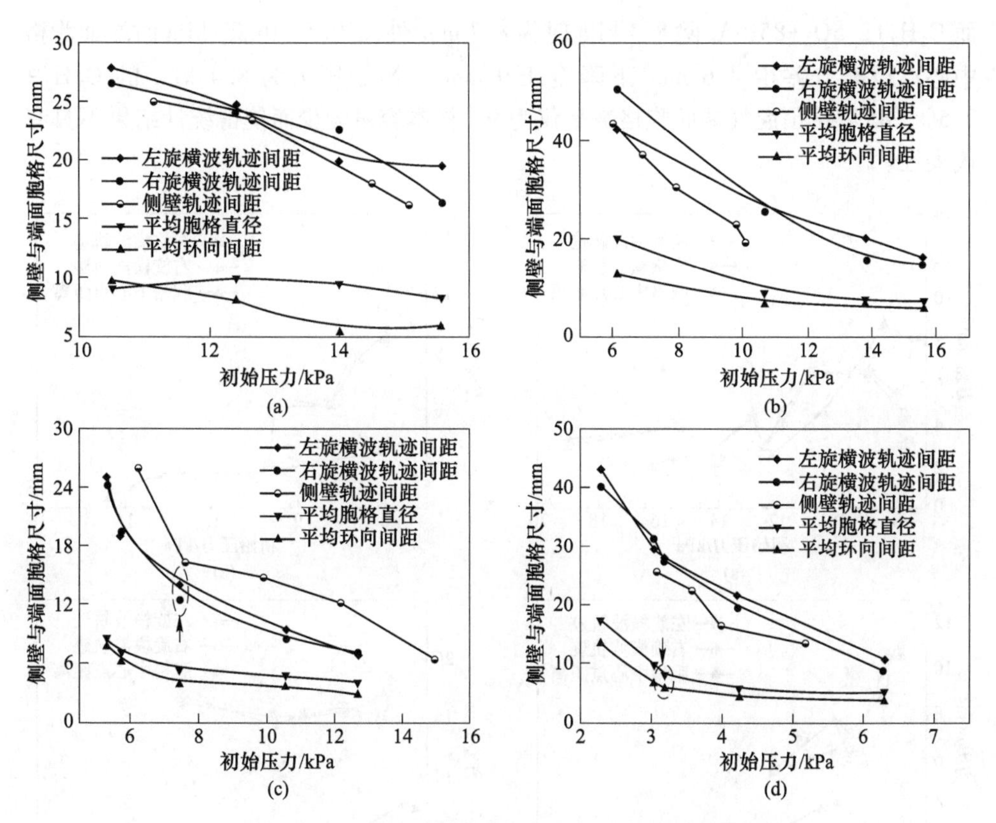

图 4-34 不同预混气侧壁与端面胞格尺寸相关参数比较

(a) $C_2H_2+2.5O_2+85\%Ar$; (b) $2H_2+O_2+3Ar$; (c) $C_2H_2+2.5O_2+70\%Ar$; (d) $C_2H_2+5N_2O$

差异。

壁面轨迹间距方差可作为衡量壁面规律性的重要参数。而端面结果的规则程度，除可由等径三波点夹角标准差-平均值曲线说明外，端面胞格中心距离也可作为其评价参数之一。各组预混气壁面轨迹间距与端面胞格中心点距离方差比较见图 4-35。整体而言 4 种预混气体壁面轨迹间距与端面胞格中心点间距方差趋势相同，均为随压力上升而减小。$C_2H_2+2.5O_2+85\%Ar$ 的壁面与端面方差值大体近似且趋势相等，但 $2H_2+O_2+3Ar$、$C_2H_2+2.5O_2+70\%Ar$ 与 $C_2H_2+5N_2O$ 壁面方差结果明显高于端面。如图 4-35（b）所示，初始压力变化时 $2H_2+O_2+3Ar$ 的左旋与右旋轨迹间距方差分别由 9.8 mm^2 与 9.4 mm^2 下降为 3.6 mm^2 与 3.2 mm^2，而端面胞格中心点距离方差由 3.8 mm^2 下降为 1.5 mm^2。

比较 $C_2H_2+2.5O_2+85\%Ar$ 与 $C_2H_2+2.5O_2+70\%Ar$，两者壁面轨迹方差区别前文已说明（见图 3-54），这里不再赘述。而两者端面胞格中心点距离方差值大体相同：由图 4-35（c）可知，$C_2H_2+2.5O_2+70\%Ar$ 由 4.0 mm^2 下降至 1.1 mm^2，

而 C_2H_2+2.5O_2+85%Ar 除 8.4 kPa 时为 8.7 mm^2外，10.5~16.23 kPa 时端面胞格中心点距离方差由 4.6 mm^2下降至 1.9 mm^2。初始压力为 8.4 kPa 的 C_2H_2+2.5O_2+85%Ar 预混气端面胞格数量仅为 9，样本容量较少而使得统计结果不具有代表性。

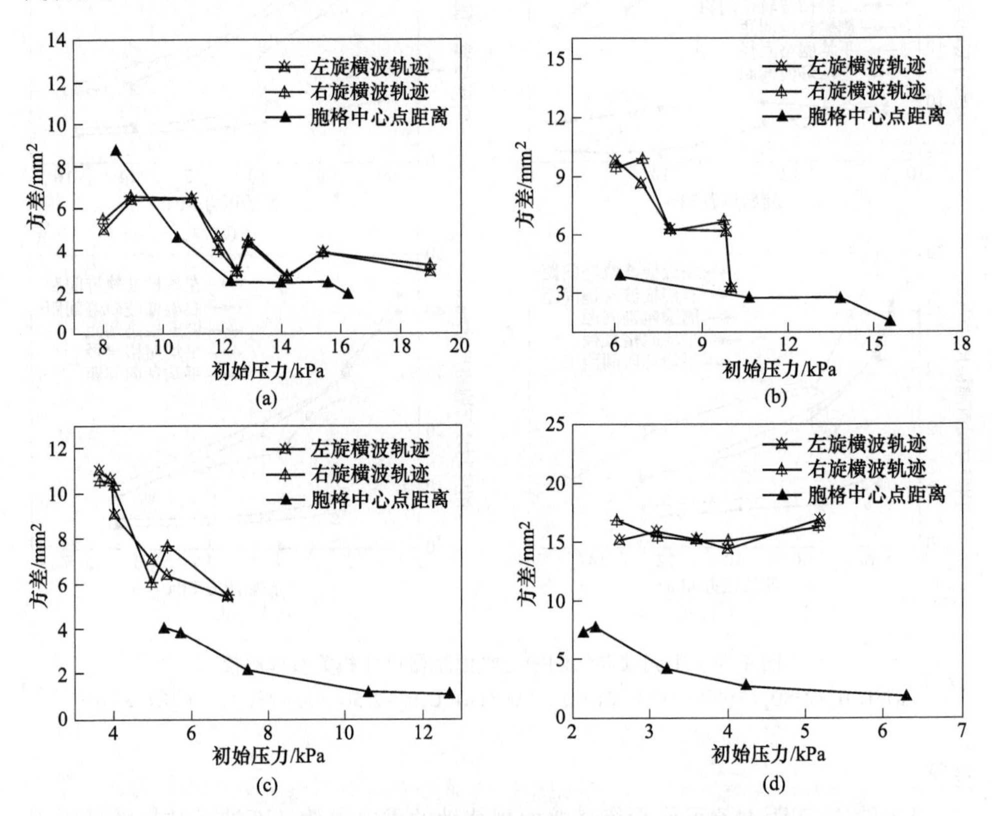

图 4-35　不同预混气壁面轨迹间距与端面胞格中心点距离离散度分析

(a) C_2H_2+2.5O_2+85%Ar；(b) 2H_2+O_2+3Ar；(c) C_2H_2+2.5O_2+70%Ar；(d) C_2H_2+5N_2O

另外，不稳定气 C_2H_2+5N_2O 端面胞格中心点距离方差并未与稳定气存在较大差别。由图 4-35（d）可以看出，初始压力由 2.15 kPa 升为 6.3 kPa 时，方差从 7.3 mm^2降至 1.8 mm^2，且初始压力为 3.19 kPa 时其值已降至 4.1 mm^2，变化趋势和方差值与其他 3 种稳定预混气并未存在较大的不同。原因在于端面结果的几何特性影响了统计结果中离散度的差异性，而较高的初始压力也可抑制预混气体的不稳定性。还有，图 4-35（b）~（d）中壁面结果均高于端面结果，可能与管壁对爆轰反应的影响有关，不稳定气 C_2H_2+5N_2O 内部横波受管壁影响较明显。由此可见 C_2H_2+2.5O_2+85%Ar 的强稳定性导致了图 4-35（a）中壁面与端面结果近似。

4.2.5 管壁边界层对端面胞格结构的影响

边界层效应可对爆轰波结构产生影响，而端面烟膜记录了管道中不同位置的胞格结构，对比近管壁与近管轴处胞格尺寸可以反映管壁附近边界层对爆轰波结构的影响。对于4.2.2.2节统计的胞格直径结果，将各结果按胞格中心点位置划分，胞格中心点位于以管道圆截面的中心点为第0圈，位于0~r_0为第1圈，位于r_0~$2r_0$为第2圈，以此类推，所述r_0为该组结果总平均端面胞格直径。第n个圆周的第m个胞格的中心点记为C_{nm}，此胞格的直径记为d_{nm}，计算第一组、第二组、第三组、…、第n组平均胞格直径$\overline{d}_1$、$\overline{d}_2$、$\overline{d}_3$、…、$\overline{d}_n$。另外，将第m个胞格与第m+1个胞格的相邻胞格中心点距离记为D_{nm}，令$D_{nm}=\frac{1}{2}d_{nm}+\frac{1}{2}d_{n(m+1)}$。之后，对同组内胞格中心点距离取平均值$\overline{D}_n$，同时计算其标准差$\sigma_n$用以离散度分析。第1、2、3、…、$n$组的胞格中心点距离平均值与标准差分别为：$\overline{D}_1$、$\overline{D}_2$、$\overline{D}_3$、…、$\overline{D}_n$与$\sigma_1$、$\sigma_2$、$\sigma_3$、…、$\sigma_n$。以上统计中均极端值与异常值均被剔除。

4.2.5.1 不同极径胞格中心点间距分析

图4-36给出了不同位置胞格中心点间距与标准差。对于C_2H_2+2.5O_2+85%Ar，胞格中心点间距峰值位置出现在管道截面中部，分别为14.85 mm（14 kPa）、16.87 mm（14.4 kPa）、18.79 mm（15 kPa）与12.98 mm（15.57 kPa）。近管壁处除边界条件对爆轰反应影响外，管壁也影响着横波相互作用而使胞格形状与内部不同。近管轴处则由于端面几何特征因而胞格中心点间距较小。

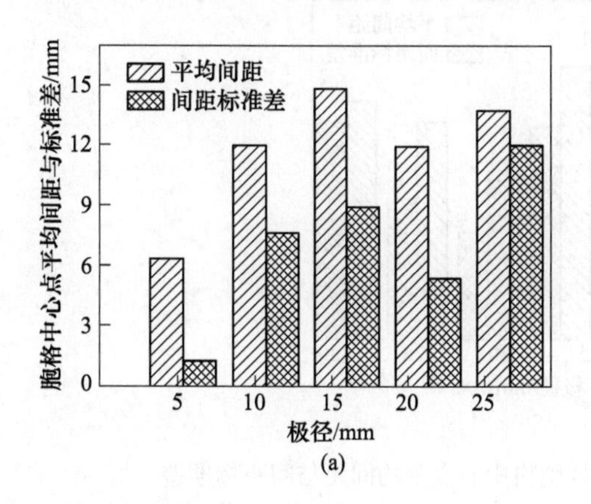

(a)

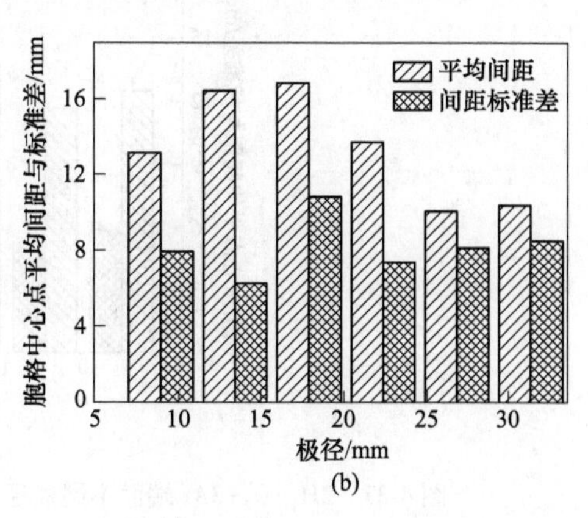

(b)

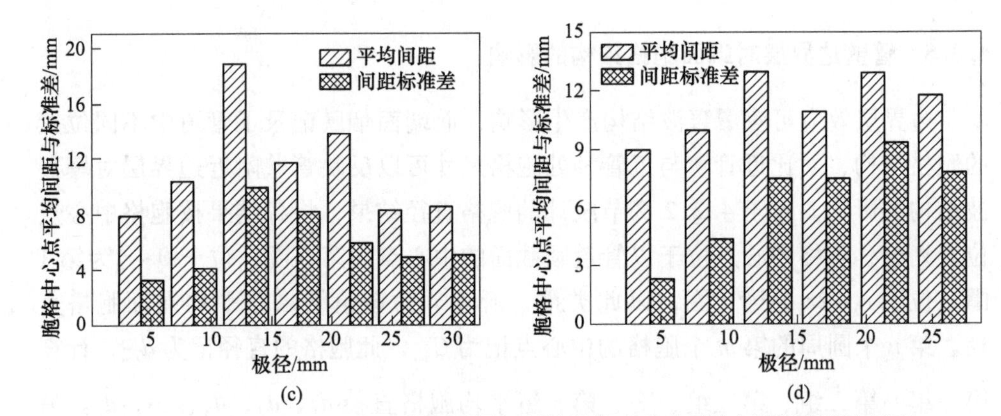

图 4-36　C_2H_2+2.5O_2+85%Ar 端面不同极径处胞格中心点平均间距与间距标准差

（a）r=5.34 mm（14 kPa）；（b）r=4.84 mm（14.4 kPa）；（c）r=4.28 mm（15 kPa）；（d）r=4.05 mm（15.57 kPa）

类似的结果也出现在图 4-37 和图 4-38 中，$2H_2+O_2+3Ar$ 与 $C_2H_2+2.5O_2+$

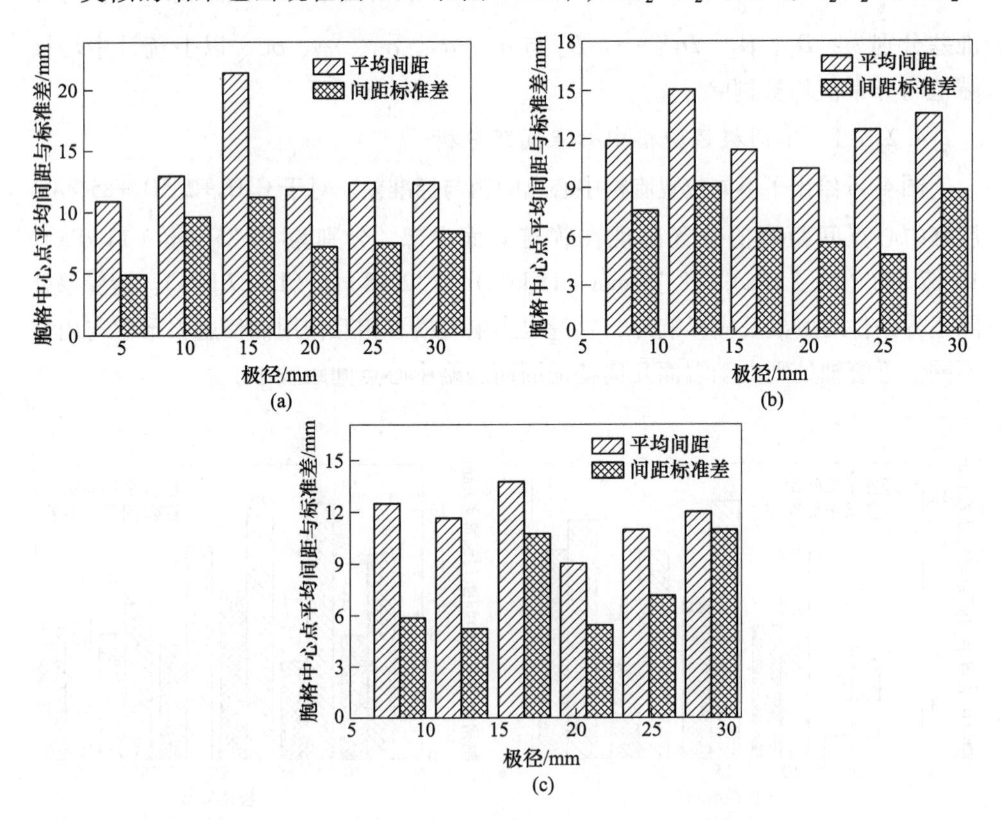

图 4-37　$2H_2+O_2+3Ar$ 端面不同极径处胞格中心点平均间距与间距标准差

（a）r=5.04 mm（10.68 kPa）；（b）r=4.13 mm（13.82 kPa）；（c）r=3.84 mm（15.61 kPa）

70%Ar结果中胞格中心点间距峰值也出现在端面中部。端面结果中胞格结构受端面几何特点与边界条件影响，端面中部的胞格中心点间距最大，说明管道中部的爆轰反应稍显剧烈，同时较高的间距对应着标准差也较大，如图 4-37 所示，$2H_2+O_2+3Ar$ 胞格中心点间距峰值段对应着标准差分别为 21.54 mm、15.12 mm

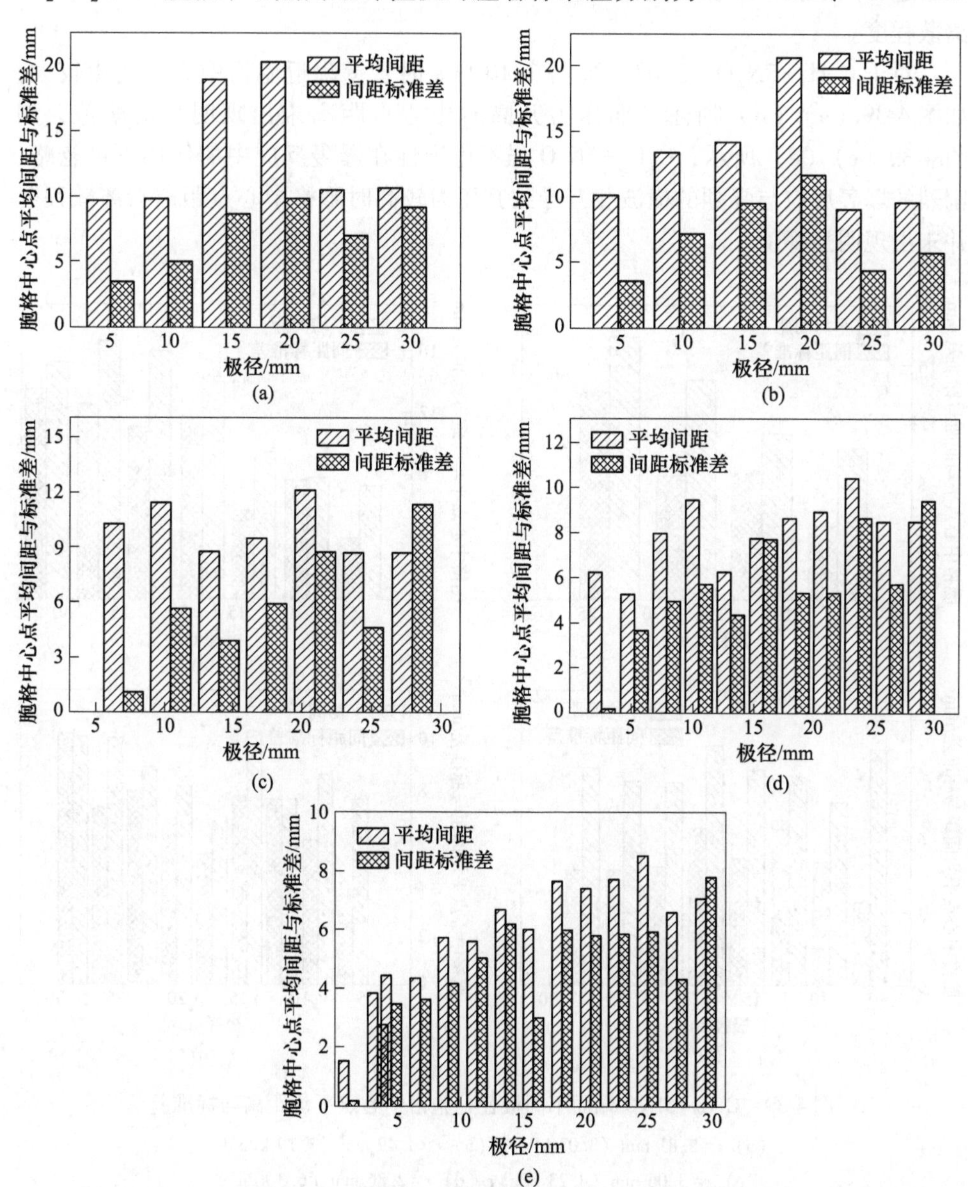

图 4-38 $C_2H_2+2.5O_2+70\%Ar$ 端面不同极径处胞格中心点平均距离与标准差

(a) $r=4.87$ mm (5.32 kPa)；(b) $r=4.80$ mm (5.74 kPa)；(c) $r=3.49$ mm (7.45 kPa)；(d) $r=2.63$ mm (10.57 kPa)；(e) $r=2.27$ mm (12.71 kPa)

与 13.76 mm。另外，部分结果胞格中心点间距标准差在近管壁处出现最大值，如图 4-37（c）和图 4-38（c）（d）所示，标准差最大值分别为10.95 mm、9.51 mm 与 7.74 mm，横波在管壁处的反射作用导致其附近胞格形状与内部有所区别，尽管这影响了胞格形状致使胞格中心点间距较小，但同时增大了胞格中心点间距离散程度。

对于 $C_2H_2+5N_2O$，3.03 kPa 与 3.19 kPa 时管壁附近胞格中心点间距较大，如图 4-39（a）（b）所示。而压力升高时中心点距离未出现明显的峰值，如图 4-39（c）（d）所示，$C_2H_2+5N_2O$ 强不稳定性在爆轰反应中的作用不可忽略，剧烈的爆轰反应与强烈的横波相互导致其压力较高时胞格中心点距离与离散程度并未出现明显峰值。

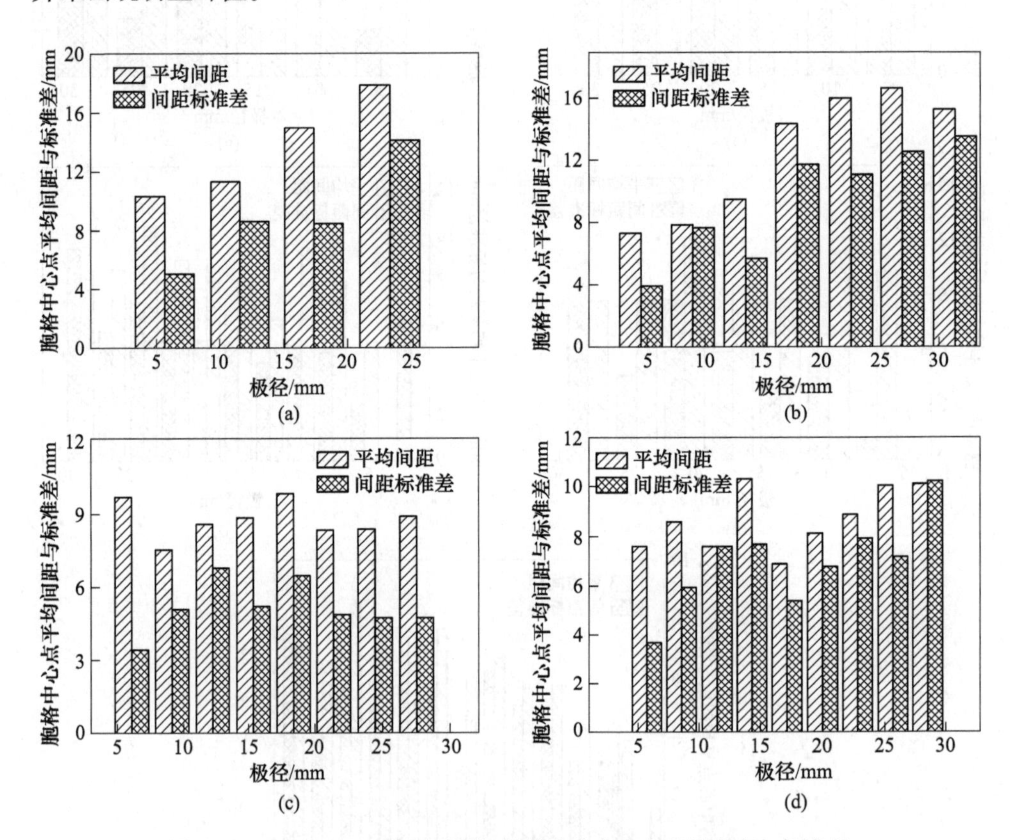

图 4-39　$C_2H_2+5N_2O$ 端面不同极径处胞格中心点平均距离与标准差

（a）r=5.81 mm（3.03 kPa）；（b）r=4.49 mm（3.19 kPa）；（c）r=3.06 mm（4.23 kPa）；（d）r=2.86 mm（6.3 kPa）

4.2.5.2　不同极径处端面胞格平均直径比较

将端面胞格结构分为近管壁与近管轴区域，胞格位于第 1～n−2 圈为近管轴区域胞格，而第 $n-1\sim n$ 圈为近管壁区域胞格。侧壁横波间距与近管壁处端面胞格平均直径如图 4-40 所示，当初始压力由 10.5 kPa 升高至 15.57 kPa 时，C_2H_2+2.5O_2+85%Ar 预混气壁面横波间距 λ（即胞格尺寸）由 26.95 mm 降至 17.96 mm，而对应的近管壁处端面胞格直径分别为 16.14 mm 和 9.36 mm。不稳定气和稳定气趋势有所差异，C_2H_2+5N_2O 整体变化较快，壁面横波间距由 30.41 mm（p_0=3.03 kPa）减小为 9.78 mm（p_0=6.30 kPa），对应的近管壁处端面胞格直径由 15.89 mm 减小为 6.93 mm。总体上，3 组预混气侧壁横波间距大于端面结果。

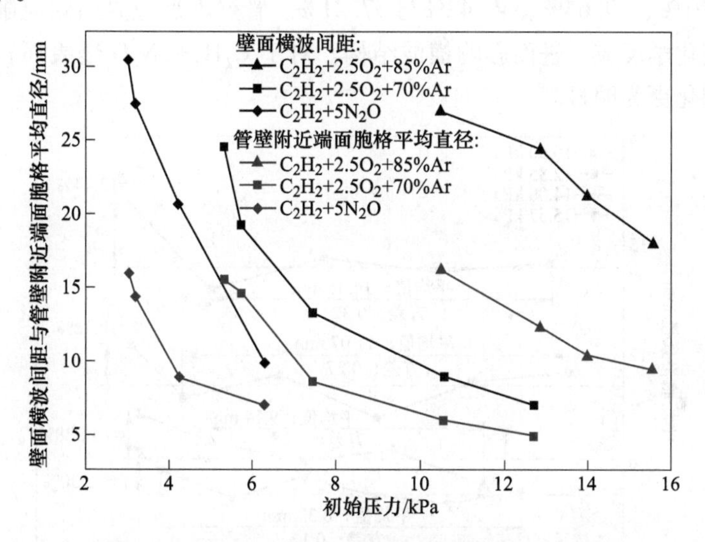

图 4-40 侧壁横波间距与近管壁端面胞格平均直径

管壁对爆轰内部结构的影响可由端面胞格结果反映，近管壁处各组胞格直径均有上升。C_2H_2+2.5O_2+85%Ar、C_2H_2+2.5O_2+70%Ar 和 C_2H_2+5N_2O 预混气不同极径处端面胞格直径如图 4-41 所示。图 4-41 中横坐标为端面胞格中心点距离管道中心的极径距离，比较近管壁与近管轴区域，C_2H_2+2.5O_2+85%Ar 预混气初始压力为 10.5 kPa、12.85 kPa、14 kPa 与 15.57 kPa 时前者相较于后者分别增大了 12.44%、10.72%、11.28%与 12.30%；类似的结果在 C_2H_2+2.5O_2+70%Ar 中也有体现，如图 4-41（b）所示。由于高浓度氩气的稀释作用可使 C_2H_2+2.5O_2爆轰表现出规则结构，而 C_2H_2+2.5O_2+70%Ar 预混气整体上略大于 C_2H_2+2.5O_2+85%Ar 预混气结果，当初始压力在 5.32~12.71 kPa 变化时，管壁附近端面胞格直径较内部胞格直径平均值增大量在 21.71%~30.11%。这说明，爆轰在管壁处存在能量损失，管壁的存在从空间中限定了爆轰反应发生的区域，同时也对爆轰内部结构存在径向约束。另外，横波在径向方向与管壁碰撞也将造成热能与机械能损失。

横波对稳定爆轰传播影响可忽略，而不稳定爆轰传播中横波占主导作用，横波减弱与重构则是维持爆轰自持的重要机制。爆轰波在管壁处存在能量损失，一是横波与管壁碰撞造成的热能与机械能的减少，二是活化分子碰撞管壁导致活化分子减少进而减弱爆轰反应。边界处的能量损失导致管壁附近爆轰强度减小，爆轰反应强度减弱，管壁附近横波结构受到影响。而对于不同稳定程度预混气，比较不同端面结果的各组胞格平均直径 $\bar{d}_1$、$\bar{d}_2$、$\bar{d}_3$、…、$\bar{d}_n$，如图 4-41 所示，C_2H_2+$5N_2O$ 预混气管壁附近结果则有明显增大，当初始压力分别为 3.03 kPa、3.19 kPa、4.23 kPa 与 6.30 kPa 时，管壁附近胞格直径较管轴附近胞格直径分别增加了 47.91%、59.64%、40.42%与 37.21%。管壁附近边界层效应削弱了管壁附近的爆轰化学反应，进而影响横波结构。对于 C_2H_2+$5N_2O$ 爆轰而言，管壁处横波结构变化更为明显。

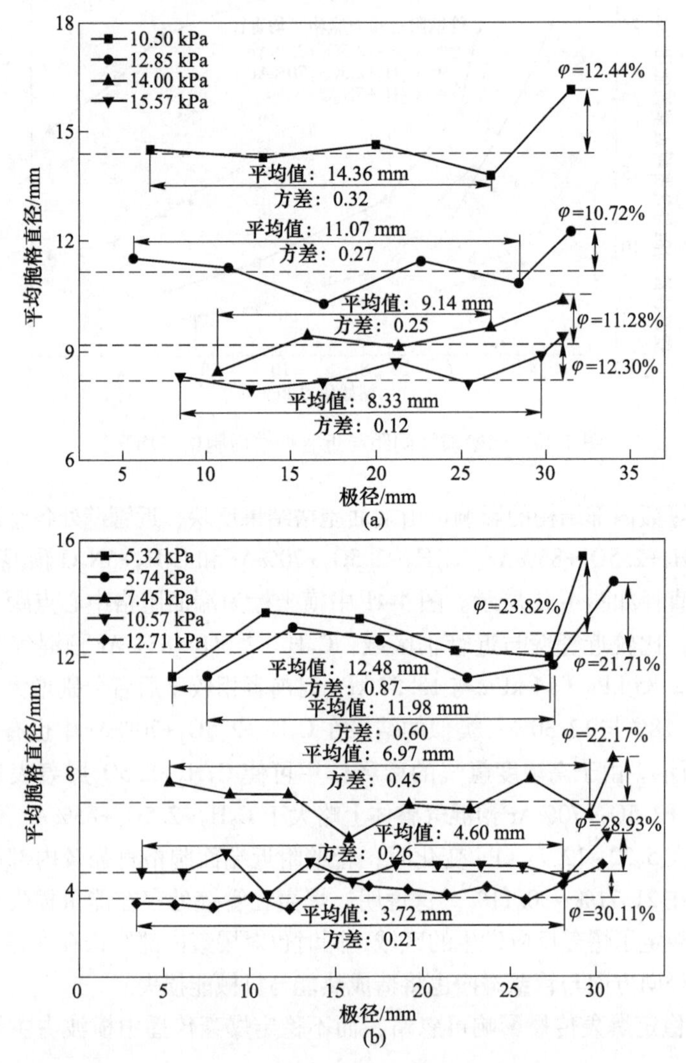

(a)

(b)

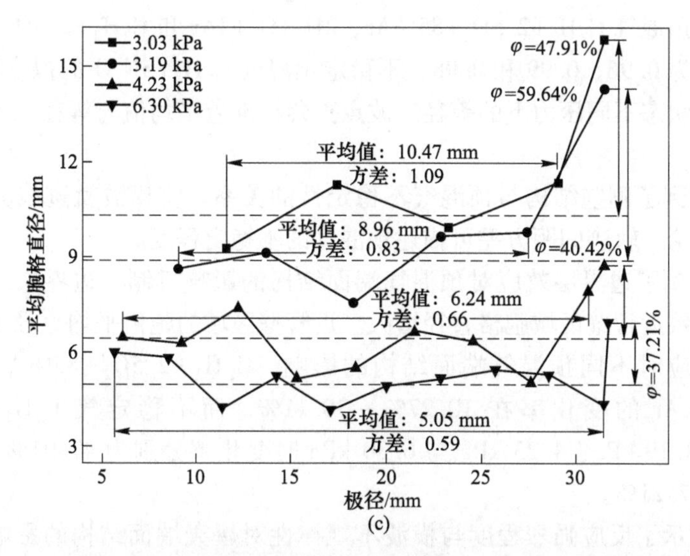

图 4-41 不同极径处各预混气端面胞格平均直径变化率

(a) C_2H_2+2.5O_2+85%Ar；(b) C_2H_2+2.5O_2+70%Ar；(c) C_2H_2+5N_2O

通过以上分析得到了边界层效应对预混气端面结构的影响机制。边界层效应削弱爆轰反应，导致近管壁区域胞格直径增大。近管壁区域的胞格平均直径变化率可阐述边界层效应对不同预混气端面结构的影响，C_2H_2+2.5O_2+85%Ar 和 C_2H_2+2.5O_2+70%Ar 的变化率在 10.27%~30.11%，而不稳定气 C_2H_2+5N_2O 在 3.03 kPa、3.19 kPa、4.23 kPa 与 6.30 kPa 时变化率分别为 47.91%、59.64%、40.42%与 37.21%。

揭示了反应强烈程度与横波不规律性对爆轰端面结构的影响。统计了不同极径处的胞格中心点间距，稳定预混气 C_2H_2+2.5O_2+85%Ar、2H_2+O_2+3Ar 与 C_2H_2+2.5O_2+70%Ar 的中心点间距与标准差直方图结果具有明显峰值。但是，不稳定预混气 C_2H_2+5N_2O 结果则无明显峰值出现，原因在于 C_2H_2+5N_2O 爆轰反应剧烈且内部横波结构不规律。

4.2.6 小结

高频螺旋爆轰内部多组横波的碰撞、干涉与反射使得爆轰内部结构复杂而无法直观地描述螺旋横波行为，因而前人对于端面结果缺少系统的研究。本章给出了端面胞格的分析方法，针对预混气 C_2H_2+2.5O_2+85%Ar、2H_2+O_2+3Ar、C_2H_2+2.5O_2+70%Ar 和 C_2H_2+5N_2O 高频螺旋爆轰端面结构进行了一系列的分析计算，得到了以下结论：

(1) 获得了预混气稳定性与高频螺旋爆轰的端面结构的关系。实验测得的等径三波点夹角标准差平均值与等径三波点夹角平均值的拟合度表达了预混气稳定性。稳定预混气 C_2H_2+2. 5O_2+85%Ar、2H_2+O_2+3Ar 和 C_2H_2+2. 5O_2+70%Ar 的拟合度分别为 0. 96、0. 99 和 0. 98，不稳定预混气 C_2H_2+5N_2O 的拟合度为 0. 76。推导了理想状态不同压力下的等径三波点夹角标准差平均值与等径三波点夹角平均值关系式。

（2）得到了侧壁结构与预混气不稳定性的关系。将横波轨迹线分为左旋与右旋分别讨论。轨迹间距方差可描述预混气的不稳定程度。

（3）得到了边界层效应对预混气端面结构的影响机制。边界层效应削弱爆轰反应，导致近管壁区域胞格直径增大。近管壁区域的胞格平均直径变化率可阐述边界层效应对不同预混气端面结构的影响，C_2H_2+2. 5O_2+85% Ar 和 C_2H_2+2. 5O_2+70% Ar 的变化率在 10. 27% ~ 30. 11%，而不稳定气 C_2H_2+5N_2O 在 3. 03 kPa、3. 19 kPa、4. 23 kPa 与 6. 30 kPa 时变化率分别为 47. 91%、59. 64%、40. 42%与 37. 21%。

（4）揭示了反应强烈程度与横波不规律性对爆轰端面结构的影响。统计了不同极径处的胞格中心点间距，稳定预混气 C_2H_2+2. 5O_2+85%Ar、2H_2+O_2+3Ar 和 C_2H_2+2. 5O_2+70%Ar 的中心点间距与标准差直方图结果具有明显峰值。但是，不稳定预混气 C_2H_2+5N_2O 结果则无明显峰值出现，原因在于 C_2H_2+5N_2O 爆轰反应剧烈且内部横波结构不规律。

4.3　本章结论

通过对爆轰极限与螺旋爆轰胞格结构的理论研究，分析了爆轰失效与发展的影响因素；搭建爆轰实验平台，选取不同预混气在不同实验管道组内开展了爆轰实验，记录了爆轰波速度及侧壁、端面爆轰胞格结构，得到了以下结论。

（1）构建了螺旋爆轰胞格动力学模型。揭示了爆轰波面的绝热压缩作用对爆轰胞格结构的动力学影响机制，得到了绝热压缩作用对热力学状态的控制方程。

（2）获得了预混气体管道爆轰失效的控制因素。胞格结构是管道中预混气爆轰自持传播的必要条件。近极限条件下，C_2H_2+O_2、C_2H_2+2. 5O_2 和 C_2H_2+2. 5O_2+70%Ar 爆轰均能够在低速（65%v_{CJ}）与高速度波动（δ=50%）状态下保持自维持传播，但胞格结构消失则爆轰失效。

（3）得到了环形管内侧壁、外侧壁的胞格尺寸与初始压力的关系。记录了环形管内侧壁、外侧壁 CH_4+2O_2爆轰胞格结构，绘制了胞格尺寸-初始压力关系曲线，得到了拟合公式：$\lambda = 1522p_0^{-1.56}$、$\lambda = 1524p_0^{-1.45}$。

（4）搭建了爆轰实验平台，验证了螺旋爆轰胞格动力学模型。在圆形管道中进行了低频螺旋爆轰实验，测量了管径-螺距比和轨迹与管轴夹角值。对于

$2H_2+O_2+3Ar$、CH_4+2O_2、$C_2H_2+5N_2O$ 和 $C_2H_2+2.5O_2+85\%Ar$，管径-螺距比和轨迹与管轴夹角值的实验值与理论值最大误差为 8.8% 和 8.7%。

（5）获得了预混气稳定性与高频螺旋爆轰的端面结构的关系。实验测得的等径三波点夹角标准差平均值与等径三波点夹角平均值的拟合度表达了预混气稳定性。稳定预混气 $C_2H_2+2.5O_2+85\%Ar$、$2H_2+O_2+3Ar$ 和 $C_2H_2+2.5O_2+70\%Ar$ 的拟合度分别为 0.96、0.99 和 0.98，不稳定预混气 $C_2H_2+5N_2O$ 的拟合度为 0.76。得到了理想状态不同压力下的等径三波点夹角标准差平均值与等径三波点夹角平均值关系式 $\overline{\sigma} = \sqrt{\frac{1}{n_{dm}}\sum_{i=1}^{n_{dm}}(I_{i,dm}-1)^2} \times \sum_{m=1}^{K}\frac{Ex_{dm}}{K} = \sqrt{\frac{1}{n_{dm}}\sum_{i=1}^{n_{dm}}(I_{i,dm}-1)^2} \times \overline{Ex}$。

（6）得到了边界层效应对预混气端面结构的影响机制。边界层效应削弱爆轰反应，导致近管壁区域内胞格直径增大。近管壁区域的胞格平均直径变化率可阐述边界层效应对不同预混气端面结构的影响，$C_2H_2+2.5O_2+85\%Ar$ 和 $C_2H_2+2.5O_2+70\%Ar$ 的变化率在 10.27%～30.11%，而不稳定气 $C_2H_2+5N_2O$ 在 3.03 kPa、3.19 kPa、4.23 kPa 与 6.30 kPa 时变化率分别为 47.91%、59.64%、40.42% 与 37.21%。

5 气体不稳定性对爆轰传播影响研究

预混气的爆轰传播受其不稳定性的影响，Lee 指出，稳定爆轰与不稳定爆轰有着不同的熄爆机制，在研究爆轰波内部结构时需要考虑预混气的不稳定性。赵焕娟等以三波点轨迹的不规则度来描述预混气爆轰不稳定性，给出了客观衡量的爆轰规律性和三波点轨迹不规则性的定量描述办法。然而这些研究针对的仅是内壁面的三波点轨迹，而非真实的爆轰波结构。预混气的不稳定性对爆轰内部结构的影响十分重要，因此需要对预混气的不稳定性进行定量表征。

5.1 预混气爆轰不稳定性计算方法

5.1.1 图像预处理

5.1.1.1 *端面胞格处理方法*

该方法已在 4.2.2 节中进行了具体阐述，本章将不再进行阐述。

5.1.1.2 *壁面胞格处理方法*

以 CH_4+2O_2预混气为例，为了获得三波点轨迹间距，将三波点轨迹线分为两个方向，与传播方向之间夹角的角度在 0°～90°的称为右旋波，角度在-90°～0°的称为左旋波。因此对于每张烟膜，选择清晰区域后，在经历人为去噪后获得右旋波图和左旋波图，如图 5-1 所示。图中“$theta^-$”代表左旋，“$theta^+$”代表右旋。

以三波点轨迹间距的波动代表轨迹的不规则度，如图 5-2 所示，并编制图像处理程序，进行数字化处理（见图 5-3）。首先，获得每一个左旋或者右旋波的离散函数，当一条垂直线在左旋或者右旋波运动，碰到三波点轨迹线时即记录下这个线上突变的像素的位置，即交点处像素点值记为 1，其他的像素点值记为 0，每一个像素都被离散数值化，于是就将图片转化得到一个离散函数。一幅垂直线方向高度为 139. 3 mm 的图片，且其垂直线的像素离散点的数量是 660（真正的直线长度是 139. 3 mm），一条垂直线的离散图如图 5-3（a）所示。在该左旋波图上画 20 条垂直线，采集到总共有 660×20＝13200 个离散点，如图 5-3（b）所示。然后，通过程序计算两个相邻 1 之间的距离，即三波点轨迹间距。

在单向三波点轨迹图上画一条竖线，记录下竖线与三波点轨迹线的交点坐标，那么一条竖线上相邻交点的距离就是三波点轨迹间距，因为实际的三波点轨迹总是因为相互干涉等原因而弯曲，因此三波点轨迹间距是一个范围，这个范围及分布情况与爆轰稳定度有关。

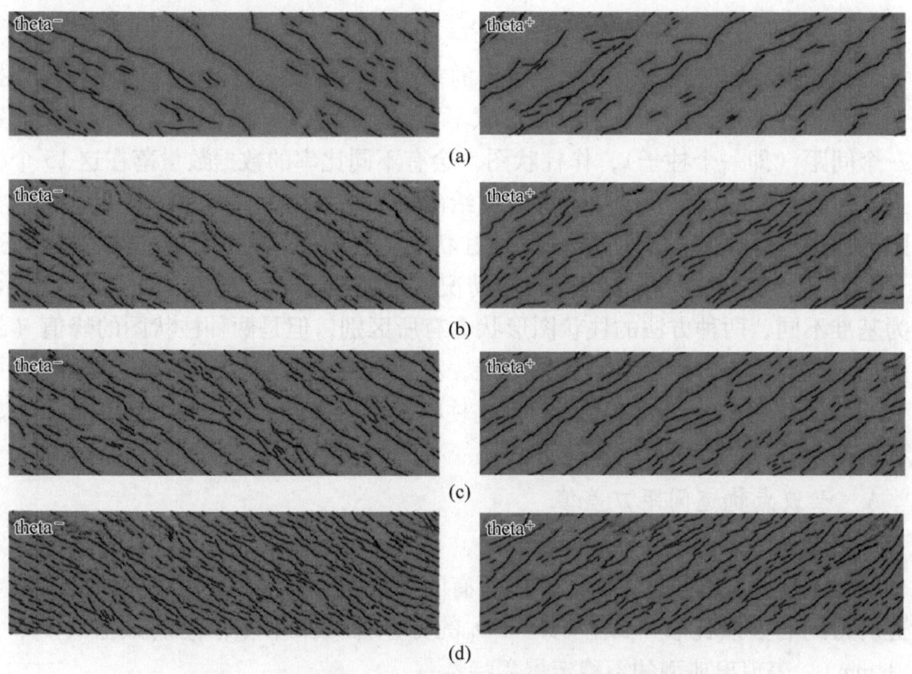

图 5-1　不同初始压力下 CH_4+2O_2 爆轰左旋波及右旋波

（a）7.25 kPa；（b）10 kPa；（c）13 kPa；（d）19 kPa

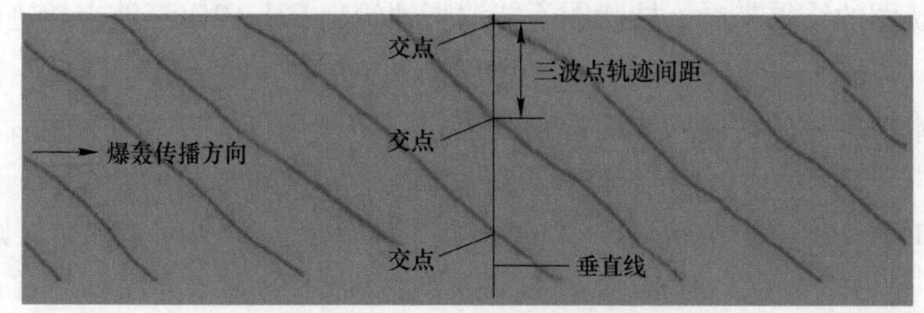

图 5-2　三波点轨迹间距示意图

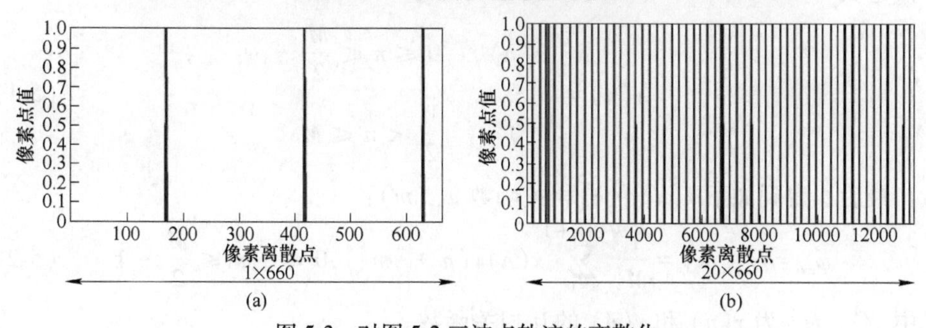

图 5-3　对图 5-2 三波点轨迹的离散化

（a）1 条垂直线对应的离散结果；（b）20 条垂直线的离散结果

5.1.2　不稳定度计算方法

5.1.2.1　自相关函数法

为比较烟膜的三波点轨迹间距数据的差别，采用等三波点轨迹间距和等数据比例两种方法来得到柱状图：(1) 尝试不同间距尺寸后，将间距数据每 5 mm 定为一个间距（即一个柱子），作柱状图，会有不同比率的数据数量落在这 15 个柱子上，比较柱子的高低及分布情况即可给出不规则程度，如图 5-4 所示；(2) 将间距数据范围等比例均分为 15 份，作柱状图，会有不同比率的数据数量落在这 15 个柱子上，比较柱子的高低及分布情况即可给出不规则程度，如图 5-5 所示。因为基准不同，两种方法的柱状图形状会有所区别，但是两种柱状图的峰值（最可能的三波点轨迹间距尺寸）大致接近，离散情况也基本一致。常规观察只能描述 CH_4+2O_2爆轰轨迹十分不规则，但是柱状图可以表现出多个波峰且数据分布离散程度高，且呈现不对称的整体形状。

A　三波点轨迹间距方差值

使用统计学方差公式计算间距数据，得出间距方差值，这是一个很明确的定量化间距不规则度的量，同时计算出所有间距数据的平均值。两个方向的三波点轨迹所得到的方差比较一致，CH_4+2O_2的方差值均集中在很高的数值（14.4～24.1 mm），表现出典型的不稳定爆轰特性。

B　自相关函数

从柱状图的结果来看，柱状图不能清晰地给出 CH_4+2O_2三波点轨迹间距。自相关函数（Autocorrelation Function，ACF）可以表述一种信号在移动一定距离的条件下与本身重复的程度。使用自相关来定量不规则度，以序列函数 $x(n)$ 记录离散函数（见图 5-6），含有 1 和 0 的离散信号。n 是离散点的数量；x 是离散点的值，由 1 和 0 构成。初始函数 $x(n)$ 中有 M 个单元。如果 n 是偶数，则 M 等于 n；如果 n 是一个奇数，则 M 取 $n-1$。$y(n)$ 是 $x(n)$ 的零填充序列平移函数，平移值是 m。

$$y(n)=\begin{cases} x(n), & 0\leqslant n\leqslant \dfrac{M}{2} \\ 0, & \dfrac{M}{2}<n\leqslant M \end{cases} \tag{5-1}$$

最后，得到如下 $x(n)$ 的自相关函数 $\varphi_{xx}(m)$：

$$\varphi_{xx}=C_{xy}[m]=\frac{1}{M}\sum_{n=0}^{M-|m|-1}x(n)y(n+|m|),0\leqslant |m|\leqslant \frac{M}{2}-1 \tag{5-2}$$

式中，$C_{xy}[m]$ 为 $x(n)$ 和 $y(n)$ 的互相关函数。

如果三波点轨迹完全规则，那么间距的离散函数在被平移一定间距后仍会与

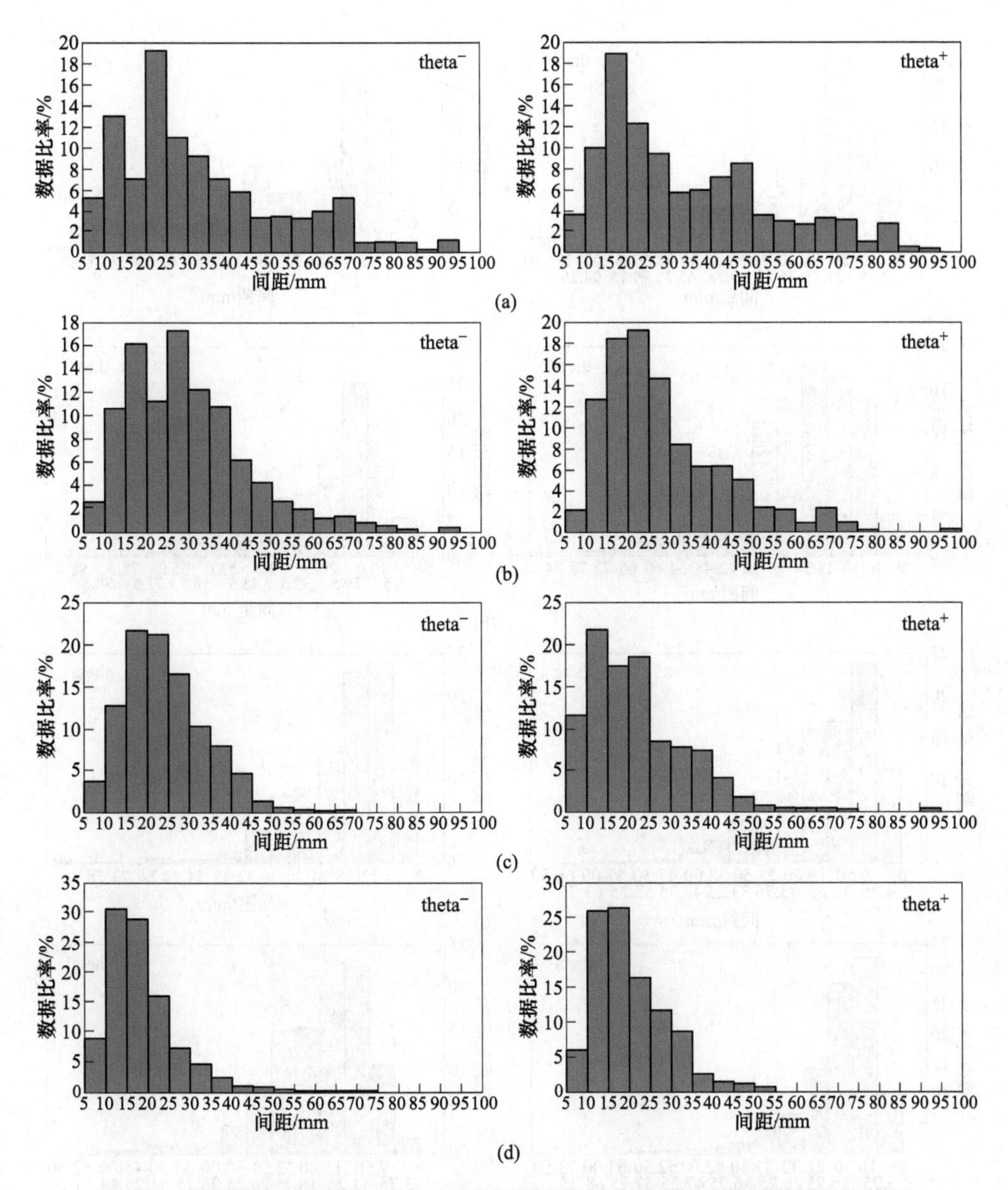

图 5-4 不同初始压力下 CH_4+2O_2 预混气爆轰三波点轨迹间距数据等间距柱状图

(a) 7.25 kPa；(b) 10 kPa；(c) 13 kPa；(d) 19 kPa

原函数重复。也只有平移距离就是间距的倍数时，规则的间距对应的离散函数才会与平移后的离散函数完全重复。自相关函数可以计算出这个平移距离及其倍数，也就是间距及其倍数，而自相关函数的第一个峰值对应的平移距离就是三波点轨迹的间距。即使是不完全规则的三波点轨迹线，自相关函数的第一个峰值也

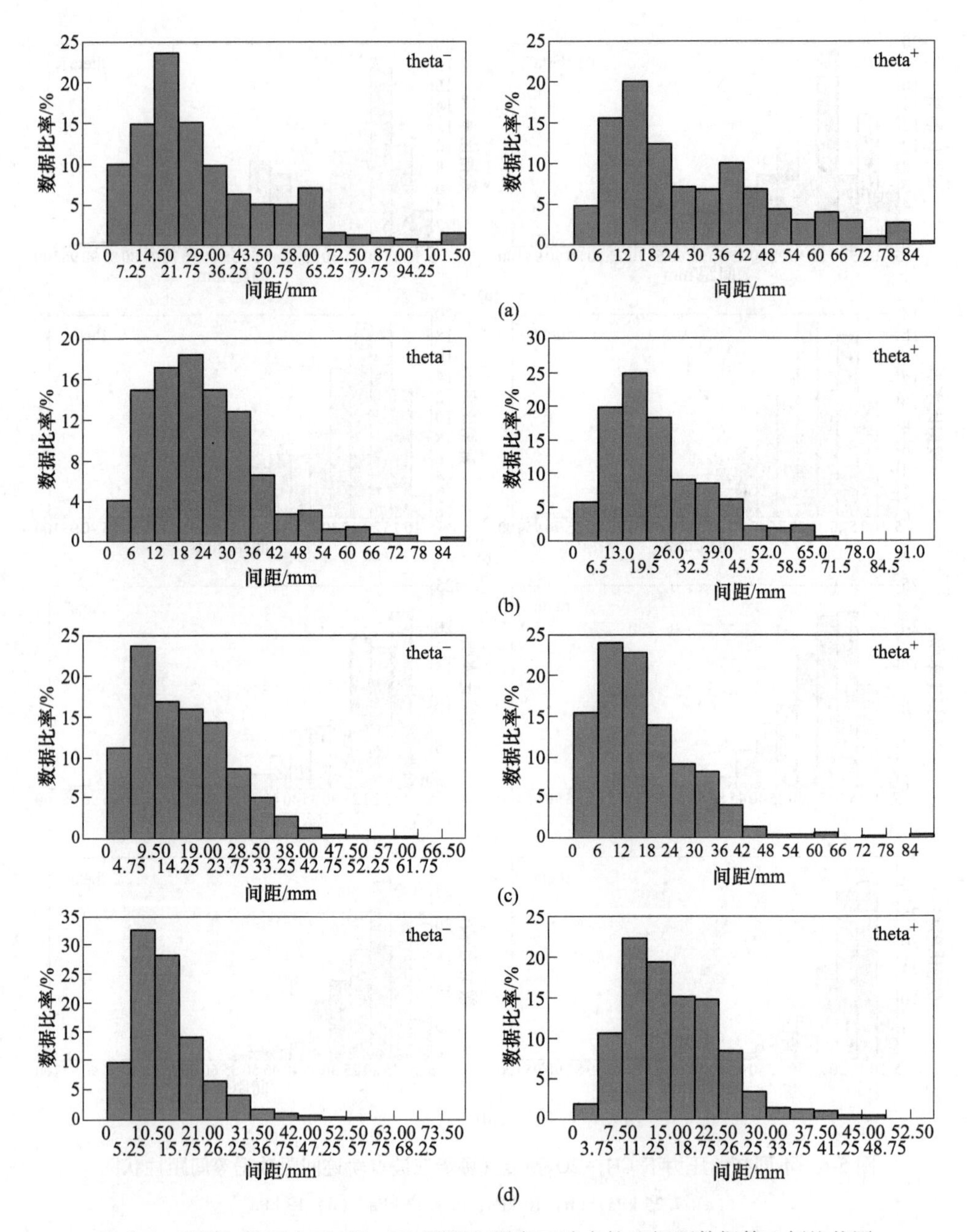

图 5-5　不同初始压力下 CH_4+2O_2 预混气爆轰三波点轨迹间距数据等比例柱状图

(a) 7.25 kPa；(b) 10 kPa；(c) 13 kPa；(d) 19 kPa

代表出现频率最高的三波点轨迹间距。CH_4+2O_2 预混气爆轰记录的离散化数据的自相关函数结果如图 5-6 所示。

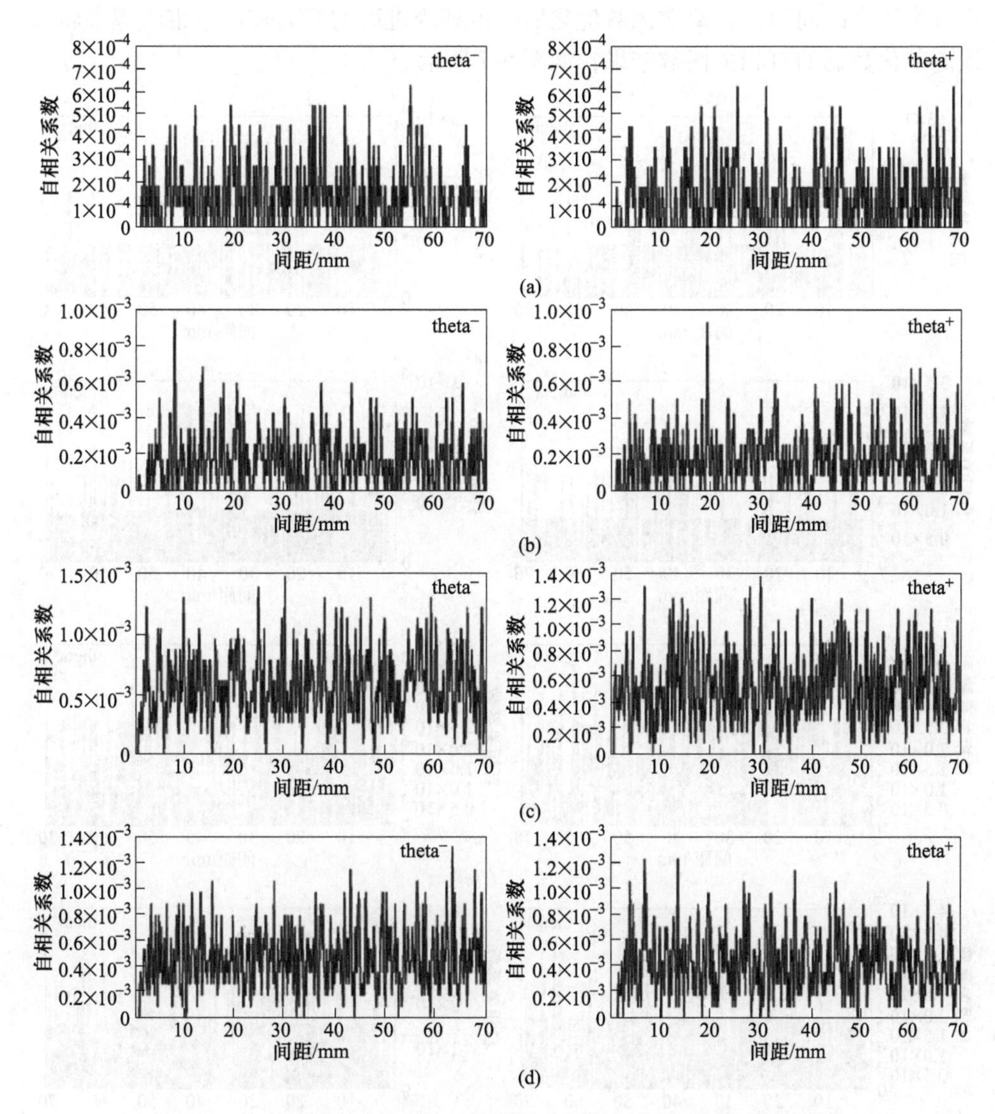

图 5-6 不同初始压力下 CH_4+$2O_2$预混气爆轰三波点轨迹自相关结果

（a）7.25 kPa；（b）10 kPa；（c）13 kPa；（d）19 kPa

从图 5-6（b）中可见，有距离十分相近的竖线，这是由于手工描画中画笔粗度大于 1 像素而导致像素连续，可以对离散函数中相连的 1 进行优化，使自相关函数的结果更为显著。使用这种思路对 Lee 的自相关计算进行改进，举例来说，$x(n)$ = 000111001110011100， 把这个离散函数改进为 000100001000010000，使其在垂直线和三波点轨迹线的交叉留一个突变点 1。改进后的自相关结果更清晰地表现出峰值，但抹去一部分后面出现的小峰值，这些小峰值可能代表其他出现频率较高的间距。将离散函数优化后，得到改进后的 CH_4+2O_2 预混气爆轰轨迹线离散化数据的自相关函数结果，如图 5-7 所示。

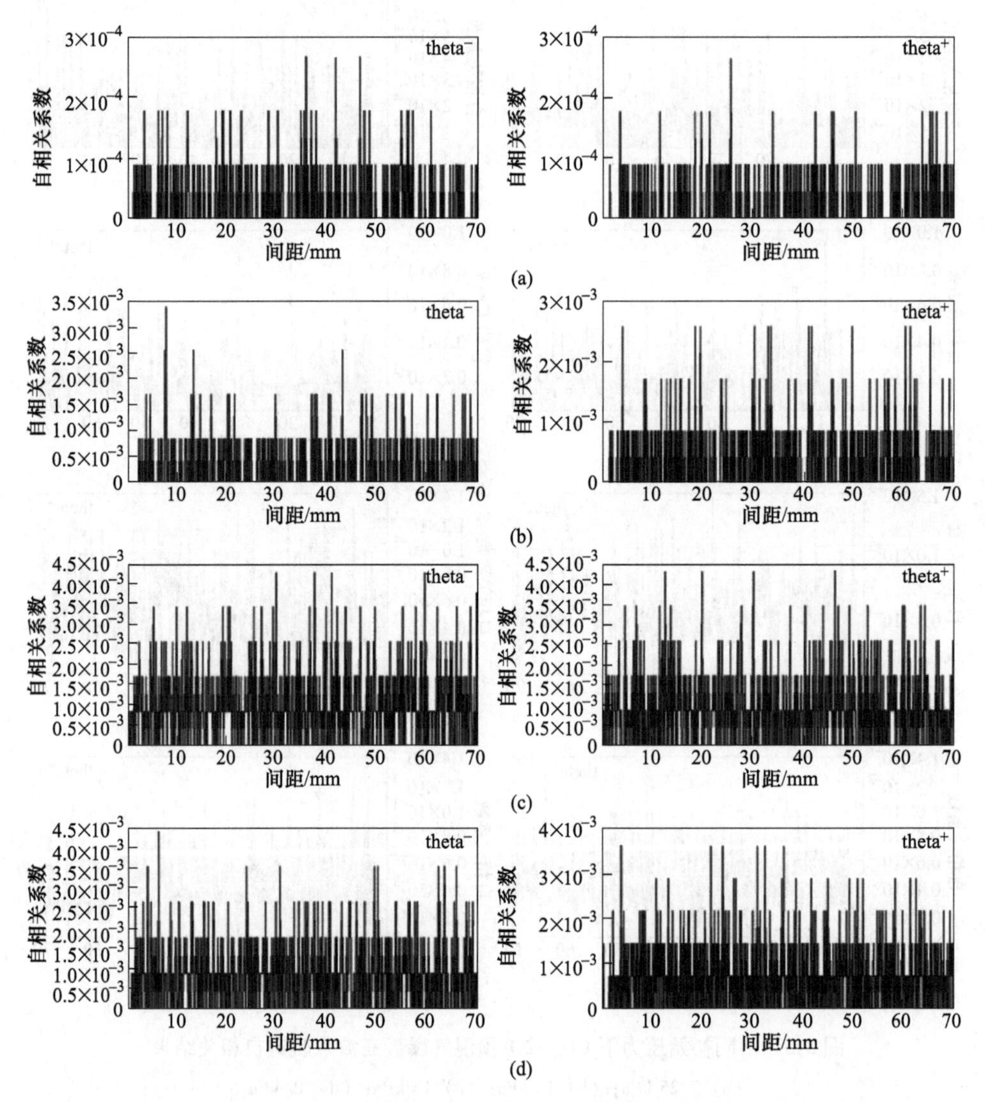

图 5-7　不同初始压力下改进的 CH_4+2O_2 预混气爆轰三波点轨迹自相关结果

(a) 7.25 kPa；(b) 10 kPa；(c) 13 kPa；(d) 19 kPa

C　三波点轨迹间距数据差距

如果三波点轨迹完全规则，那么 4 种方法给出的间距应该一致，所以预混气爆轰烟膜轨迹的间距的差距直接反映了不规则度，如图 5-8（a）（b）所示。将数字化方法获得的左旋轨迹平均值、柱状图峰值及自相关函数第一个峰值对应的间距结果与以往学者所得到的数据进行比较，得到图 5-8（c）。对比结果显示，通过减噪数字化处理得到的结果跟其他学者的结果趋势一致，且其他学者人为观察的数据都高于数字化处理得到数据，说明在一定误差内，人为测量得到的数据是可信的，虽然人为测量没有数字化处理的工作效率高及误差低。

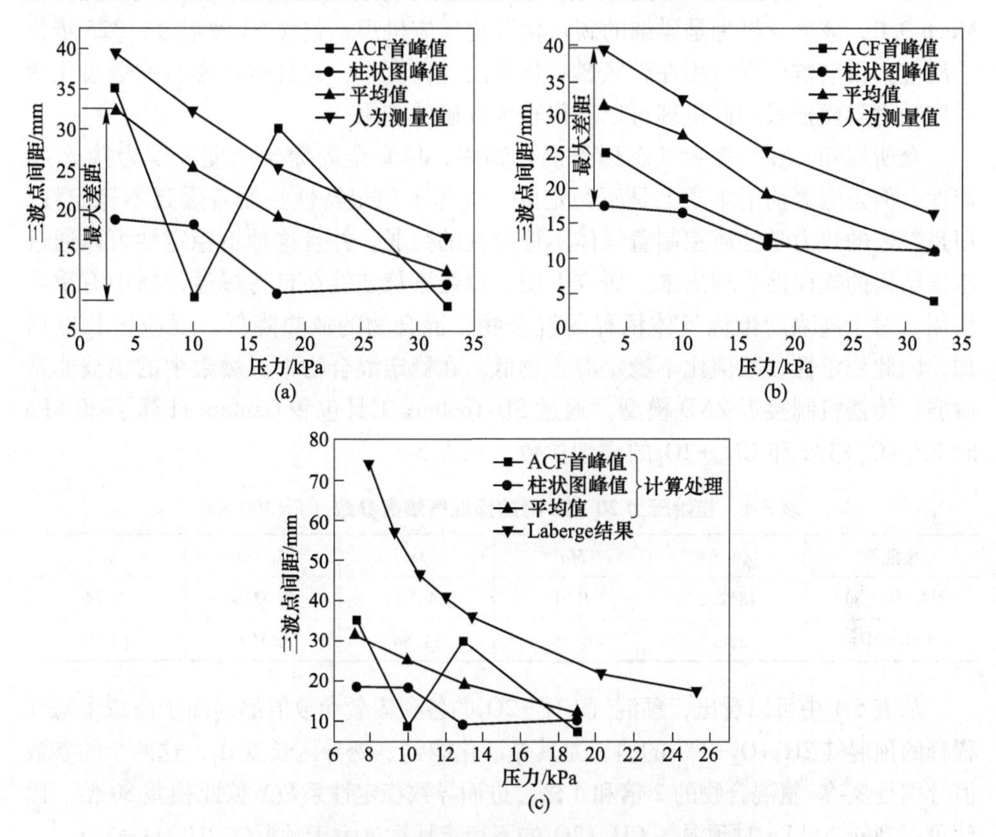

图 5-8 CH_4+2O_2预混气爆轰三波点轨迹间距结果差距

（a）左旋；（b）右旋；（c）与其他学者的结果对比[1]

5.1.2.2 稳定性参数法

前人的研究[2-3]认为预混气的热释放长度和诱导区长度之比对于气体不稳定性有重要作用，因此 Ng 等[4]提出了一种新的定量稳定性参数χ。对于一种组分固定的混合物，稳定性参数χ的值越高，表明该混合物的稳定性越差，即不稳定性越强。该参数可用下式计算：

$$\chi = \varepsilon_{\mathrm{I}} \frac{\Delta_{\mathrm{i}}}{\Delta_{\mathrm{R}}} = \varepsilon_{\mathrm{I}} \Delta_{\mathrm{i}} \frac{\sigma_{\max}}{v_{\mathrm{CJ}}} \tag{5-3}$$

式中，ε_{I}为有效活化能，它控制着诱导区的敏感度；Δ_{i}为诱导区长度；Δ_{R}为反应区长度；$\sigma_{\max}$为最大热系数；v_{CJ}为爆轰波的 CJ 速度。

式（5-3）中的各项参数可通过 Shock & Detonation Toolbox（SD_Toolbox）[5-6] 工具箱结合 Cantera 进行耦合计算。SD_Toolbox[7-8] 是美国 Sandia 国家实验室开发的一款可通过 MATLAB 或 Python 平台使用的开源工具箱，Cantera 是一款用于化学反应动力学计算和模拟的开源软件包。参数计算时采用的反应机理为 GRI Mech 3.0，该反应机理是详细的碳氢化合物反应机理，包含 53 种组分，325 步化学反应，目前被广泛应用在碳氢燃料化学反应计算中，并且碳氢燃料的爆轰化学反应动力学模拟采用此机理可以获得较为准确的结果。

众所周知，在大多数气态爆炸混合物中，尽管全局爆轰速度表现为接近 CJ 速度，但是爆轰前沿本质上是不稳定的。气体不稳定特性控制着爆轰不稳定性，但是气体的热力学性质控制着气体不稳定性的强弱，并且这种不稳定性可以通过胞格结构的规律性表现出来。研究表明，爆轰不稳定性在自持爆轰传播中有重要作用。对于高浓度惰性气体稀释的混合物，混合物的放热降低，反应区长度增加，因此稳定性参数值比不稳定混合物低。在稳定混合物中，爆轰中的横波非常微弱，传播机制接近 ZND 模型。通过 SD-Toolbox 工具包和 Cantera 计算了 20 kPa 时 $2H_2+O_2+3Ar$ 和 CH_4+2O_2 的详细参数，见表 5-1。

表 5-1　初始压力 20 kPa 时的预混气爆轰参数（$T=300$ K）

预混气	v_{CJ}/m · s^{-1}	Ma	ε_I	Δ_i/cm	χ
$2H_2+O_2+3Ar$	1862.6	4.91	4.52	0.0248	0.74
CH_4+2O_2	2318.2	6.76	11.84	0.101	61.71

从表 5-1 中可以看出，预混气 CH_4+2O_2 的各项爆轰参数值都远高于高浓度氩气稀释的预混气 $2H_2+O_2+3Ar$ 的值，尤其是活化能 ε_I、诱导区长度 Δ_i，这两个的参数值分别是氢-氧-氩混合物的 2 倍和 4 倍，进而导致稳定性系数 χ 彼此相差 80 倍。因此可以判断 20 kPa 时预混气 CH_4+2O_2 的不稳定性远远大于预混气 $2H_2+O_2+3Ar$。

图 5-9 给出了预混气 $2H_2+O_2+3Ar$ 和 CH_4+2O_2 的稳定性参数 χ 随初始压力的变化趋势。从图中可以看出，两种预混气的稳定性参数呈现两种发展趋势，对于预混气 CH_4+2O_2，χ 随着初始压力增大非常平缓地下降，然而对于预混气 $2H_2+O_2+3Ar$，χ 随着初始压力增大而上升，在初始压力小于 20 kPa 的范围内，参数值上升速率较快，之后上升速率逐渐减缓。在初始压力为 0～60 kPa 时，预混气 CH_4+2O_2 的 χ 值处于 60～80，预混气 $2H_2+O_2+3Ar$ 的 χ 值在 0.2～1.1，所以同等初始压力条件下 CH_4+2O_2 的稳定性参数 χ 的值是 $2H_2+O_2+3Ar$ 的将近 100 倍，但是倍数在随着初始压力增大而均匀缓慢减小。通过对于胞格结构的分析和本节关于稳定性参数的分析，可以发现预混气 CH_4+2O_2 的爆轰不稳定性远远强于 $2H_2+O_2+3Ar$，因此可以将 CH_4+2O_2 视为高度不稳定混合物，将 $2H_2+O_2+3Ar$ 视为高度稳定混合物。

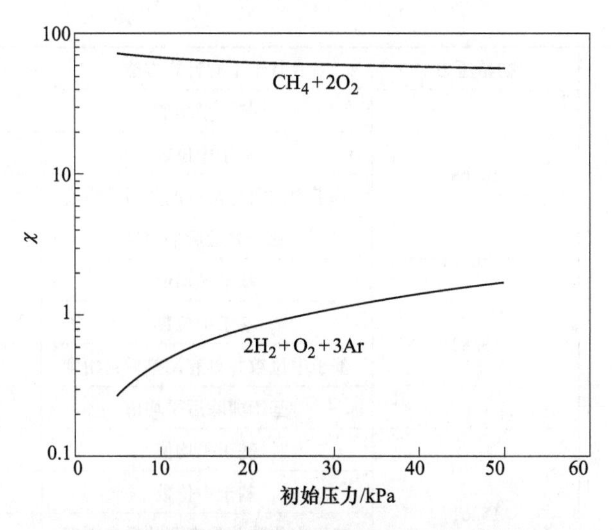

图 5-9 稳定性参数χ随初始压力的变化

前人的研究认为不稳定混合物的爆轰波重新生成三波点的能力更强导致其在边界损失条件下更易生存。对于高度不稳定混合物，由于反应速率对流体动力学波动的敏感性更高，马赫反射时激波更容易分叉，爆轰易重新生成新的三波点，从而掩盖了边界损失的负面影响。对于高度稳定混合物，不稳定性对其影响很小，因此缺乏竞争机制，当边界损失导致能量低于支持自持爆轰的极限时，爆轰波阵面过度弯曲，爆轰迅速失效。

5.1.2.3 *方差分析法*

分别描出不同管径下 $2H_2+O_2+3Ar$ 预混气的左旋、右旋三波点轨迹及 CH_4+2O_2 预混气和 $C_2H_2+2.5O_2+85\%Ar$ 预混气在 $D=63.5$ mm 时的左旋、右旋三波点轨迹，对三波点轨迹间距进行方差分析，显著性结果见表 5-2。

表 5-2 两种预混气在不同初始压力下的三波点轨迹间距方差分析

预混气	初始压力	基于不同计算方法	显著性
$2H_2+O_2+3Ar$ $D=50.8$ mm	9.8	基于平均值	0.255
		基于中位数	0.279
		基于中位数并具有调整后自由度	0.299
		基于剪除后平均值	0.259
$2H_2+O_2+3Ar$ $D=63.5$ mm	5.20	基于平均值	0.169
		基于中位数	0.551
		基于中位数并具有调整后自由度	0.571
		基于剪除后平均值	0.188

续表 5-2

预混气	初始压力	基于不同计算方法	显著性
$2H_2+O_2+3Ar$ $D=63.5$ mm	10.68	基于平均值	0.849
		基于中位数	0.810
		基于中位数并具有调整后自由度	0.810
		基于剪除后平均值	0.836
	13.82	基于平均值	0.264
		基于中位数	0.397
		基于中位数并具有调整后自由度	0.397
		基于剪除后平均值	0.253
	15.61	基于平均值	0.499
		基于中位数	0.575
		基于中位数并具有调整后自由度	0.575
		基于剪除后平均值	0.510
$2H_2+O_2+3Ar$ $D=80$ mm	5.9	基于平均值	0.434
		基于中位数	0.431
		基于中位数并具有调整后自由度	0.435
		基于剪除后平均值	0.440
CH_4+2O_2 $D=63.5$ mm	5.12	基于平均值	0.000
		基于中位数	0.000
		基于中位数并具有调整后自由度	0.000
		基于剪除后平均值	0.000
	13.10	基于平均值	0.000
		基于中位数	0.000
		基于中位数并具有调整后自由度	0.000
		基于剪除后平均值	0.000
	19	基于平均值	0.000
		基于中位数	0.000
		基于中位数并具有调整后自由度	0.000
		基于剪除后平均值	0.000
$C_2H_2+2.5O_2+85\%Ar$ $D=63.5$ mm	14	基于平均值	0.430
		基于中位数	0.390
		基于中位数并具有调整后自由度	0.390
		基于剪除后平均值	0.398

续表 5-2

预混气	初始压力	基于不同计算方法	显著性
C_2H_2+2.5O_2+85%Ar D=63.5 mm	15.57	基于平均值	0.101
		基于中位数	0.111
		基于中位数并具有调整后自由度	0.119
		基于剪除后平均值	0.102

从表 5-2 中可以看出，对于 $2H_2+O_2+3Ar$，不同管径和不同初始压力下的三波点轨迹间距显著性均大于 0.05。对于 $C_2H_2+2.5O_2+85\%Ar$，不同初始压力下的三波点轨迹间距显著性大于 0.05，但略小于 $2H_2+O_2+3Ar$ 的轨迹间距显著性。而对于 CH_4+2O_2，三波点轨迹间距的显著性均小于 0.05，说明 $2H_2+O_2+3Ar$ 和 $C_2H_2+2.5O_2+85\%Ar$ 爆轰形成的三波点轨迹间距没有显著的差异，CH_4+2O_2 爆轰形成的三波点轨迹间距差异明显，即 $2H_2+O_2+3Ar$ 的爆轰不稳定性较弱。同时对比不同管径下 $2H_2+O_2+3Ar$ 爆轰形成的三波点轨迹间距的方差显著性可以发现，显著性均在 0.05 以上，说明管径的改变并不影响预混气的爆轰不稳定性。

D=63.5 mm 中不同初始压力下预混气爆轰形成的三波点轨迹间距平均值和标准差如图 5-10 所示。从图中可以直观地观测随着初始压力的升高，三波点轨迹间距逐渐减小。这是由于初始压力升高时，爆轰波诱导区长度减小，导致由边

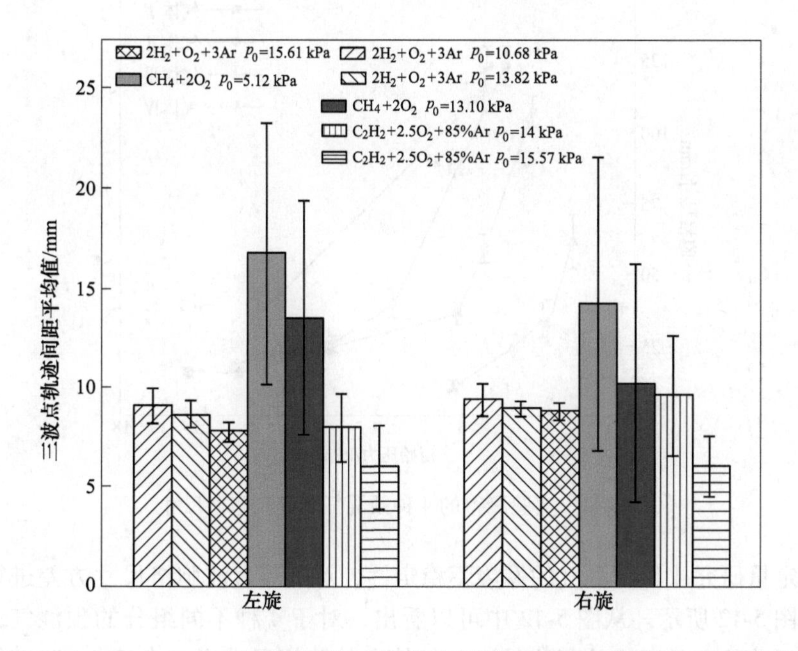

图 5-10 D=63.5 mm 中不同初始压力下不同预混气的三波点轨迹间距平均值

界层扩散所产生的能量损失减小，同时初始压力的升高使得爆轰波化学反应区化学反应速率变快。将 3 种预混气爆轰形成的三波点轨迹间距的平均值和标准差进行对比，发现 CH_4+2O_2 和 $C_2H_2+2.5O_2+85\%Ar$ 爆轰形成的三波点轨迹间距的标准差较大，这也进一步说明了 CH_4+2O_2 和 $C_2H_2+2.5O_2+85\%Ar$ 的爆轰不稳定性比 H_2+2O_2+3Ar 强。

5.2　不稳定性影响因素分析

5.2.1　气体种类

众所周知，大多数的气体爆轰本质上是不稳定的。这种不稳定特征是由气体性质所主导的，并且爆轰波不稳定性可通过胞格结构规则度反映出来。前人的实验研究已经表明不稳定对于自持爆轰的传播具有重要作用。因此，为判别 4 种预混气（$2H_2+O_2+50\%Ar$，简称气体Ⅰ，$C_2H_2+2.5O_2+85\%Ar$，简称气体Ⅱ，$C_2H_2+5N_2O$，简称气体Ⅲ，CH_4+2O_2，简称气体Ⅳ）的爆轰不稳定性大小，通过测量胞格尺寸 λ 对其定量化分析。图 5-11 为 4 种预混气胞格尺寸 λ 测量结果。这 4 种预混气的胞格尺寸都是随着初始压力升高而减小。气体Ⅲ和气体Ⅳ的胞格尺寸下降趋势更陡，表明这两种气体胞格尺寸对初始压力的变化更敏感。

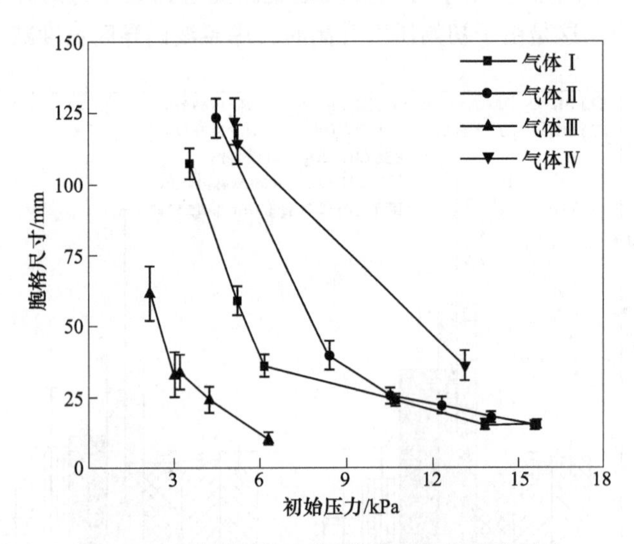

图 5-11　实验测得的 4 种预混气爆轰波胞格尺寸

为定量研究 4 种预混气的爆轰不稳定性，对其爆轰波胞格尺寸方差进行了计算，如图 5-12 所示。从图 5-12 中可以看出，对于 4 种不同组分的预混气，爆轰波胞格尺寸的方差区间差距比较大，气体Ⅰ的胞格尺寸方差介于 1~30，气体Ⅱ

的胞格尺寸方差介于1~50，气体Ⅲ的胞格尺寸方差介于4~90，气体Ⅳ的胞格尺寸方差介于29~65，并且在较低初始压力下，胞格尺寸方差随压力的变化趋势很明显。前3种预混气的方差曲线位于气体Ⅳ的方差曲线下方，表明该气体的爆轰波的胞格不稳定性最强。气体Ⅰ和气体Ⅱ的胞格尺寸方差曲线位于气体Ⅲ的曲线上方，但这两种气体总体胞格尺寸方差要比后者小，而且变化幅度也较平缓，所以气体Ⅰ和气体Ⅱ的胞格不稳定性比气体Ⅲ弱。对于气体Ⅰ和气体Ⅱ，很明显前者胞格尺寸方差曲线位于后者下方，因此，气体Ⅰ的不稳定性最弱。

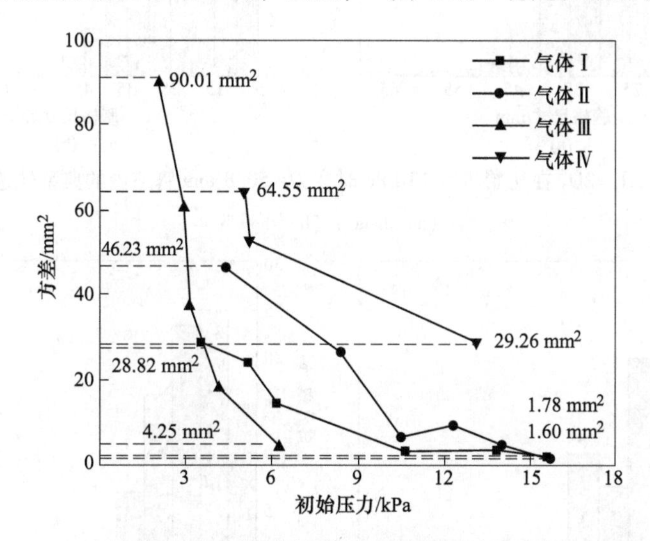

图5-12 4种预混气爆轰波胞格尺寸方差

通过对方差图总体分析，4种预混气的爆轰不稳定性从强到弱依次为气体Ⅳ、气体Ⅲ、气体Ⅱ、气体Ⅰ，因此前两种气体为不稳定气，后两种气体为稳定气。

5.2.2 边界条件

分别在$D=50.8$ mm、$D=63.5$ mm的圆形管道中进行CH_4+2O_2爆轰实验，并对烟膜进行数字化处理得到轨迹间距柱状图，如图5-13和图5-14所示。

为比较间距数据之间的差别，尝试不同间距尺寸后，将轨迹间距数据每5 mm定为一个统计区间，在不同统计区间内有不同比率的轨道间距数据，柱子的高低和分布情况即反映了轨迹间距的不规则程度。从图5-13和图5-14中可以看出：在同一初始压力条件下，两管道内烟膜轨迹柱状图的峰值大致接近，柱状图的分布比较离散，并且均不服从高斯分布。

根据已经获得的大量轨迹间距数据，使用统计学公式计算得到轨迹间距的方差，以定量分析轨迹间距的不规则度，确定反应预混气的不稳定性。以所有轨迹间距数据的平均值作为胞格尺寸，由此计算得到两种管径条件下爆轰轨迹间距的

方差如图 5-15 所示。从图 5-15 中可以看出：甲烷预混气轨迹间距的方差较大，

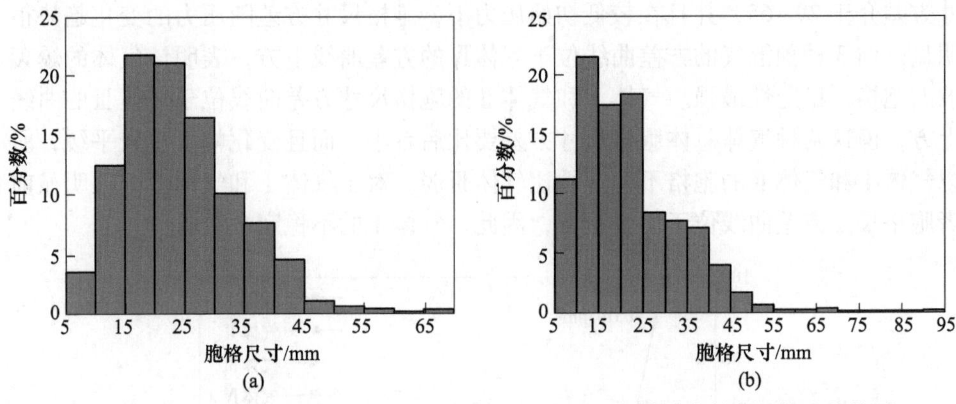

图 5-13　CH_4+2O_2 在初始压力 13 kPa 时在 $D=50.8$ mm 管道内的典型轨迹柱状图

（a）theta$^-$；（b）theta$^+$

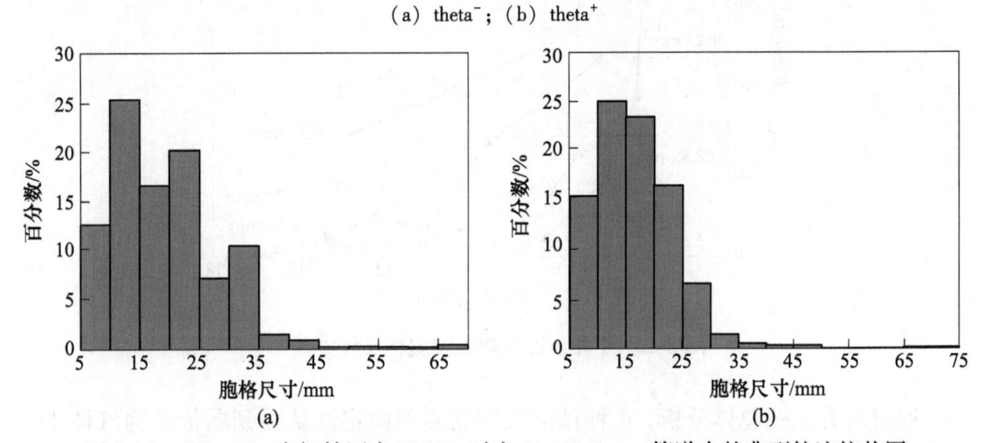

图 5-14　CH_4+2O_2 在初始压力 13 kPa 时在 $D=63.5$ mm 管道内的典型轨迹柱状图

（a）theta$^-$；（b）theta$^+$

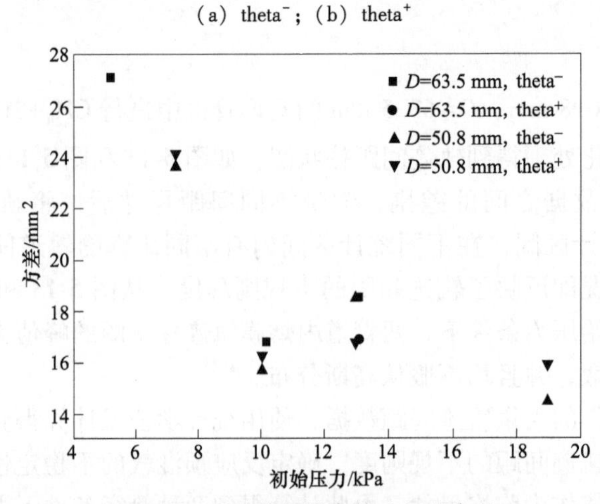

图 5-15　两种管径爆轰轨迹间距方差

即甲烷预混气胞格尺寸数据的离散程度较高；$D=50.8$ mm 和 $D=63.5$ mm 管道的爆轰不规则程度并没有明显差别，说明不稳定性是预混气固有的性质。

5.3 裂解气掺氢不稳定度分析

实验中使用了不同碳氢比例的裂解气，详细成分列于表 5-3 中。尽管每种混合物的成分不同，但基于总燃料/氧气的当量比保持在化学计量条件下（$\varphi=1$）。1 号的氢含量较高，2 号的氢含量较低。本研究中使用的所有混合物的初始温度为 298K。

表 5-3 不同碳氢比例的裂解气的含量

裂解气	CH_4	H_2	O_2	N_2	C_2H_2	C_2H_4	CO	CO_2	其他
多氢裂解气-氧气预混气（1 号）	0.021	0.064	0.277	0.375	0.016	0.031	0.054	0.049	0.001
多氢裂解气-氧气预混气（2 号）	0.012	0.027	0.277	0.429	0.015	0.025	0.047	0.044	0.001

爆轰波除了具有时间不稳定性外，同时还具有空间不稳定性，这些不稳定性表现为与爆轰波传播的正交方向上，波阵面存在着向反射波作周期性的脉动[9]。对于烟膜记录的三点波轨迹，选择垂直于烟膜长边的垂直线，当垂直线与轨迹相交时，令交点处的像素点的值为“1”，否则为“0”，此时每个像素都被离散函数数值化。为了使三波点轨迹的数据差异便于比较，利用 MATLAB 采集三波点轨迹间的数据坐标，通过观察图 5-16 中柱状图的峰值和分布情况，可以定量描述爆轰波的不稳定性。

方差值的计算可以进一步明确地定量化左旋波和右旋波间距不规则度的量，计算式见式（5-4）和式（5-5）。

$$M=\frac{x_1+x_2+x_3+\cdots+x_n}{n} \tag{5-4}$$

$$\partial^2=\frac{(M-x_1)^2+(M-x_2)^2+(M-x_3)^2+\cdots+(M-x_n)^2}{n} \tag{5-5}$$

式中，M 为各间距的平均值；∂^2 为其对应的间距方差值。通过 MATLAB 程序计算出 1 号和 2 号在 20 kPa 初始情况下的左旋波和右旋波的间距方差值，如图 5-17 所示。

自相关函数是不同时间点时与其自身互相关的一种信号，所以利用自相关函数也可以定量比较裂解气的稳定性。首先离散函数由序列函数 $p(a)$ 记录，其中 p 是离散点的值，a 是离散点数量，$p(a)$ 中间包含了 A 个单元。若 a 是偶数，则

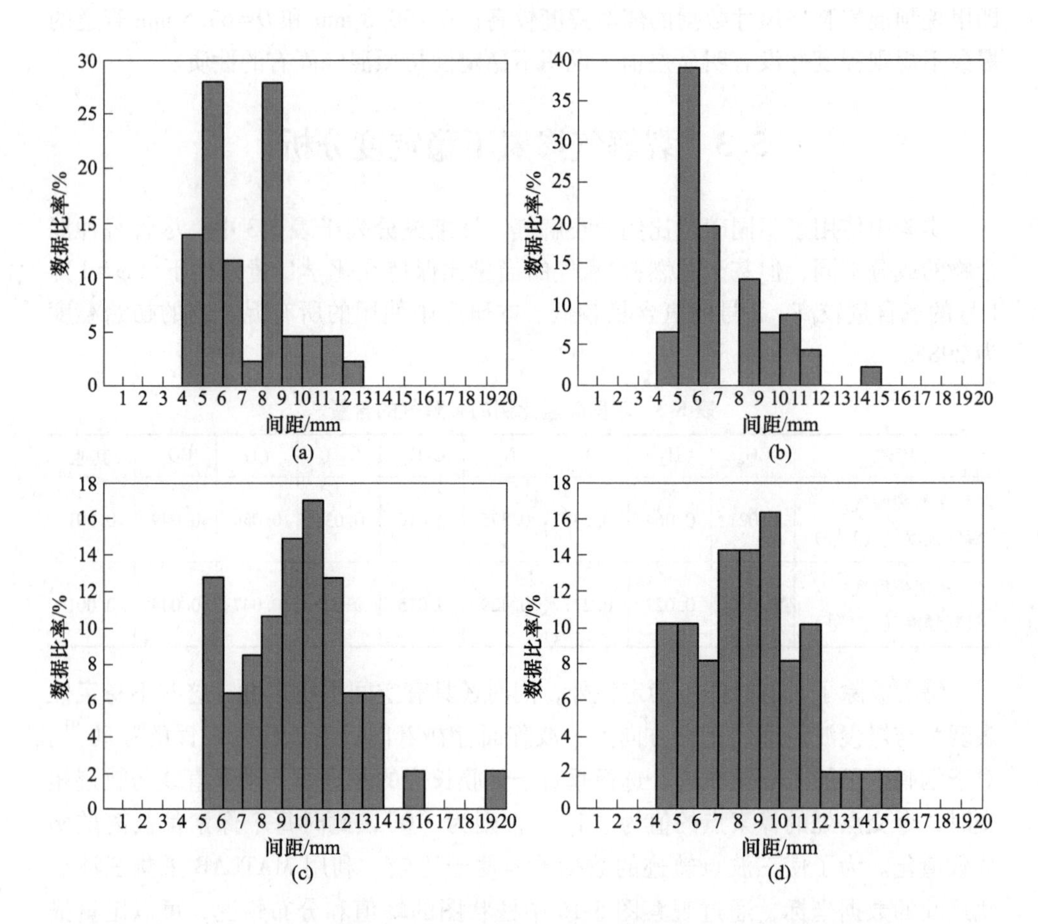

图 5-16　20 kPa 下不同裂解气在 D=80 mm 光滑圆管中的三波点轨迹间距柱状图

（a）1 号左旋波；（b）1 号右旋波；（c）2 号左旋波；（d）2 号右旋波

$A=a$；若 a 是奇数，则 $A=a-1$。函数 $q(a)$ 定义为 $p(a)$ 平移值为 Q 的零填充序列平移函数，如式（5-6）所示。

$$q(a)=\begin{cases}p(a), & 0\leqslant a\leqslant \dfrac{A}{2}\\[2ex] 0, & \dfrac{A}{2}<a\leqslant A\end{cases} \tag{5-6}$$

从而得到 $p(a)$ 的自相关函数 $\varphi_{xx}(Q)$。其中 $C_{xy}(Q)$ 是 $p(a)$ 和 Q 的互相关函数。利用 MATLAB 编写不同预混气爆轰三波点轨迹的自相关性结果的程序，可以得到 20 kPa 下裂解气三相点波轨迹间距自相关结果的分散度。

$$\varphi_{xx}=C_{xy}(Q)=\frac{1}{A}\sum_{a=0}^{A-|Q|-1}p(a)q(a+|Q|),\ 0\leqslant|Q|\leqslant\frac{A}{2}-1 \tag{5-7}$$

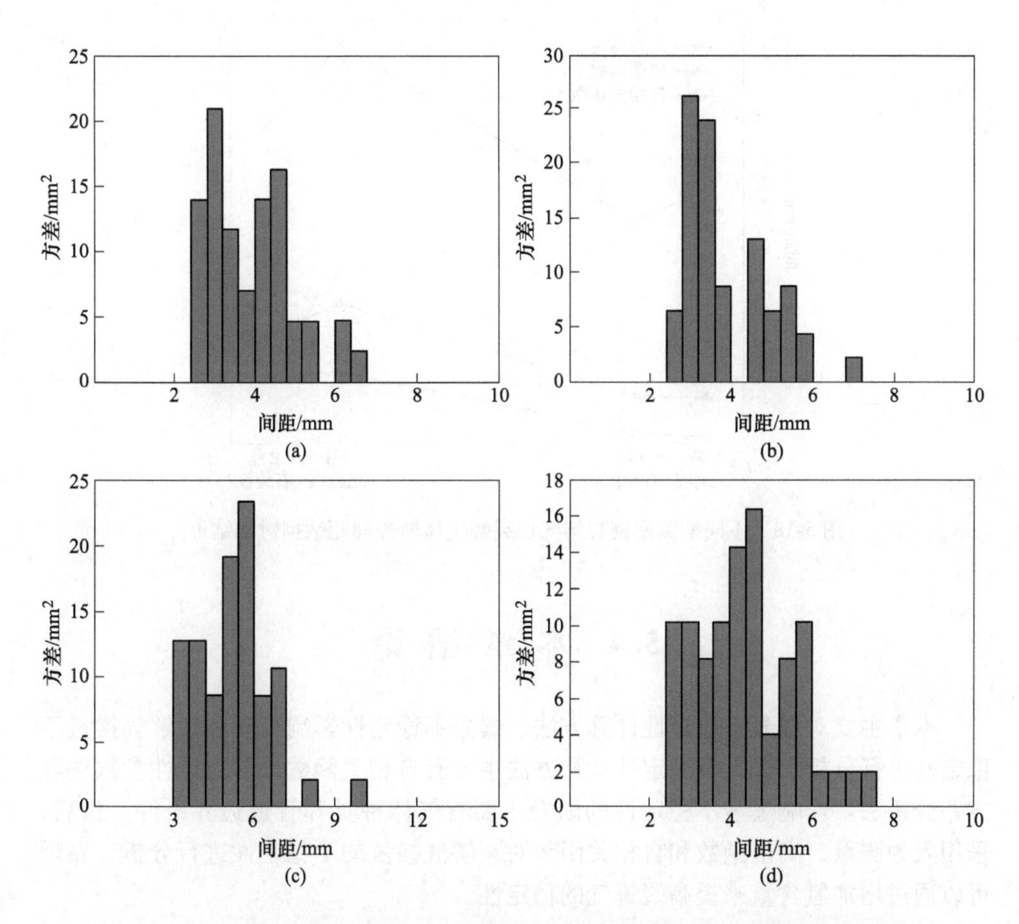

图 5-17 20 kPa 下不同裂解气在 $D=80$ mm 光滑圆管中的三波点轨迹间距方差图
（a）1 号左旋波；（b）1 号右旋波；（c）2 号左旋波；（d）2 号右旋波

从图 5-17 可以看出，在相同的初始条件下，1 号的方差较小，数据波动幅度小，三点波轨迹间距数据分布的离散度低于 2 号，左旋波和右旋波的轨迹间距值相差较小，爆轰波的稳定性较高。

在 20 kPa 的初始压力下，对比人工测量、离散函数和自相关函数计算的裂解气左旋波和右旋波的轨迹间距值的结果，如图 5-18 所示。3 种方法计算的轨迹间距的变化趋势几乎相同。但是，人工测量的结果与其他两种方法测量的结果之间存在很大差距。总之，3 种计算方法共同解释了 1 号的稳定性高于 2 号，证实了氢含量对裂解气爆轰传播的影响。因此，可以通过增加氢含量来提高裂解气的稳定性。

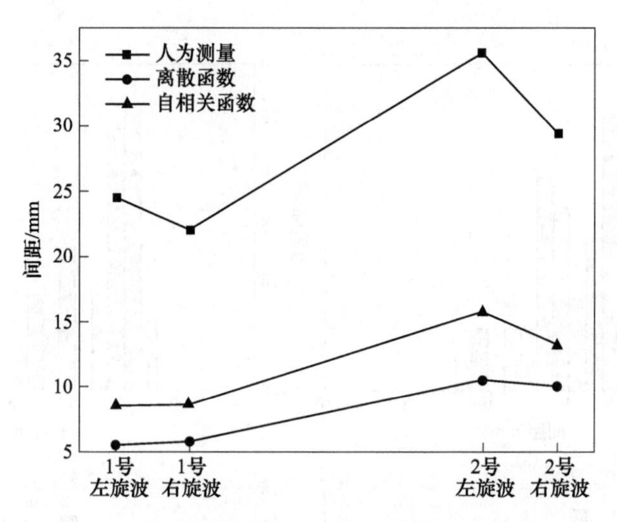

图 5-18 不同配氢比例裂解气预裂解气体轨迹间距数据对比结果

5.4 本章结论

本章主要对爆轰不稳定性计算方法、爆轰不稳定性影响因素和裂解气掺氢不稳定性进行分析。爆轰不稳定性计算方法主要有自相关函数法、稳定性参数法和方差分析法。影响爆轰不稳定性的因素主要有气体种类和管道边界条件。最后，采用人为测量、离散函数和自相关函数对裂解气掺氢的不稳定性进行分析，发现可以通过增加氢含量来提高裂解气的稳定性。

参考文献

[1] Kaneshige M, Shepherd J E. Detonation Database [DB/OL]. California Institute of Technology. (1999-09-03) [2024-01-05]. http://shepherd.caltech.edu/detn_db/html/db.pdf

[2] Short M. A nonlinear evolution equation for pulsating Chapman-Jouguet detonations with chain-branching kinetics [J]. Journal of Fluid Mechanics, 2001, 430: 381-400.

[3] Short M, Sharpe G J. Pulsating instability of detonations with a two-step chain-branching reaction model: theory and numerics [J]. Combustion Theory and Modelling, 2003, 7 (2): 401-416.

[4] Ng H D, Radulescu M I, Higgins A J, et al. Numerical investigation of the instability for one-dimensional Chapman-Jouguet detonations with chain-branching kinetics [J]. Combustion Theory and Modelling, 2005, 9 (3): 385-401.

[5] Sousa J, Paniagua G, Morata E C. Thermodynamic analysis of a gas turbine engine with a rotating detonation combustor [J]. Applied Energy, 2017, 195: 247-256.

[6] Li Z, Weng Z, Mével R. Thermo-chemical analyses of steady detonation wave using the shock and detonation toolbox in cantera [J]. Shock Waves, 2022: 1-4.

[7] Mayur M, Decaluwe S C, Kee B L, et al. Modeling and simulation of the thermodynamics of lithium-ion battery intercalation materials in the open-source software Cantera [J]. Electrochimica Acta, 2019, 323: 134797-134813.

[8] Guerrero J. Pressurized turbulent premixed CH_4/H_2/air flame validation using OpenFOAM [J]. AIP Advances, 2022, 12 (7): 75103-75112.

[9] Austin Joanna M. The role of instability in gaseous detonation [D]. Pasadena: California Institute of Technology, 2003.

6　边界条件影响下的爆轰传播及机理

爆轰胞格结构受边界条件影响，与爆轰极限、爆轰速度、爆轰不稳定性等研究联系密切。实验发现，爆轰波的传播强烈依赖于壁面条件，边界在爆轰传播过程中可以起到有利或不利的作用。因此，需要分析边界条件对爆轰极限、爆轰速度、胞格结构等典型爆轰动力学参数的影响。

6.1　多尺寸圆管

本节主要在内径分别为 50 mm 和 64 mm 的光滑圆管实验装置系统内研究管道边界对预混气 $2H_2+O_2+3Ar$ 和 CH_4+2O_2 爆轰传播的影响。

6.1.1　爆轰波传播速度分析

爆轰波的传播速度是表征爆轰波传播特性的重要特征参数，通过实验测得的波峰信号，可以获得爆轰波抵达压力传感器处的时间，利用相邻传感器之间的距离除以相邻峰值的时间差值可以得到爆轰波实际传播速度。通过 CEA（Chemical Equilibrium with Applications）软件计算得到可燃气爆轰波在不同初始压力下的理论 CJ 速度，即 v_{CJ}。表 6-1 给出了预混气 $2H_2+O_2+3Ar$ 和 CH_4+2O_2 在不同初始压力条件下的爆轰波理论 CJ 速度。将实验测得的瞬时爆轰波速度 v 进行无量纲化处理，得到 v/v_{CJ}。

表 6-1　不同初始压力下 $2H_2+O_2+3Ar$ 和 CH_4+2O_2 的理论 CJ 速度

$2H_2+O_2+3Ar$				CH_4+2O_2			
p_0/kPa	v_{CJ}/m·s^{-1}	p_0/kPa	v_{CJ}/m·s^{-1}	p_0/kPa	v_{CJ}/m·s^{-1}	p_0/kPa	v_{CJ}/m·s^{-1}
2	1779.3	6.2	1819.8	2.5	2228.7	13	2299.4
2.9	1792.5	7.9	1828.6	3	2236.4	15	2305.6
3	1793.7	9	1833.3	3.8	2246.4	19	2316.0
3.2	1796.0	9.8	1836.4	4	2248.6	20	2318.2
4	1804.0	10	1837.1	4.1	2249.6		
4.2	1805.7	10.7	1839.6	5	2258.1		
5	1812.0	11	1840.6	5.2	2259.8		
5.2	1813.4	13	1846.8	7.3	2274.4		
5.9	1818.0	15	1852.0	10	2288.0		
6.1	1819.2	20	1862.6	10.2	2288.9		

一般认为当爆轰波传播速度大于 $0.8v_{CJ}$ 且速度波动较平稳时，可以认为此时爆轰波处于自持传播状态，而爆轰速度小于 $0.8v_{CJ}$ 时，爆轰波不属于自持传播状态。内径 64 mm 光滑圆管中预混气 $2H_2+O_2+3Ar$ 和 CH_4+2O_2 的爆轰波传播速度随距离的变化如图 6-1 所示。从图 6-1（a）中可以看出，预混气 $2H_2+O_2+3Ar$ 在 64 mm 管道内传播时，爆轰波速度随着传播距离在不断波动，但整体变化较平稳。当初始压力大于等于 2.9 kPa 时，爆轰波速度在 $0.8v_{CJ}$ ~ $1.0v_{CJ}$ 波动变化，表明爆轰波在这些初始压力条件下能够稳定自持传播。初始压力小于 2.9 kPa 时，

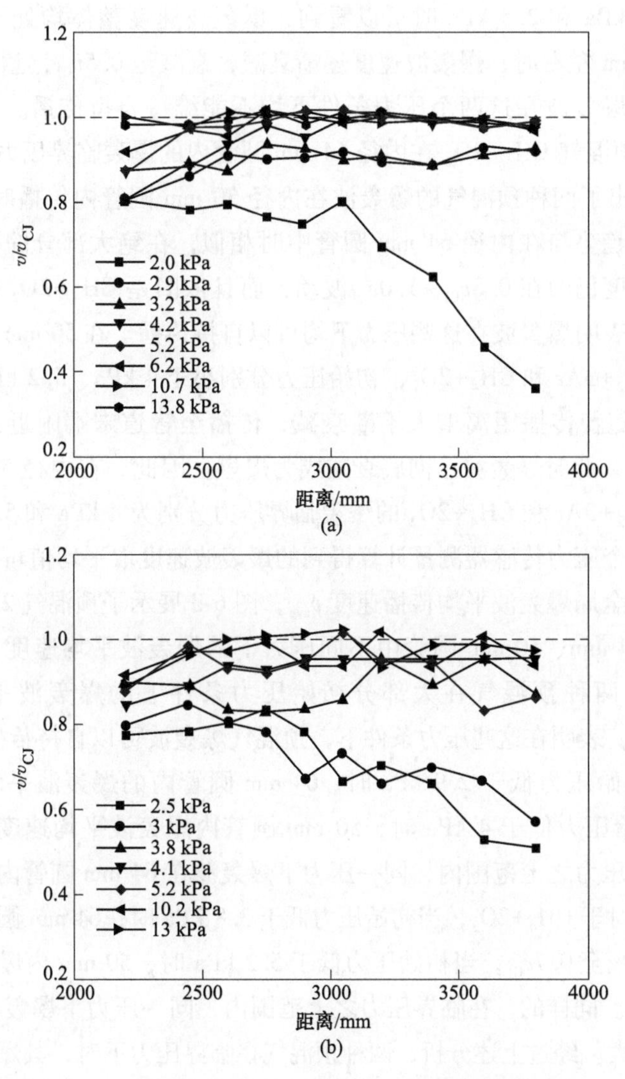

图 6-1 64 mm 圆管内预混气爆轰波传播速度随距离的变化

（a）$2H_2+O_2+3Ar$；（b）CH_4+2O_2

爆轰波在实验段的前半部分传播时，其速度在 $0.8v_{CJ}$附近上下波动，当传播到实验段后半段时，爆轰波速度迅速下降至 $0.3v_{CJ}$，此时爆轰波完全失效。因此可以将 2.9 kPa 视为预混气 $2H_2+O_2+3Ar$ 爆轰波在内径为 64 mm 圆管中的极限临界压力。

从图 6-1（b）中可以看出，预混气 CH_4+2O_2 在 64 mm 管道内传播时，其爆轰波速度也在爆轰波向前传播的过程中发生波动，但是波动程度要更剧烈。当初始压力大于等于 3.8 kPa 时，爆轰波速度在 $0.8v_{CJ}$ ~ $1.0v_{CJ}$变化，且变化较陡峭。初始压力为 3 kPa 和 2.5 kPa 时可以看到，爆轰波速度整体均处于 $0.8v_{CJ}$以下，传播到 2700 mm 左右时，爆轰波速度逐渐衰减，衰减至 $0.5v_{CJ}$，意味着爆轰波完全失效，所以爆轰波在这两个压力条件下均不能维持自持传播。由此，可以将 3.8 kPa 视为预混气 CH_4+2O_2 在内径 64 mm 圆管内的爆轰临界压力。

图 6-2 给出了两种预混气的爆轰波在内径 50 mm 圆管内传播时的速度变化。整体速度变化趋势与在内径 64 mm 圆管中时相似，在绝大部分的初始压力条件下，爆轰波速度仍旧在 $0.8v_{CJ}$ ~ $1.0v_{CJ}$波动，而且依旧是 CH_4+2O_2 的爆轰速度变化更不稳定，表明爆轰波在这些压力下均可以自持传播。在 50 mm 圆管中，对于预混气 $2H_2+O_2+3Ar$ 和 CH_4+2O_2，初始压力分别小于 4 kPa、5.2 kPa 时，爆轰波速度从 $0.8v_{CJ}$随着传播距离增大不断衰减，传播至管道末端附近已分别衰减至 $0.4v_{CJ}$、$0.5v_{CJ}$，此时爆轰波已彻底衰减成为爆燃。因此，在内径 50 mm 圆管中，预混气 $2H_2+O_2+3Ar$ 和 CH_4+2O_2 的爆轰临界压力分别为 4 kPa 和 5.2 kPa。

通过对各个压力传感器测量计算得到的爆轰波速度取平均值可以得到爆轰波在该压力下的全局爆轰波平均传播速度 v_{ave}，图 6-3 展示了预混气 $2H_2+O_2+3Ar$ 和 CH_4+2O_2 在 64 mm、50 mm 圆管中不同压力下的爆轰波平均速度 v_{ave}。从图 6-3 中可以看出，两种预混气在大部分初始压力条件下的爆轰波平均速度均在 $0.8v_{CJ}$ ~ $1.0v_{CJ}$，表明在这些压力条件下，预混气爆轰波可以自持传播。对于 $2H_2+O_2+3Ar$，当初始压力低于 2.9 kPa 时，64 mm 圆管内的爆轰波平均速度骤降至 $0.7v_{CJ}$，当初始压力低于 4 kPa 时，50 mm 圆管内爆轰波平均速度降至 $0.65v_{CJ}$。此外，在临界压力之上范围内，同一压力下爆轰波在 64 mm 圆管内的速度大于在 50 mm 内的。对于 CH_4+2O_2，当初始压力低于 3.8 kPa 时，64 mm 圆管内爆轰波平均速度同样衰减至 $0.7v_{CJ}$，当初始压力低于 5.2 kPa 时，50 mm 内爆轰波平均速度衰减至 $0.65v_{CJ}$。同样的，在临界压力之上范围内，同一压力下爆轰波在 64 mm 圆管内的速度较大。经过上述分析，两种预混气在临界压力下时，其爆轰波速度亏损均达到了 $0.3v_{CJ}$~$0.4v_{CJ}$，在临界压力范围之上时，爆轰波速度均在 $0.9v_{CJ}$ ~ $1.0v_{CJ}$。临界压力之上且压力一定时，$2H_2+O_2+3Ar$ 的爆轰速度均略高于 CH_4+2O_2。

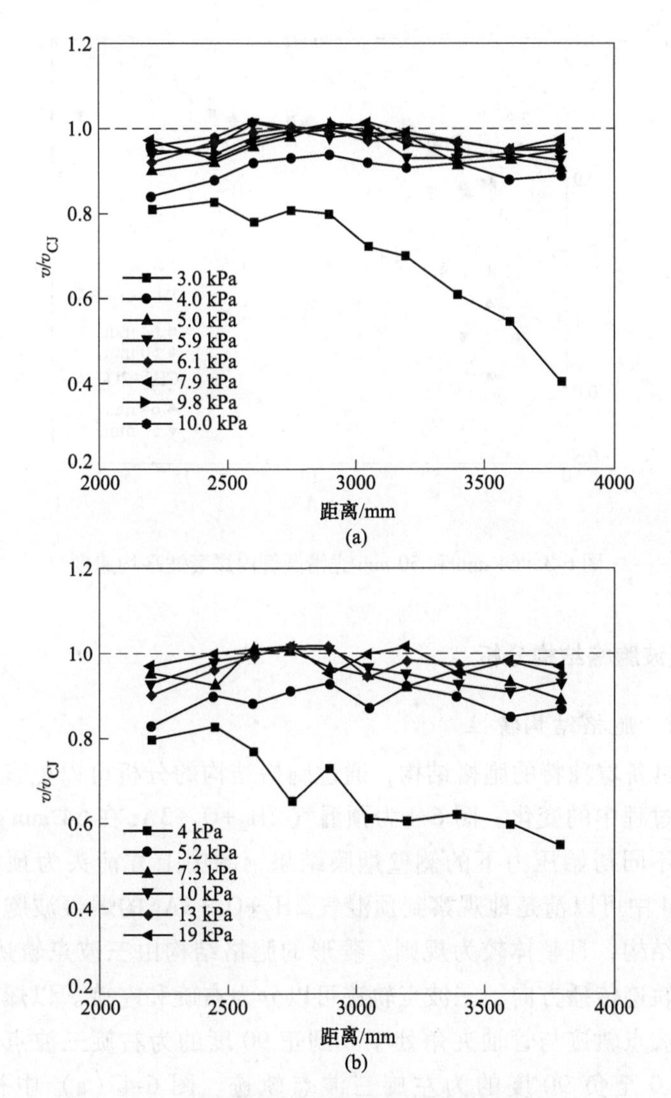

图 6-2 50 mm 圆管内预混气爆轰波传播速度随距离的变化

(a) $2H_2+O_2+3Ar$；(b) CH_4+2O_2

由此可见，预混气 $2H_2+O_2+3Ar$ 和 CH_4+2O_2 在两种大尺度内径圆管中（D=64 mm、D=50 mm）的爆轰波速度变化特征相似，压力一定时，爆轰波在 64 mm 管内的传播速度更快。在临界压力之上时，两种气体的爆轰波均能稳定传播，同一压力下稳定传播时，$2H_2+O_2+3Ar$ 的爆轰波速度更大，但是 CH_4+2O_2 的速度波动较强；在临界压力之下时，CH_4+2O_2 的爆轰波在管道内会逐渐衰减，但是 $2H_2+O_2+3Ar$ 的爆轰波速度会迅速下降，爆轰直接失效。

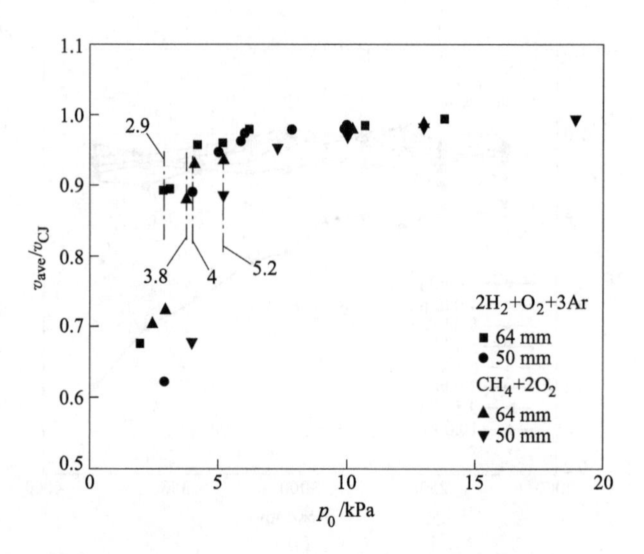

图 6-3　64 mm 和 50 mm 光滑圆管内爆轰波平均速度

6.1.2　爆轰波胞格结构分析

6.1.2.1　胞格结构特性

爆轰波具备着独特的胞格结构，通过胞格结构的分析可以更直观地了解爆轰波在传播过程中的变化。图 6-4 为预混气 $2H_2+O_2+3Ar$ 在 64 mm 和 50 mm 圆管中传播时不同初始压力下的侧壁烟膜结果，图中上方箭头为预混气传播方向。从图 6-4 中可以清楚地观察到预混气 $2H_2+O_2+3Ar$ 的爆轰波胞格结构呈现菱形鱼鳞状结构，且整体较为规则。菱形的胞格结构由三波点轨迹交错而成，依据三波点轨迹传播方向，三波点轨迹可以分为右旋和左旋。以爆轰波传播方向为正，三波点轨迹与管轴夹角处于 0 到正 90 度的为右旋三波点轨迹，与管轴夹角处于 0 至负 90 度的为左旋三波点轨迹。图 6-4（a）中初始压力为 2.9 kPa 时，爆轰波在烟膜上留下了两条近似平行排列的左旋三波点轨迹线，说明此时 $2H_2+O_2+3Ar$ 在64 mm 圆管内发生了单头螺旋爆轰。初始压力增长至 3.2 kPa 时，爆轰波在烟膜上留下了彼此交错的左旋三波点轨迹和右旋三波点轨迹，此时爆轰波发展为双头结构，呈现出清晰的胞格结构。随着初始压力继续增长，左旋和右旋三波点轨迹也逐渐增多。在初始压力为 4.2 kPa、5.2 kPa 和 6.2 kPa 时，爆轰波发展为四头、六头、八头结构，烟膜上呈现的胞格变小且更为密集。

图 6-4（b）展示了预混气 $2H_2+O_2+3Ar$ 在 50 mm 圆管中传播时实验段的烟

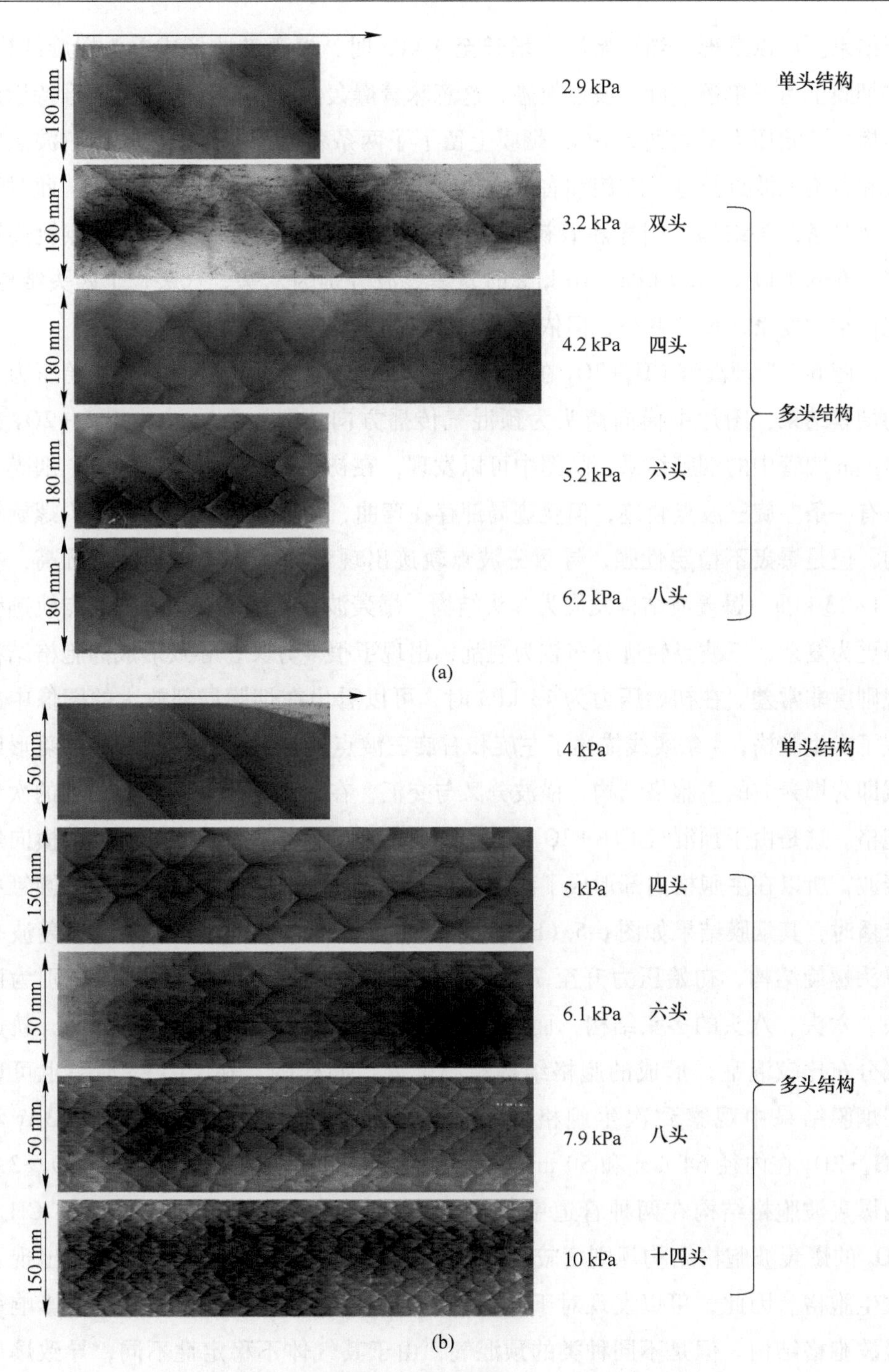

图 6-4 不同光滑圆管内预混气 $2H_2+O_2+3Ar$ 的烟膜结果

(a) 64 mm 圆管烟膜结果；(b) 50 mm 圆管烟膜结果

膜结果。可以发现，当初始压力增长至 4 kPa 时，爆轰波才形成单头螺旋结构，在烟膜上留下单条左旋三波点轨迹，这意味着爆轰波在 4 kPa 时才可以维持稳定传播。初始压力增大到 5 kPa，烟膜上留下了两条各自平行排布的左旋三波点轨迹和右旋三波点轨迹，左旋和右旋轨迹纵横交错形成了规则排布的胞格，此时爆轰波具备四头结构。同样随着初始压力进一步增大，左旋和右旋三波点轨迹增多，在 6.1 kPa、7.9 kPa、10 kPa 时，爆轰波分别为六头、八头、十四头结构，胞格结构变密，尺寸变小，但依旧具有良好的规则度。

图 6-5 为预混气 CH_4+2O_2 在 64 mm 和 50 mm 圆管中传播时不同初始压力下的烟膜结果，图片中横向箭头为预混气传播方向。图 6-5（a）为 CH_4+2O_2 在 64 mm 圆管中的烟膜结果，从图中可以发现，在初始压力为 3.8 kPa 时，烟膜上只有一条左旋三波点轨迹，但轨迹局部存在弯曲，说明爆轰波此时为单头螺旋结构，但是爆轰不稳定性强，导致三波点轨迹出现弯曲。随着初始压力升高，在 4.1~13 kPa，爆轰波结构发展为多头结构，爆轰波在烟膜上留下的三波点轨迹变得更为复杂，三波点轨迹分布较为混乱，出现了很多分叉，导致形成的胞格结构规则度非常差。在初始压力为 13 kPa 时，可以看出在烟膜局部放大的图像中出现了次生胞格，4 条实线描述了左旋和右旋三波点轨迹线，线条所形成的菱形区域即为爆轰波的主胞格结构，横波分叉与交汇，在其内部出现了细小精细的次生胞格。这是由于预混气 CH_4+2O_2 的爆轰波横波强度高，横波分叉产生了横向爆轰波，所以在主胞格内部形成了次生胞格。当预混气 CH_4+2O_2 在 50 mm 圆管中传播时，其烟膜结果如图 6-5（b）所示，在初始压力为 5.2 kPa 时，爆轰波是单头螺旋结构，初始压力升至 7.3 kPa、10 kPa、13 kPa 时，爆轰波分别为四头、六头、八头的多头结构，而且记录的三波点轨迹依旧存在很多分叉，轨迹线分布比较混乱，形成的胞格结构规则度差。同样的，在 13 kPa 时，也可以在烟膜结果中观察到次生胞格结构。通过上述对于预混气 $2H_2+O_2+3Ar$ 和 CH_4+2O_2 在内径 64 mm 和 50 mm 圆管中爆轰波胞格结构的分析，$2H_2+O_2+3Ar$ 的爆轰波胞格结构在两种管道中规律性较强，而且没有出现次生胞格，CH_4+2O_2 的爆轰波胞格结构规则度较差，烟膜上存在较多三波点轨迹分叉，出现了次生胞格。因此，可以发现对于同一种预混气，管道内径的变化并不会影响爆轰波胞格结构。但是不同种类的预混气，由于其气体不稳定性不同，导致爆轰不稳定性强弱存在差异，在同样内径的管道中，两种预混气所形成的胞格结构特征存在差异。

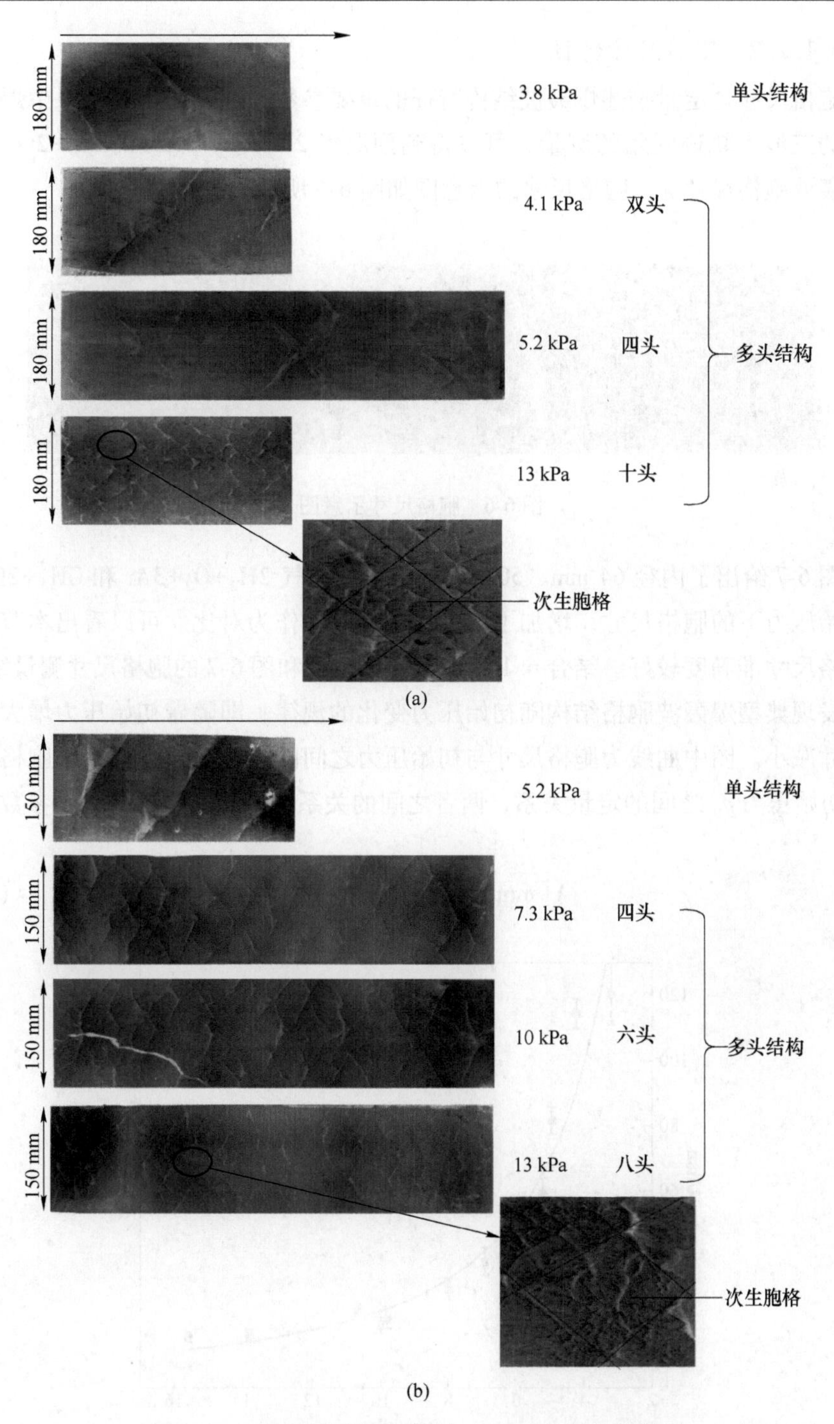

图 6-5 不同光滑圆管内预混气 CH_4+2O_2 的烟膜结果

(a) 64 mm 光滑圆管烟膜结果；(b) 50 mm 光滑圆管烟膜结果

6.1.2.2 胞格尺寸特性

胞格尺寸是定量描述爆轰波结构特征的重要参数，通过对烟膜结果中爆轰波相邻的三波点轨迹间距的测量，可以得到预混气 $2H_2+O_2+3Ar$ 和 CH_4+2O_2 形成的爆轰波胞格尺寸 λ，胞格尺寸的示意图如图 6-6 所示。

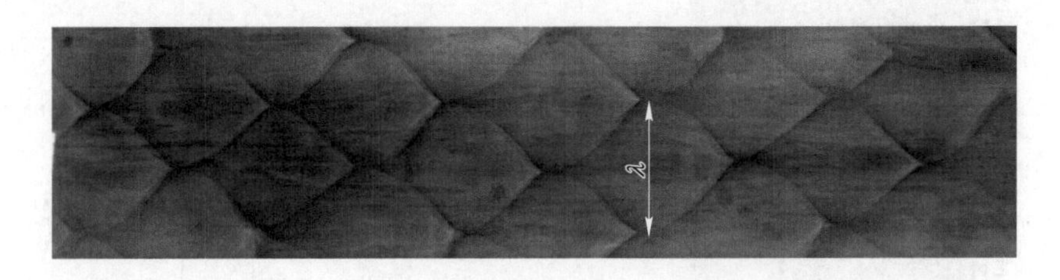

图 6-6 胞格尺寸示意图

图 6-7 给出了内径 64 mm、50 mm 圆管中预混气 $2H_2+O_2+3Ar$ 和 CH_4+2O_2 不同初始压力下的胞格尺寸，增加了数据库中的数据作为对比。可以看出本节测量的胞格尺寸准确度较好。结合 6.1.2.1 节烟膜结果和图 6-7 的胞格尺寸测量结果，可以发现典型爆轰波胞格结构随初始压力变化的规律，即随着初始压力增大，胞格尺寸减小。图中曲线为胞格尺寸与初始压力之间的拟合曲线，得到了胞格尺寸 λ 与初始压力 p_0 之间的定量关系，两者之间的关系式见式（6-1），式中参数见表 6-2。

$$\lambda[\mathrm{mm}] = C(p_0[\mathrm{kPa}])^{-n} \tag{6-1}$$

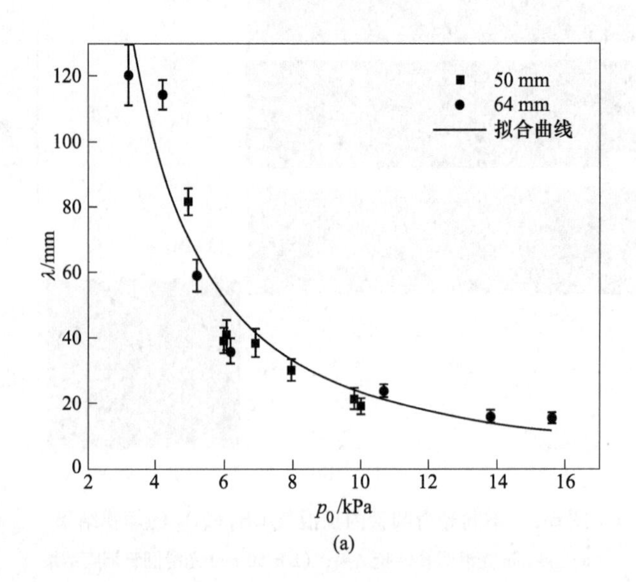

(a)

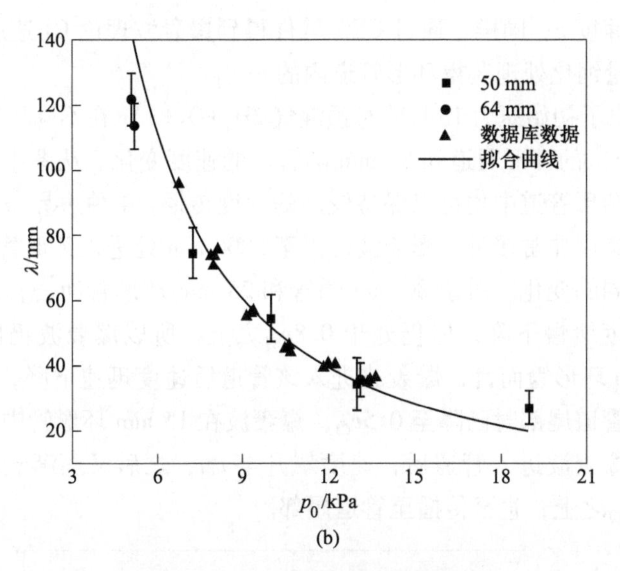

图 6-7 64 mm 和 50 mm 光滑圆管内爆轰波胞格尺寸

(a) $2H_2+O_2+3Ar$；(b) CH_4+2O_2

表 6-2 光滑圆管内胞格尺寸与初始压力函数关系式参数

预混气	C	n
$2H_2+O_2+3Ar$	880.69	1.579
CH_4+2O_2	1646.94	1.5

从图 6-7 中可以发现，在同一初始压力条件下，光滑圆管内 $2H_2+O_2+3Ar$ 的爆轰波胞格尺寸远小于 CH_4+2O_2 的爆轰波胞格尺寸，这是因为预混气 $2H_2+O_2+3Ar$ 的爆轰临界压力小于预混气 CH_4+2O_2 的临界压力，两种预混气在大于临界压力的相同初始压力时，$2H_2+O_2+3Ar$ 的爆轰波能量更强，激发出的三波点轨迹更多，形成的胞格结构更密集，从而导致胞格尺寸更小。

6.2 环 形 管

6.2.1 爆轰波传播速度分析

环形管道是在内径 80 mm 的光滑圆管装置基础上设计的，通过在管道末段插入不同内径（d=20 mm、40 mm、60 mm）的小尺寸管道构成了不同宽度的环形管道装置。通过设置在环形管道外管壁上的压力传感器可以获得环形通道内压力峰值变化，从而得到爆轰波抵达各传感器的时间。利用传播距离/时间可获得爆

轰波实际传播速度 v。同样，通过 CEA 软件得到爆轰波理论 CJ 速度 v_{CJ}，对传播速度 v 进行无量纲化处理获得环形管道内的 v/v_{CJ}。

图 6-8 给出了初始压力 13 kPa 时预混气 $2H_2+O_2+3Ar$ 在不同环宽（$w=5$ mm、15 mm、25 mm）的环形通道和 80 mm 圆管内的速度变化。从图中可以看出爆轰波在实验段的圆形管道中均可以保持较高的速度传播，4 种边界条件下爆轰波在实验段前段的速度非常接近。爆轰波传播至 5000 mm 处进入环形管道后，爆轰波速度发生了不同的变化。对于 80 mm 圆管和 25 mm 环形管而言，爆轰波进入实验段后段，速度缓慢下降，但仍处于 $0.8v_{CJ}$之上，所以爆轰波仍旧可以自持传播。对于 5 mm 环形管而言，爆轰波进入该管道后速度迅速下降，衰减至 $0.8v_{CJ}$以下，传播到管道尾部时已降至 $0.5v_{CJ}$。爆轰波在 15 mm 环形管中的速度表现出不同的特点，爆轰波进入管道后，速度飙升至 v_{CJ}，之后又逐渐衰减，但依旧可以维持在 $0.8v_{CJ}$之上，直至传播至管道尾部。

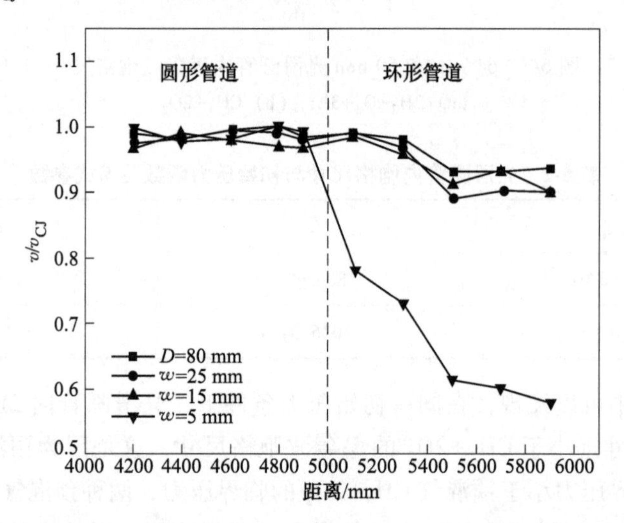

图 6-8　预混气 $2H_2+O_2+3Ar$ 在 13 kPa 时的爆轰波速度

图 6-9 给出了初始压力 13 kPa 时预混气 CH_4+2O_2 在不同尺寸环形管道和 80 mm 圆管内的速度随传播距离的变化。从图中可以明显看出，预混气 CH_4+2O_2 的速度变化特征与 $2H_2+O_2+3Ar$ 在 13 kPa 时的非常相似。在圆形管道段，爆轰波速度伴随着一些波动保持在 $0.9v_{CJ}\sim1.0v_{CJ}$，表明在此阶段内爆轰波可以自持传播。爆轰波传播至 3000 mm 处，对于 80 mm 圆形管道，爆轰波速度稍有减小，这是由于边界层效应造成了能量损失，但整体依旧以 $0.9v_{CJ}$左右的速度继续传播，直至管道末尾。对于 15 mm 环形管道，爆轰波进入后也发生了速度衰减，而且随着传播距离增大，速度也在缓慢衰减，后半段速度整体处于 $0.8v_{CJ}\sim0.9v_{CJ}$，所以13 kPa 时爆轰波在 15 mm 环形管道内可以传播。爆轰波进入 25 mm 环形管

道后，速度发生了一定突越，上升至 1.1v_{CJ}左右，但是很快又衰减至 0.9v_{CJ}，并随着继续向前传播而不断缓慢衰减至 0.8v_{CJ}。高度不稳定预混气 CH_4+2O_2 的爆轰波进入5 mm 环形管道后也无法维持，迅速失效，爆轰波速度随着传播距离增长逐渐衰减。

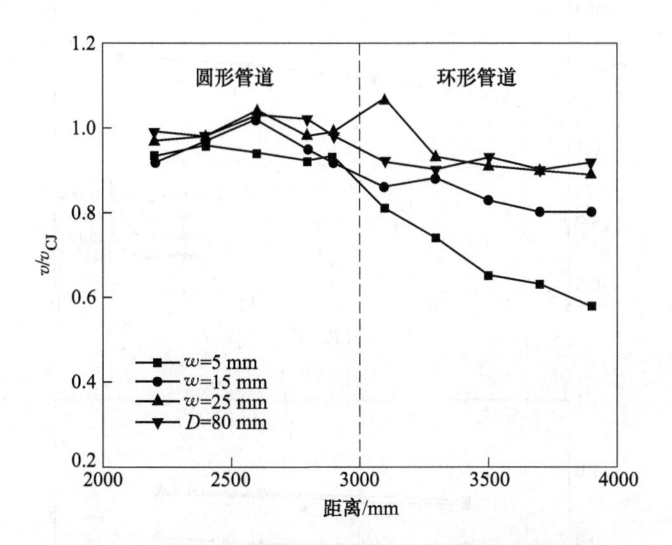

图 6-9 预混气 CH_4+2O_2 在 13 kPa 时的爆轰波速度

图 6-10 为两种预混气在 80 mm 圆管和环形管道实验段的爆轰波平均速度计算结果。从图 6-10（a）中可以看出，预混气 $2H_2+O_2+3Ar$ 的爆轰波在 80 mm 圆管和 25 mm、15 mm 环形管实验段内的传播速度均处于 0.9v_{CJ}~1.0v_{CJ}，并且彼此之间的差距很小。15 mm 环形管道内的爆轰波速度比 25 mm 环形管道内的稍大，结合图 6-8 中的速度变化，可以推测爆轰波在 15 mm 环形管道内可能发生了过驱。5 mm 环形管道内的爆轰波速度在 0.8v_{CJ}~0.9v_{CJ}，与其他 3 种管道中的速度差距较大，但是 4 种管道内的爆轰波速度均随着初始压力增大而增大。

从图 6-10（b）中可以观察到，爆轰波速度依旧是随着初始压力增大而增大。预混气 CH_4+2O_2 的爆轰波在 80 mm 圆管和 25 mm、15 mm 环形管实验段内的传播速度也均处于 0.9v_{CJ}~1.0v_{CJ}，但是 15 mm 环形管道内的速度偏小，位于 0.9v_{CJ}附近。25 mm 环形管道内的爆轰波速度比 80 mm 圆管中的速度稍大，同样根据图 6-9 中的瞬时速度变化特征，可以推测 CH_4+2O_2 的爆轰波在 25 mm 环形管内可能发生了过驱。5 mm 环形管道内的爆轰波速度在 0.8v_{CJ}以下，这是甲烷的爆轰波在该管道内的能量损失较高，而且在实验段后段爆轰波失效，所以导致实验段整体平均速度较低。

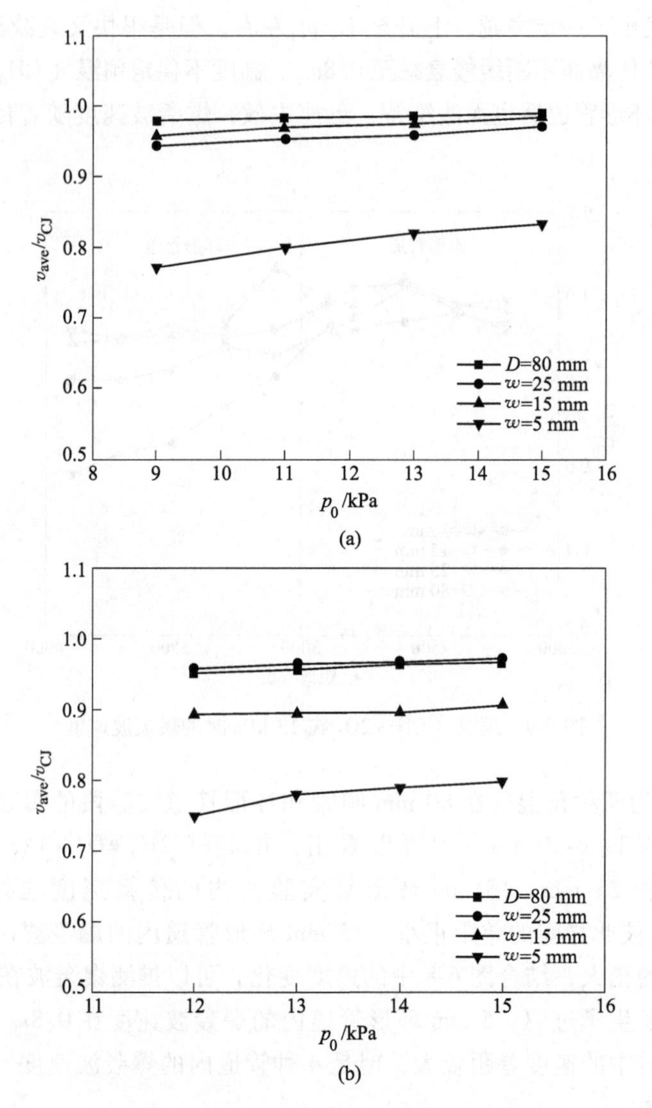

图 6-10　预混气在 80 mm 圆管和环形管道内的爆轰平均速度

（a）$2H_2+O_2+3Ar$；（b）CH_4+2O_2

6.2.2　爆轰波胞格结构分析

6.2.2.1　胞格结构特性

首先，初始压力 13 kPa 时，预混气 $2H_2+O_2+3Ar$ 和 CH_4+2O_2 在 80 mm 圆管实验段内的烟膜记录如图 6-11 所示，图中上方横向箭头表示预混气传播方向。在稳定预混气 $2H_2+O_2+3Ar$ 中，爆轰波反应区的长度增加，而燃料的放热性能降

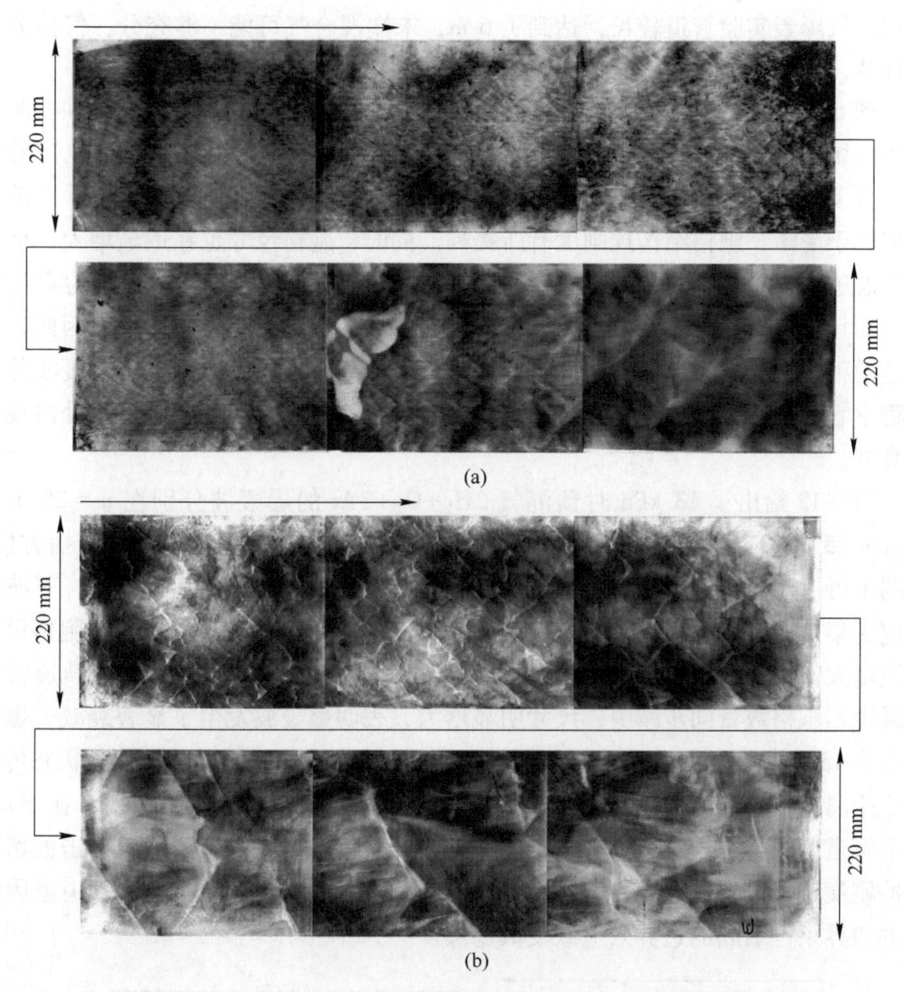

图 6-11 13 kPa 时不同预混气在 80 mm 圆管内的烟膜结果

(a) $2H_2+O_2+3Ar$；(b) CH_4+2O_2

低，这主要是由于高浓度氩气的稀释导致爆轰时横波强度衰减，从而降低了爆轰波的不稳定性。因此，从图 6-11（a）可以清楚地看出，三波点轨迹是易观察分辨的。三点轨迹基本没有分叉和交集，整体规律性强，形成了规则的菱形胞状结构。此外还可以清楚地观察到，爆轰波以规则的小胞状结构进入实验段。爆轰波在实验段内保持该结构传播 1000 mm 后进入实验段下游。在下游阶段，胞格大小随着传播距离的增加逐渐增大，但当传播到一定距离时，胞格显著增大。造成这一现象的原因可能有以下两点：（1）爆轰波传播过程中，在壁面边界的作用下能量衰减，由于没有化学反应能量支撑，大部分入射波、马赫杆和管端附近的横波已经消失，导致三波点轨迹大幅减少，因此，胞格的大小显著增加；（2）氢气预混气爆轰实验管道较长，达到了 6 m，末端混合气可能不够充分，气体分布较稀薄，这也可能导致爆轰传播到这一段的胞格结构发生剧烈变化。

图 6-11（b）为高度不稳定混合物 CH_4+2O_2 的烟膜结果，可以发现在实验段起始区域中的爆轰波三波点轨迹是比较混乱的，也出现了很多三波点轨迹的交叉、分叉，在主胞格结构里形成了次生胞格。爆轰波传播至前段中后部，三波点轨迹趋于清晰，胞格结构规则度有所提高。同时，胞格尺寸也在逐渐增大。但是爆轰波进入实验段后段后，三波点轨迹大量减少，胞格结构骤然衰减为双头结构，而且轨迹在后段波动剧烈，以较为混乱复杂的双头结构向前传播。因此，对于这两种预混气的爆轰波在传播过程中出现结构衰变现象，原因应为爆轰波传播过程中管道边界和气体不稳定性共同作用，导致胞格结构在环形管道某处出现显著衰减。

图 6-12 给出了 13 kPa 时预混气 $2H_2+O_2+3Ar$ 的爆轰波分别在 $w=25$ mm、15 mm、5 mm 环形管道内的烟膜结果，图中上方横向箭头表示预混气传播方向。从图中可以观察到，爆轰波在进入环形管道前，具备着规则的胞格结构，三波点轨迹密集排布且清晰可见。当爆轰波进入宽度为 25 mm 的环形管道后，胞格尺寸略微增大，但与初始传播状态差别不大。继续传播一段距离后，三波点轨迹大幅度减少，胞格数量同步减少，尺寸明显增大，表明爆轰波发生了显著衰减。爆轰波进入 15 mm 环形管道后，胞格结构和尺寸未发生变化，同样是维持此状态传播一定距离后，爆轰波发生显著衰减，由多头结构逐步衰减为双头结构。在 5 mm 环形管道烟膜上并未观察到胞格结构或单头螺旋结构，仅能看到衰减冲击波留下的冲刷痕迹。这意味着爆轰波在 5 mm 环形管道内无法存活，刚进入管道就因过窄的边界条件引起的边界效应致使其熄爆。

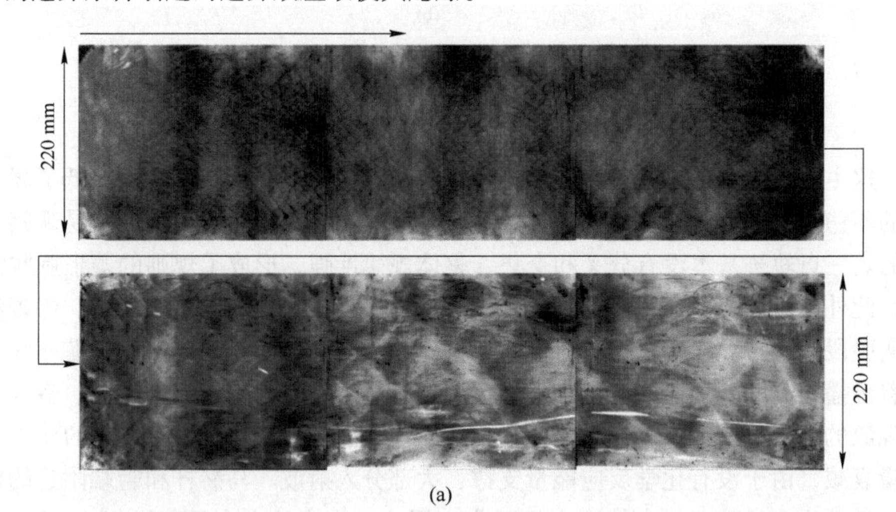

(a)

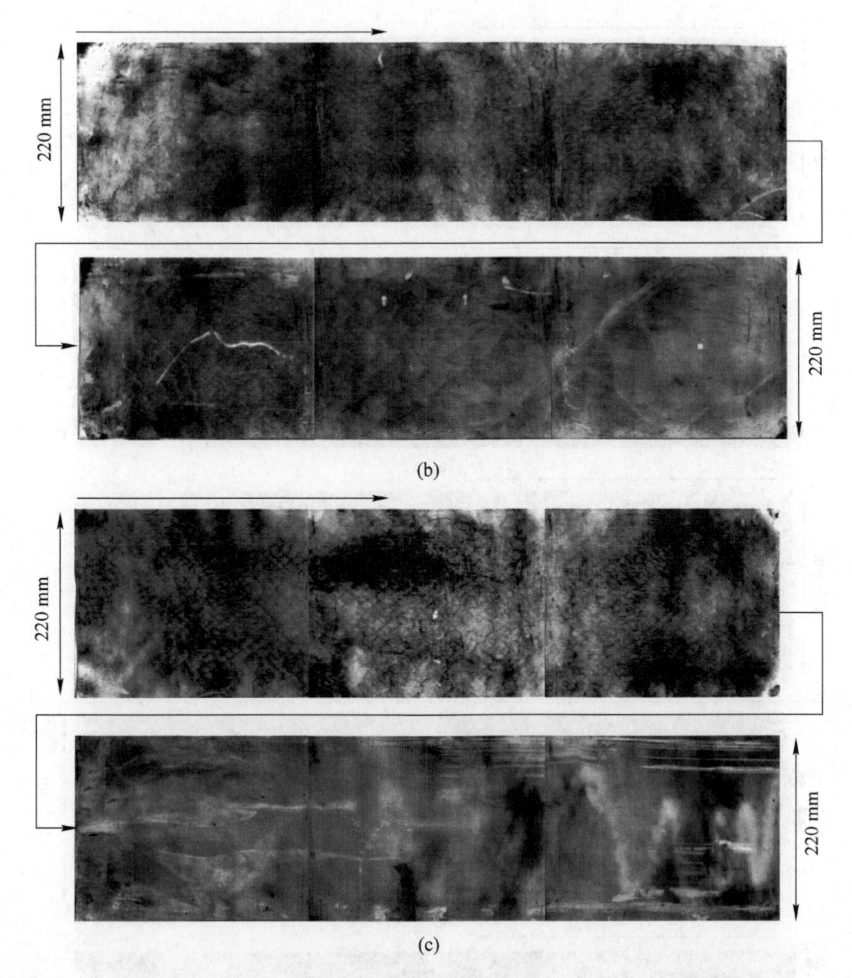

图 6-12　13 kPa 时不同环形管道内预混气 $2H_2+O_2+3Ar$ 的烟膜结果

（a）$w=25$ mm；（b）$w=15$ mm；（c）$w=5$ mm

图 6-13 为 13 kPa 时预混气 CH_4+2O_2 的爆轰波分别在 $w=25$ mm、15 mm、5 mm 环形管道内的烟膜结果，图中上方横向箭头表示预混气传播方向。从图 6-13 中可以看出，CH_4+2O_2 爆轰波的胞格结构在进入环形管道后也发生了明显变化。爆轰波从 80 mm 圆管进入 25 mm 的环形管道时，爆轰波保持多头结构。然而，多头结构在管内传播一段距离后衰减为双头结构，然后继续以双头结构传播至管道末端。当环形通道减小至 15 mm 时，从图 6-13（b）中可看出爆轰在实验段前段以多头结构传播，进入环形通道后立即衰减为单头螺旋结构，仅能在烟膜上观察到一条模糊的轨迹线。从图 6-13（c）中可以发现，爆轰波在前半段烟膜中为多头结构，在后半段中并未留下三波点轨迹，因此 CH_4+2O_2 爆轰波在 5 mm 环形通道内也不能传播。

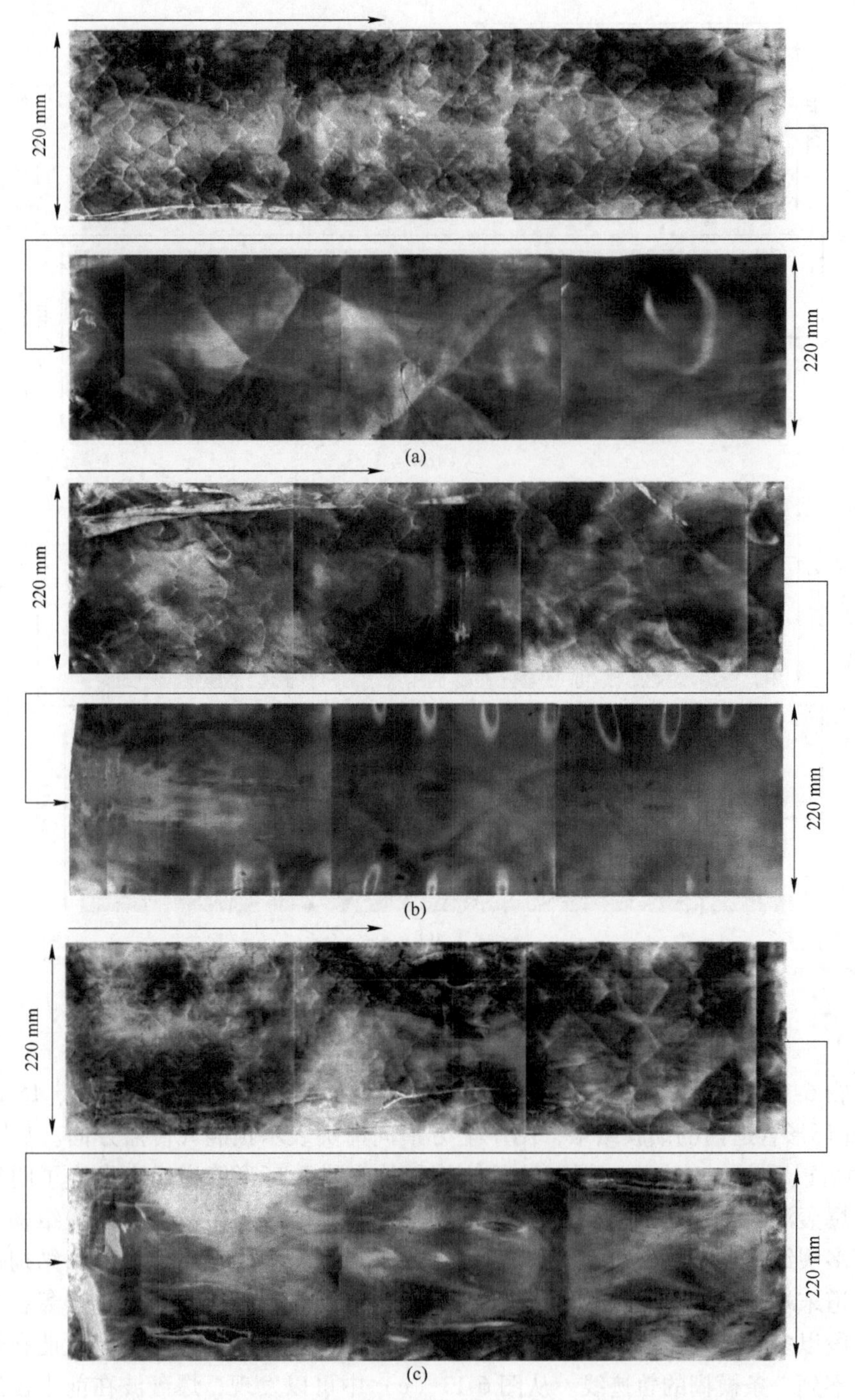

图 6-13　13 kPa 时不同环形管道内预混气 CH_4+2O_2 的烟膜结果

（a）$w=25$ mm；（b）$w=15$ mm；（c）$w=5$ mm

6.2.2.2 胞格尺寸特性

对不同初始压力下预混气 $2H_2+O_2+3Ar$ 和 CH_4+2O_2 在环形管道内的胞格尺寸进行测量，测量结果如图 6-14 所示。在图 6-14 中将本节测量结果与文献[17]和数据库数据进行了比较，用以检验测量结果的准确性。显然，测量结果与前人的研究结果在误差允许范围内是一致的。同一初始压力下，$2H_2+O_2+3Ar$ 的爆轰波胞格尺寸要小于 CH_4+2O_2 的，但彼此之间的差距在初始压力增大过程中缓慢缩小。初始压力增大，胞格尺寸整体趋势依旧是减小，初始压力越大，尺寸变化幅度越小。同样的，胞格尺寸与初始压力依旧存在良好的线性关系，满足式（6-1），式中各参数见表 6-3。

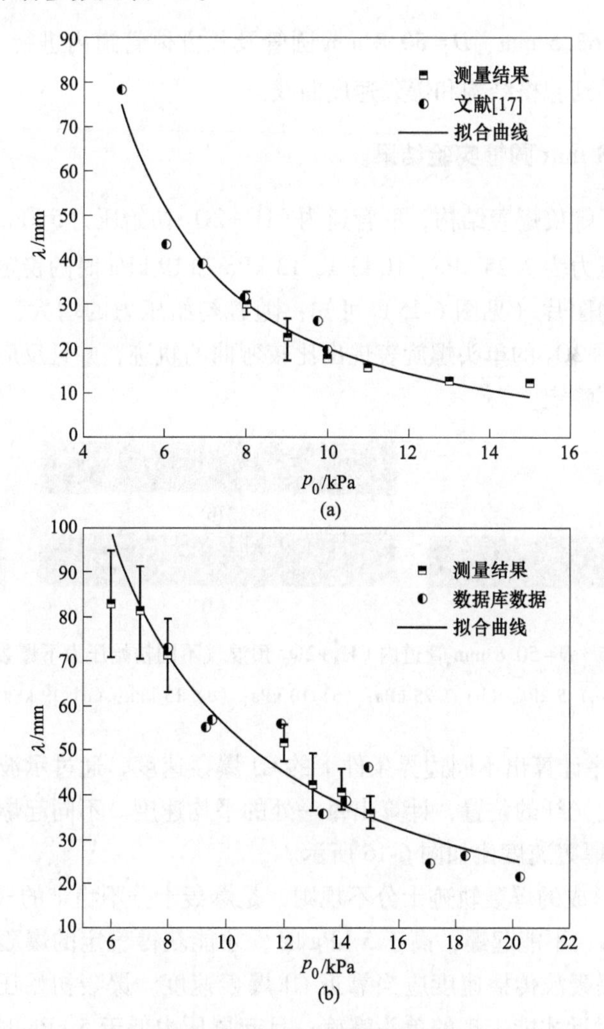

图 6-14 环形管道内不同预混气爆轰波的胞格尺寸结果

(a) $2H_2+O_2+3Ar$；(b) CH_4+2O_2

表 6-3 环形管道内胞格尺寸与初始压力关系式参数表

预混气	C	n
$2H_2+O_2+3Ar$	1486. 3	1. 87
CH_4+2O_2	743. 7	1. 13

6.3 方 管

分别在 $D=63.5$ mm、$D=50.8$ mm 圆管及长方体管道内进行 CH_4+2O_2 预混气爆轰实验，得到胞格结构和爆轰速度曲线。

6.3.1 $D=50.8$ mm 圆管实验结果

烟膜记录了螺旋爆轰结构，取管道内 CH_4+2O_2 初始压力 5 kPa 时出现的单头螺旋以及初始压力为 7. 25 kPa、10 kPa、13 kPa 和 19 kPa 时的稳定爆轰为例，分析烟膜扫描后的图片（见图 6-15）可知：随着初始压力的增大，烟膜上的胞格尺寸减小；CH_4+2O_2 的单头螺旋表现出比较弯曲的轨迹，并且反应区留下的轨迹时宽时窄，极不稳定。

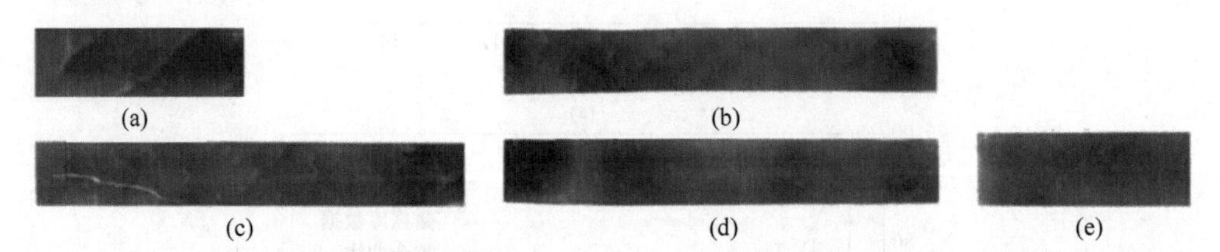

图 6-15 $D=50.8$ mm 管道内 CH_4+2O_2 预混气不同初始压力下爆轰烟膜

(a) 5 kPa；(b) 7. 25 kPa；(c) 10 kPa；(d) 13 kPa；(e) 19 kPa

由 CEA 程序计算出不同边界条件下的 CJ 爆轰速度，通过示波器上爆轰波到达的时间与固定光纤的位置，计算出每一处的平均速度。不同起爆压力下的爆轰平均速度与 CJ 爆轰速度比如图 6-16 所示。

CH_4+2O_2 形成的爆轰轨迹十分不规则，是爆轰十分不稳定的气体。在起爆压力低于 5 kPa 时，不能起爆；高于 5 kPa 时，才能获得稳定的爆轰传播结果，此时得到的平均爆轰波传播速度应当靠近 CJ 爆轰速度。爆轰初始压力 5 kPa 的烟膜为极限状态附近才能出现的单头螺旋；且起爆压力低于 5 kPa 时，在起爆段形成的爆轰会转为爆燃，速度会陡降，因此该管道爆轰极限在 5 kPa 左右。

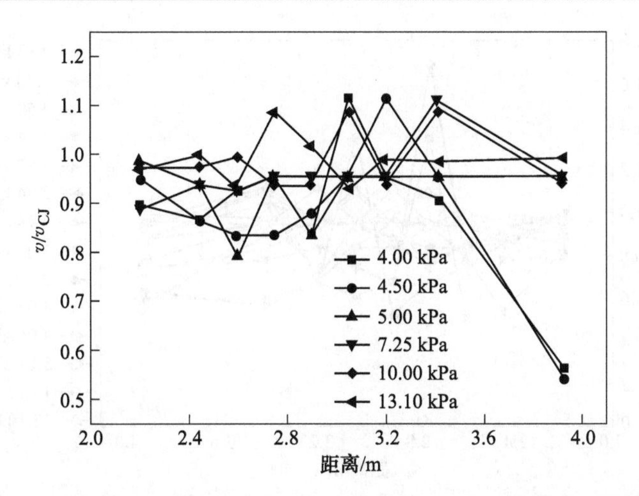

图 6-16 不同初始压力下 $D=50.8$ mm 管道内 CH_4+2O_2 爆轰速度曲线

6.3.2 $D=63.5$ mm 圆管实验结果

图 6-17 为取出烟膜并喷涂保护漆后扫描得到的图片。爆轰速度曲线如图 6-17 所示。

图 6-17 $D=63.5$ mm 管道内 CH_4+2O_2 预混气不同初始压力下爆轰烟膜

(a) 4.05 kPa; (b) 5.12 kPa; (c) 5.21 kPa; (d) 13.1 kPa

由图 6-18 可知，当初始压力为 2.33～2.55 kPa 时，速度曲线在距离起爆点 2.5 m 左右出现骤变，这可能是由于发生了过驱爆轰。在 3.4 m 以后，当起爆压力低于 4.05 kPa 时，爆轰失败；高于 4.05 kPa 时，则获得稳定的爆轰传播结果。同时，爆轰初始压力为 4.05 kPa 时形成单头螺旋，因此该管道爆轰极限约为 4.05 kPa。极限爆轰压力受管径影响，但是一旦形成稳定传播的爆轰，边界条件（管径）对爆轰速度的影响却不明显。对比管径 $D=50.8$ mm 和 $D=63.5$ mm 管道内部爆轰轨迹发现：对于很不稳定的 CH_4+2O_2 预混气，随着管径的增大，起爆极限压力降低，爆轰极限变宽；并且形成稳定爆轰后，初始压力确定条件下，内部管壁记录的轨迹胞格尺寸随着管径增大而减小。

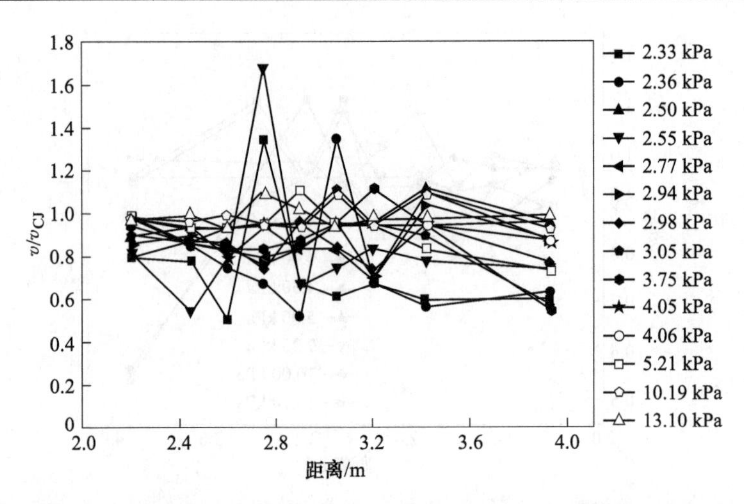

图 6-18　不同初始压力下 D=63.5 mm 管道内 CH_4+2O_2 爆轰速度曲线

6.3.3　长方体管道爆轰实验结果

图 6-19 为取出烟膜并喷涂保护漆后扫描得到的图片。实验测得的爆轰速度如图 6-20 所示，其中前 3 次实验的初始压力为 5 kPa，后两次实验的初始压力为 10 kPa。可以看出，爆轰速度均在 v_{CJ}附近。

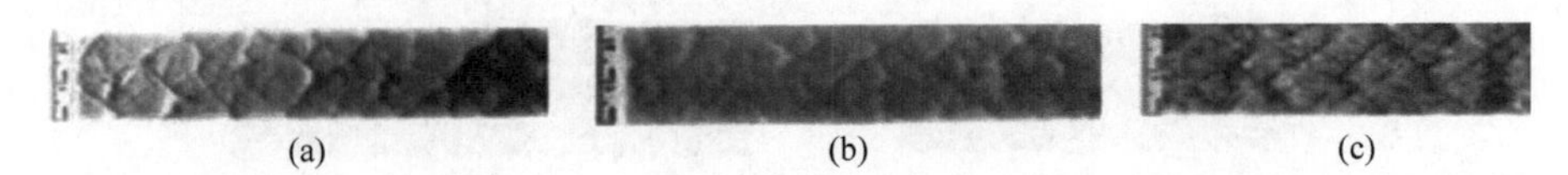

图 6-19　不同初始压力下矩形管道截面内 CH_4+2O_2 预混气爆轰烟膜

(a) 7 kPa；(b) 9 kPa；(c) 14 kPa

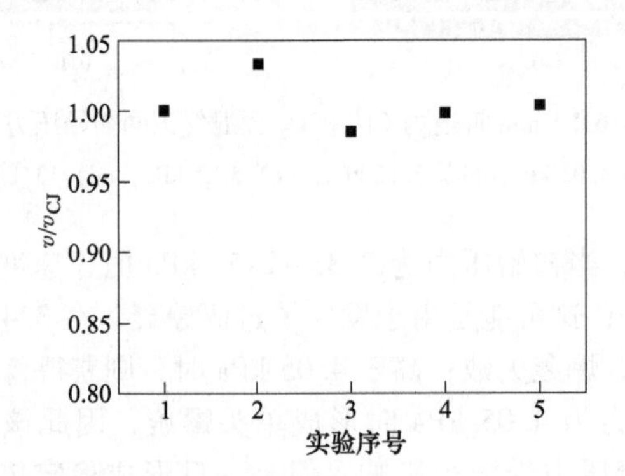

图 6-20　矩形截面管道内 CH_4+2O_2 预混气爆轰速度

在实验所涉及的 D=63.5 mm、D=50.8 mm 圆管及长方体管道内，爆轰极限均强烈依赖于边界条件，但是爆轰速度却不会因边界条件不同而产生很大的区别。爆轰速度对于管径的依赖关系主要是由于管壁造成的，随着管径的减小，壁面效应逐渐增强，混合物中的爆轰传播速度降低。两种圆管的爆轰初始压力极限有差别，原因可能与形成螺旋爆轰的原理有关，即两种圆形管道内形成一个胞格所需的能量不同，内径越大，爆轰初始压力极限越低。综上所述，边界条件在爆轰传播过程中起着重要的作用，尤其是在爆轰极限附近。

6.4 圆柱形管道

6.4.1 圆柱形爆轰实验结果

在爆轰试验台输入 C_2H_2+2.5O_2+85%Ar 预混气后，关闭预混气阀门，将多余预混气抽真空，关闭真空泵，点火后放电。在点火瞬间，利用持续曝光相机和补偿式条纹相机记录气体爆轰波在初始压力从 60 kPa 逐渐降至 24 kPa 下的胞格结构，获得爆轰波从稳态传播到逐渐失效的过程。

反复试验发现，当初始压力低于 29 kPa 后，高速摄影机无法捕捉到爆轰现象，可知爆轰波在该管道内失效时的临界压力为 29 kPa。为观察初始压力对圆柱形爆轰胞格结构的影响，选取 55 kPa、45 kPa、40 kPa、30 kPa 为初始压力进行多次试验，获得端面胞格结构如图 6-21 所示。

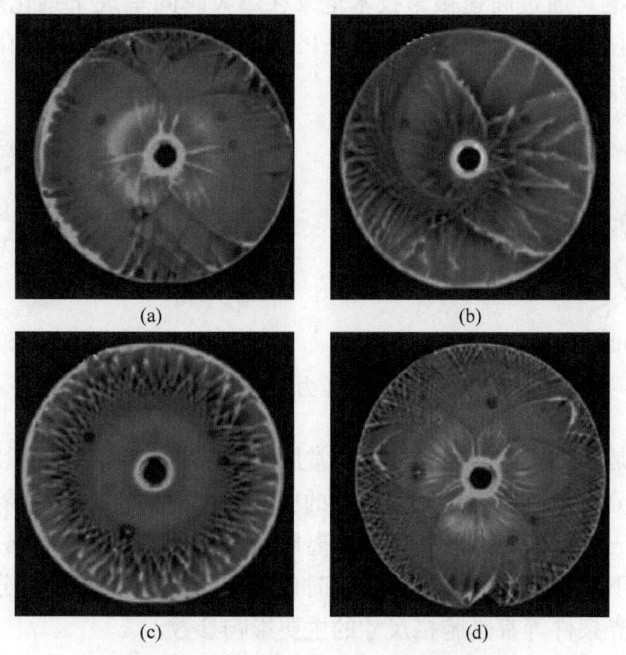

(a) (b) (c) (d)

图 6-21 不同初始压力下的爆轰胞格

(a) 30 kPa；(b) 40 kPa；(c) 45 kPa；(d) 55 kPa

试验发现，爆轰胞格为由内向外扩散的网状结构，中心均为黑色实心圆，没有形成胞格结构。当初始压力为 55 kPa 时，端面爆轰胞格十分规则，半径内小外大，呈向外扩散的形态，胞格尺寸近似不变，且胞格较小，数量较多。初始压力为 45 kPa 时，端面的胞格尺寸增加，三波点轨迹在外圈呈锯齿状。初始压力为 40 kPa 时，胞格尺寸增加，三波点轨迹的交点减少，更多分布在外圈。初始压力为 30 kPa 时，三波点轨迹交点明显减少，在图像中观察不到明显的胞格结构。

6.4.2　胞格结构与尺寸分析

在一端封闭一端开口的长管中点燃预混气会形成燃烧波，正常火焰传播的已燃气体压缩未燃混合气会产生压缩波，当后面的压缩波波速大于前面的压缩波使得压缩波重叠形成激波。激波不断接受来自后方已燃气体提供的能量进而形成稳定的爆轰波。爆轰波由入射激波、马赫杆和横波构成。爆轰波的波阵面是扭曲的和不均匀的，分布着较弱的入射激波和较强的马赫杆。横波扫过爆轰波阵面，并与其他的横波碰撞。在这种碰撞过程中，三波点的运动轨迹会形成鱼鳞状的图案，称为胞格。胞格是三维结构，Strehlow 等研究后得到由八面体和两种四面体组成的三维胞格模型。钢化玻璃板上呈现的胞格结构主要为鱼鳞状或菱形的图案。通过高速摄影技术记录在爆轰瞬间呈现于钢化玻璃板上的胞格结构，初始压力分别为 30 kPa、40 kPa、45 kPa、55 kPa 时的胞格结构模拟图如图 6-22 所示。

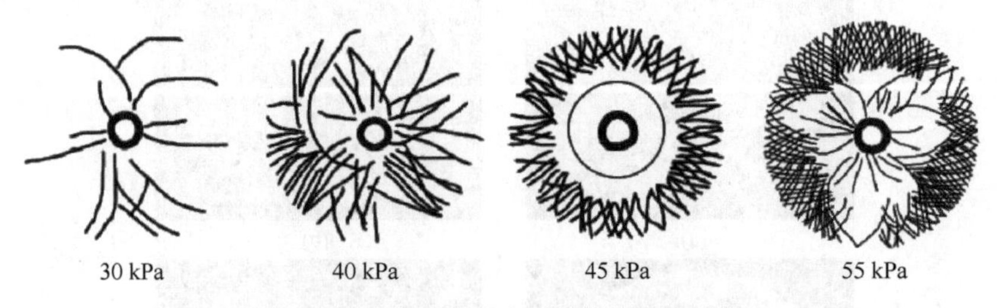

图 6-22　4 种初始压力下的模拟胞格结构

胞格尺寸是胞格爆轰的重要参数，常用于爆轰波直接起爆能量和爆轰衍射临界管径的理论分析[1]。以爆轰胞格结构的中心点为圆心，特定传播半径[2]的圆与爆轰波波阵面三波点的交点间的平均距离即为该传播半径下的胞格尺寸。图 6-23 为各初始压力下，传播半径为 600 mm 时的胞格尺寸。预混气成分、起爆能量、初始压力、边界条件等都是胞格尺寸的主要影响参数。

从图 6-21 中看出，无论初始压力多大，图案中心均为黑色实心圆，这是由于中心爆轰压力过大，形成过驱爆轰，不产生胞格结构。如图 6-23（d）所示，

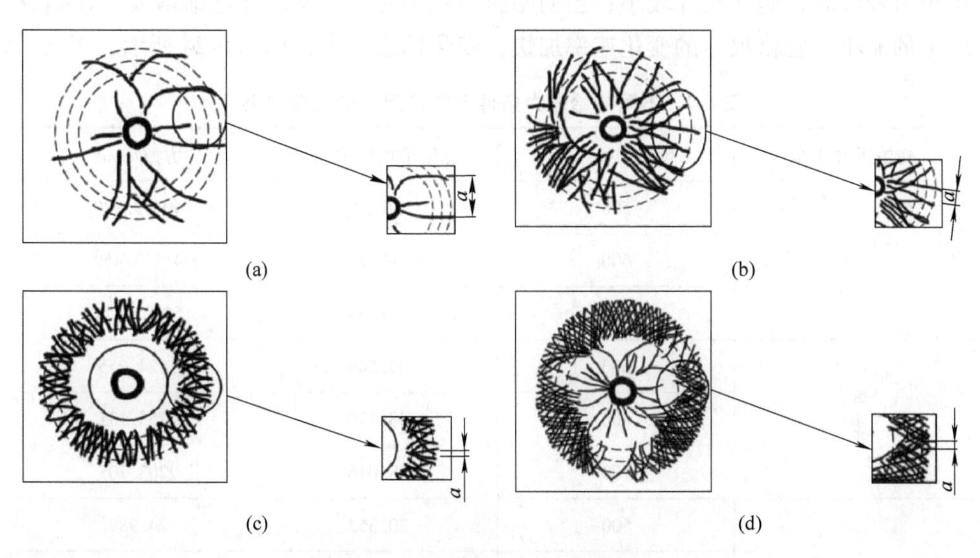

图 6-23　各初始压力下的胞格尺寸
（a）30 kPa；（b）40 kPa；（c）45 kPa；（d）55 kPa

当初始压力为 55 kPa 时，爆轰波胞格十分规则，胞格尺寸大小近似不变。此时爆轰波在管道内处于稳定传播状态，由于初始压力较大，分子获得的初始能量较多，更多的活化分子参与反应中，提高了分子间的反应速率，表现为胞格尺寸较小，数量较多。且由产生明显胞格的地方可以看出，靠近柱管道的胞格面积大于圆盘边缘处的胞格面积，这是由于柱管道边界处，爆轰波与管壁碰撞摩擦，迅速衰减，导致能量降低，胞格面积变大。

当初始压力降低时，在相同管径和气体组分下，爆轰波胞格尺寸逐渐增加，胞格结构越来越不规则，如图 6-23（a）~（c）所示。尤其是图 6-23（a），初始压力为 30 kPa 时几乎看不到清晰的胞格结构。当管中初始压力不足时，不能产生胞格，爆轰也会衰减。但是，临界初始压力下的爆轰在初始阶段就趋于衰减，最后爆轰转化为自持爆轰[3-4]。

6.4.3　初始压力与胞格尺寸关系分析

常温常压下，大多数燃料的爆轰胞格尺寸很小，无法得到胞格结构[5]。当初始压力大于爆轰的临界压力时，爆轰可以形成胞格结构，且在不同初始压力作用下，爆轰的胞格尺寸也有较大变化[6]。为进一步探究初始压力与爆轰波的胞格尺寸的关系，以爆轰结构中心点为圆心，取传播半径分别为 500 mm、600 mm、700 mm，获得初始压力分别为 30 kPa、40 kPa、45 kPa、55 kPa 下的平均胞格尺寸，见表 6-4。通过分析可以得出，爆轰波的胞格尺寸与初始压力呈负相关。初始压力较大时，胞格尺寸较小；当初始压力减小时，胞格尺寸逐渐增大，且随着压力的减小，胞格尺寸的变化速率加快，变化幅度增大，如图 6-24 所示。

表 6-4　不同初始压力条件下胞格尺寸的试验结果

初始压力/kPa	传输半径/mm	胞格平均尺寸/mm	方差/mm^2
30	500	156. 522	40459. 829
	600	202. 289	49113. 459
	700	230. 964	52921. 171
40	500	39. 546	1424. 655
	600	48. 170	2755. 135
	700	58. 046	2203. 705
45	500	20. 362	74. 989
	600	19. 469	55. 888
	700	24. 549	143. 306
55	500	17. 939	258. 561
	600	15. 005	134. 868
	700	14. 615	66. 140

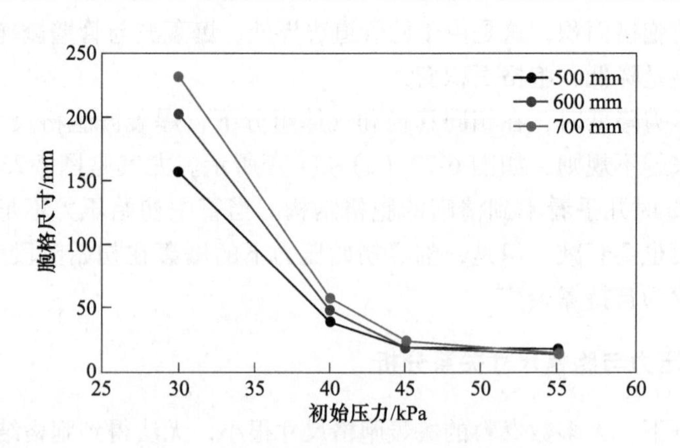

图 6-24　4 种不同初始压力下的胞格尺寸

此外，由各传播半径下平均距离的方差可知，随着初始压力的增大，方差逐渐减小，如图 6-25 所示，表明其轨迹交点间的距离数值分布趋于集中，且接近于平均距离，胞格结构越来越规则，从所记录的胞格结构图可以得到印证。

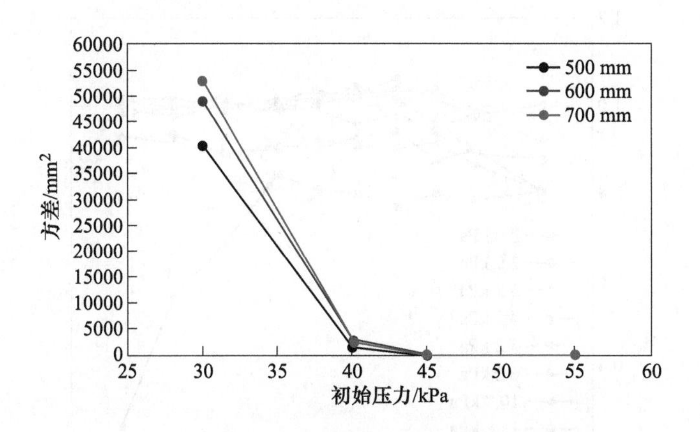

图 6-25 4 种不同初始压力下的胞格尺寸方差

6.5 边界条件对爆轰极限的影响

在 D=50.3 mm、D=63.5 mm 光滑管道内对 4 种预混气（$2H_2+O_2$+50%Ar，$C_2H_2+2.5O_2$+70%Ar，$C_2H_2+2.5O_2$+85%Ar，CH_4+2O_2）进行爆轰实验研究，测定不同气体在不同管道内的爆轰极限，探索边界条件、气体性质对爆轰极限的影响。

6.5.1 爆轰极限临界压力分析

爆轰极限临界压力即爆轰波能保持稳定自持传播的最低压力，初始压力低于此压力时爆轰波不能以稳定速度传播。利用 CEA 程序计算出不同初始条件下预混气的理论 CJ 速度 v_{CJ}，通过压力传感器的监测数据和相邻传感器之间距离计算出爆轰波实际平均速度 v。将平均速度 v 和 CJ 速度 v_{CJ}无量纲化处理，得到预混气 $2H_2+O_2$+50%Ar 在不同初始压力下的爆轰波传播速度变化图像，如图 6-26 所示。当初始压力大于 2.9 kPa 时，$2H_2+O_2$+50%Ar 的爆轰波速度基本保持在 $0.8v_{CJ}$~$1.0v_{CJ}$波动，表明爆轰波在这些初始压力条件下能够稳定传播。初始压力小于 2.9 kPa 时，爆轰波在测试段的前半部分传播时，其速度在 $0.8v_{CJ}$附近上下波动，当传播到测试段末段时，爆轰波速度迅速下降，最后降至 $0.2v_{CJ}$，此时螺旋爆轰失效。因此可以将 2.9 kPa 视为预混气 $2H_2+O_2$+50%Ar 在内径为 63.5 mm 圆管爆轰时的极限临界压力。对于这 4 种预混气，爆轰波传播规律相似，根据速度衰减可逐步获得各气体在不同内径管道内的爆轰临界压力 p_c，见表 6-5。

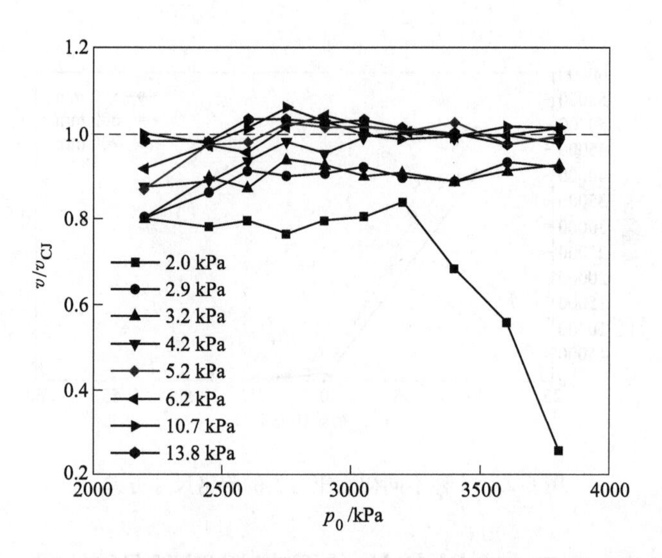

图 6-26　D=63.5 mm 管道内预混气 $2H_2+O_2$+50%Ar 不同初始压力下爆轰波速度

表 6-5　4 种预混气爆轰临界压力

预混气	D/mm	p_c/kPa
$2H_2+O_2$+50%Ar	50.3	4.0
	63.5	2.9
C_2H_2+2.5O_2+70%Ar	50.3	2.6
	63.5	1.7
C_2H_2+2.5O_2+85%Ar	50.3	4.5
	63.5	3.1
CH_4+2O_2	50.3	5.2
	63.5	3.8

6.5.2　爆轰极限影响因素分析

图 6-27 为在内径为 50.3 mm 圆形钢管内，预混气 $2H_2+O_2$+50%Ar 在不同初始压力下的爆轰波烟膜结果，图中上方横向箭头表示预混气传播方向。当初始压力为 7.95 kPa 时，爆轰波在烟膜上留下了多条三波点轨迹线，形成了密集的菱形胞格结构，表示预混气 $2H_2+O_2$+50%Ar 在管道内产生了多头爆轰。随着初始压力逐渐降低，爆轰波在烟膜上留下的三波点轨迹逐渐减少，胞格结构变得更加清晰规则，胞格尺寸也逐步增大，在此期间爆轰波依旧是多头爆轰。当初始压力降至 4.0 kPa 时，爆轰波在烟膜上只留下了一条三波点轨迹，此时爆轰波由多头胞状结构转变为单头螺旋结构。

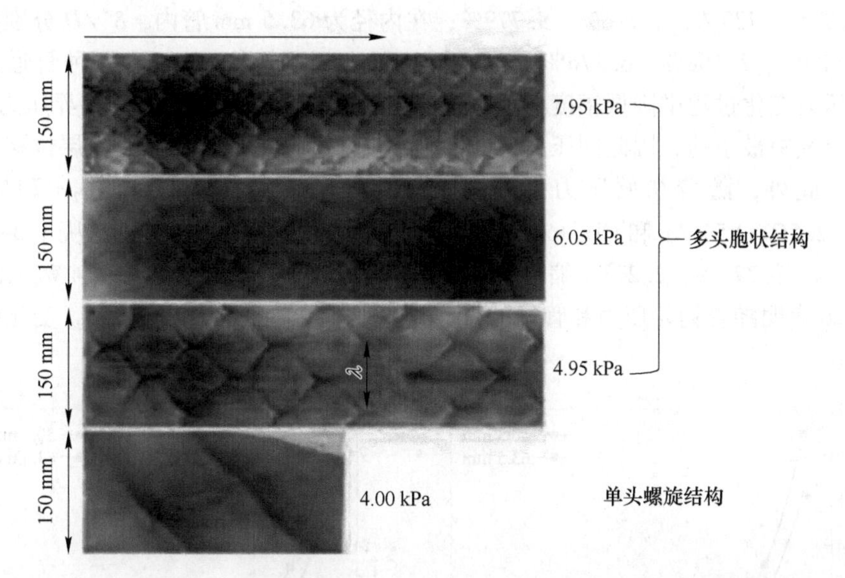

图 6-27 $D=50.3$ mm 管道内 $2H_2+O_2+50\%Ar$ 在不同初始压力下的爆轰结构

对于同一预混气在不同管径下的临界压力，从表 6-5 中可以看出，当管径从 50.3 mm 增大至 63.5 mm 时，预混气 $2H_2+O_2+50\%Ar$、$C_2H_2+2.5O_2+70\%Ar$、$C_2H_2+2.5O_2+85\%Ar$ 和 CH_4+2O_2 的临界压力分别从 4 kPa、2.6 kPa、4.5 kPa、5.3 kPa 降至 2.9 kPa、1.7 kPa、3.1 kPa、3.8 kPa，降低幅度分别为 27.5%、34.6%、31.1%、28.3%。因此边界条件变化对不同预混气爆轰极限会产生影响，且影响程度相近。通过分析 4 种预混气在不同尺寸管道所对应的临界压力的变化可以得出，爆轰临界压力都随管径增大而减小。为了定量研究边界效应对爆轰波传播的影响，计算了光滑管道的边界层位移厚度 δ^*，δ^* 是 Gooderum[7] 在大量管道爆轰实验基础上提出的，计算公式如下：

$$\delta^* = 0.22x^{0.8}\left(\frac{\mu_e}{\rho_0 v}\right)^{0.2} \tag{6-2}$$

式中，x 为化学反应区长度，m；μ_e 为爆轰波后气体的动力黏度，Pa · s；ρ_0 为反应气体的初始密度，kg/m^3；v 为爆轰波速度，相当于 v_{CJ}，m/s。

x 是基于胞格尺寸 λ 的经验关系式得出的，因为胞格长度 L_c 可以表征爆轰传播的一个脉动周期，所以 Lee[8] 和 Gao[9] 都指出 x 与胞格长度 L_c 两者具有近似相等的物理关系，即 $L_c \approx 1.5\lambda$，所以 $x=1.5\lambda$，λ 是通过表 6-5 中对应的实验数据得到的。式 (6-2) 中混合气体的热力学参数均通过 CEA 软件计算得出。

图 6-28 展示了 4 种预混气的 δ^*/D 随初始压力的变化趋势。初始压力从 4 kPa 逐渐增大至 20 kPa 的过程中，在内径为 50.3 mm 管内，预混气 $2H_2+O_2+50\%Ar$，$C_2H_2+2.5O_2+70\%Ar$，$C_2H_2+2.5O_2+85\%Ar$ 和 CH_4+2O_2 的 δ^*/D 分别降低了

5.842%、2.737%、7.796%、9.779%；在内径为 63.5 mm 管内，δ^*/D 分别降低了 4.628%、2.168%、6.176%、7.746%，所以预混气的 δ^*/D 在两种管道内随初始压力变化过程中降低幅度相近。预混气 C_2H_2+2.5O_2+70%Ar 的临界压力是 4 种混合气中最小的，因此同压力条件下胞格尺寸最小，最终导致边界层位移厚度最小。此外，随着初始压力降低，$2H_2+O_2$+50%Ar，C_2H_2+2.5O_2+70%Ar，C_2H_2+2.5O_2+85%Ar 和 CH_4+2O_2 在两种管道内的 δ^*/D 差值也分别从 1.342%、0.637%、1.772%、2.273%缩小至 0.128%、0.068%、0.152%、0.24%。显然，图 6-28 表明随着初始压力和管径的减小，4 种预混气的 δ^*/D 均增大，变化幅度变陡。

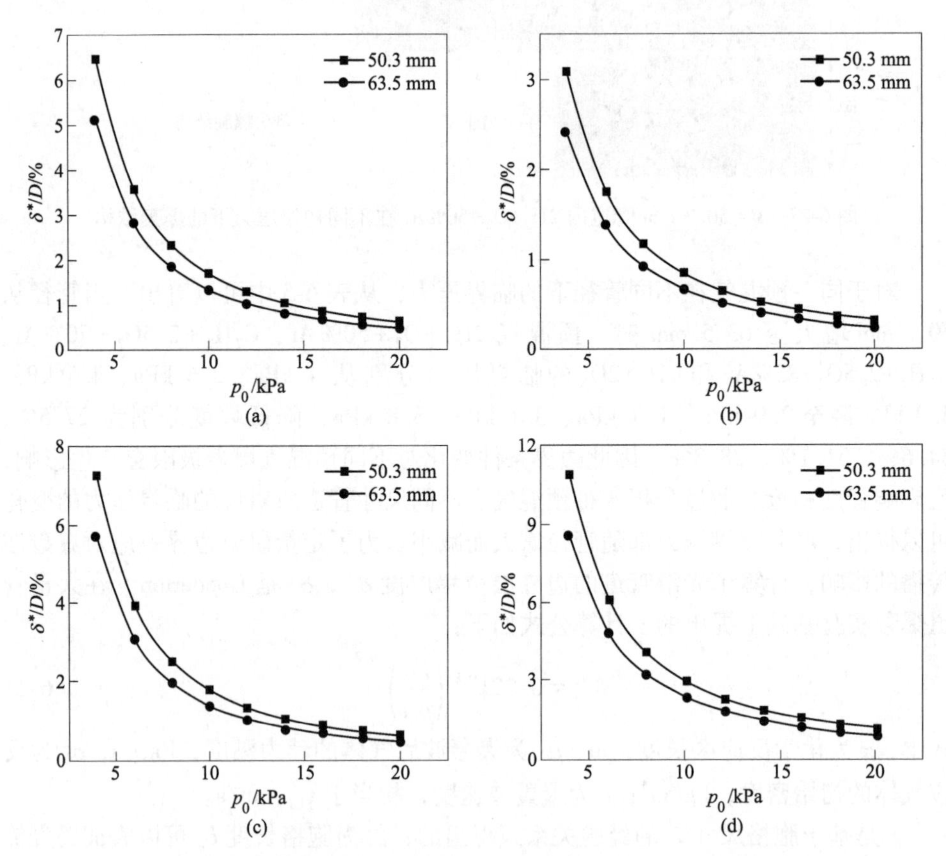

图 6-28 不同预混气在不同管道内 δ^*/D 随初始压力 p_0 变化趋势

(a) $2H_2+O_2$+50%Ar；(b) C_2H_2+2.5O_2+70%Ar；(c) C_2H_2+2.5O_2+85%Ar；(d) CH_4+2O_2

依据 Fay[10] 提出的速度亏损预测模型，速度亏损可用式（6-3）表示：

$$\frac{\Delta v}{v} \approx \frac{4\gamma^2}{\gamma+1}\frac{\delta^*}{D} \tag{6-3}$$

式中，γ 为 CJ 条件下气体的热容比。式（6-3）表明了速度亏损与 δ^{*}/D 具有正相关线性关系，所以 δ^{*}/D 越大，速度亏损越严重。因此对于确定的预混气，爆轰管道内径越小，管壁边界效应加强，导致激波流动过程中质量耗散加剧，能量衰减，速度亏损增大，最终造成反应区长度和胞格尺寸增大，爆轰极限范围减小。

在无量纲参数 λ/D 中，D、λ 分别为管道内径及胞格尺寸，管道内径可以反映爆轰波在管道中传播时的边界条件，胞格尺寸作为爆轰动态参数，可以反映爆轰波结构的变化，而爆轰极限与爆轰结构的变化存在联系，所以 λ/D 是反映爆轰极限的合适参数。通过胞格尺寸与初始压力的函数关系式可以计算预混气临界压力下的胞格尺寸，得到临界压力下的 λ/D，如图 6-29 所示。从图中可以清晰地看出，4 种预混气在临界压力下的 λ/D 的值分布较散乱，但是 4 种气体临界压力下的 λ/D 都处于 1.5～3.5，这说明爆轰极限受边界条件影响很大。预混气 $2H_2+O_2+50\%Ar$、$C_2H_2+2.5O_2+70\%Ar$、$C_2H_2+2.5O_2+85\%Ar$ 和 CH_4+2O_2 在两种管径下的 λ/D 的平均值分别为 2.28、1.96、2.47、3.09，与 $\lambda=\pi D$ 均存在着一定偏差，偏差分别为 27.3%、37.5%、21.3%、12.9%。虽然胞格尺寸测量本身具有很大的不确定性，尤其是临近极限范围时，胞格尺寸波动比较剧烈，这种不确定性很可能会对结果造成较大影响。但是通过上述分析，显然即使将测量所产生的不确定性考虑在内，对于前 3 种高浓度氩气稀释的气体而言，在大尺度、小长径比的管道内 $\lambda=\pi D$ 的单头螺旋判据可能并不适用。高浓度氩气稀释的气体的 λ/D 值都在 2 附近，所以对于这 3 种预混气 $\lambda/D\approx2.24$ 似乎是更合适的极限判据。对于预混气 CH_4+2O_2，其在临界压力下的 λ/D 值在误差允许范围内是符合 $\lambda=\pi D$ 的，所以该气体爆轰极限可通过单头螺旋判据预测。

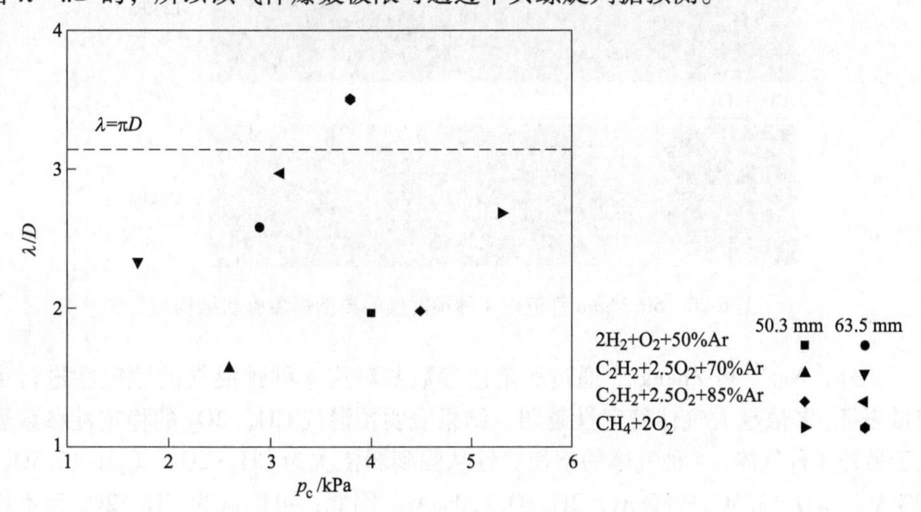

图 6-29 预混气在临界压力下的 λ/D

对于绝大部分气体混合物，尽管在自持爆轰过程中传播速度处于理论 CJ 速度附近，但是这些混合物的爆轰本质上都是不稳定的。这些爆轰的不稳定特性是由混合物自身的不稳定性所决定的，爆轰胞格规律特征可较直观反映混合物的不稳定性。图 6-30 展示了本节实验中的 4 种预混气的典型胞状结构。从图 6-30 中可以明显看出，高浓度氩气稀释后的气体胞格结构非常规则，三波点轨迹清晰可辨，而未添加惰性气体的 CH_4+2O_2，其胞格结构较混乱复杂，在大胞格中存在着很多的亚胞格结构，并且由于左旋右旋横波之间的碰撞干扰，螺旋轨迹线出现很多断断续续的细小分叉，严重影响了胞格菱形形状。通过胞格结构的规则度可以看出预混气 $2H_2+O_2+50\%Ar$、$C_2H_2+2.5O_2+70\%Ar$、$C_2H_2+2.5O_2+85\%Ar$ 的不稳定性是远弱于 CH_4+2O_2 的。

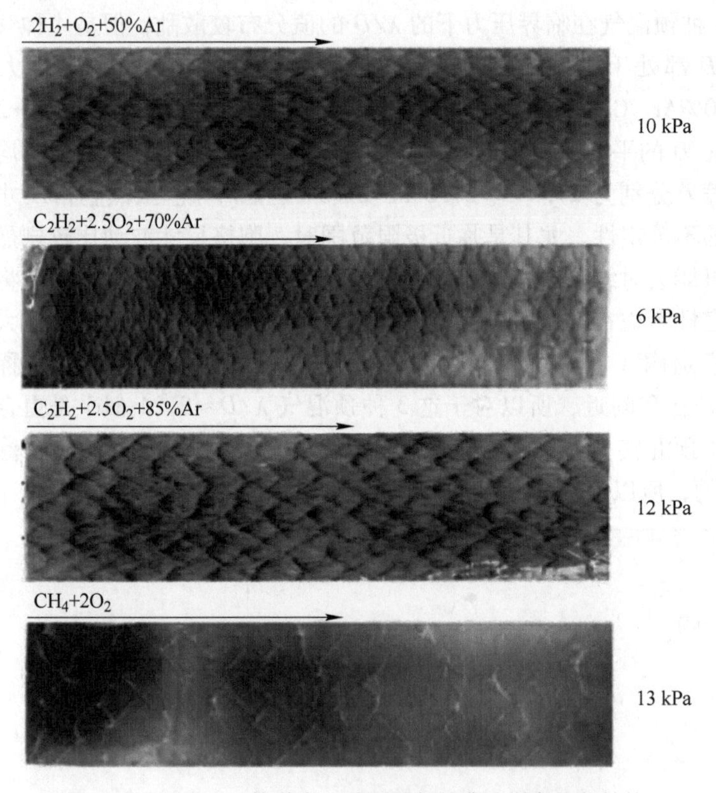

图 6-30　50.3 mm 管道内 4 种预混气的典型爆轰胞状结构

此外，Ng[11] 和 Zhang[12] 通过稳定性参数 χ 对这 4 种预混气的稳定性进行了定量表征，χ 值越大气体稳定性越弱，结果表明预混气 CH_4+2O_2 的稳定性参数远大于另外 3 种气体，4 种气体的不稳定性从强到弱依次为 CH_4+2O_2、$C_2H_2+2.5O_2+70\%Ar$、$C_2H_2+2.5O_2+85\%Ar$、$2H_2+O_2+50\%Ar$。因此，可以认为 CH_4+2O_2 为不稳定气，后 3 种气体为稳定气。

通过上述分析可以得出，$\lambda=\pi D$ 的极限判据在大尺度、小长径比管道中对于不稳定性强的不稳定气是有效的，对于稳定气则会失效。这说明了预混气的不稳定性对爆轰传播和失效会产生影响，且不稳定性差异导致影响机制不同。对于很多可燃预混气而言，其产生的爆轰都是不稳定的，尤其是在大尺度管道中，边界层效应对不稳定爆轰的传播影响较小，因为不稳定爆轰传播主要依赖于自身结构的不稳定性。爆轰在不稳定预混气中能够成功传播是因为在失效波的局部区域内，不稳定性可以支撑爆轰前沿的发展。若局部区域内的不稳定动力学受到抑制，不稳定性失去了在传播中的主导作用，爆轰前沿发展失败，最终致使爆轰熄爆[13]。对于稳定预混气形成的爆轰，不稳定性对爆轰传播的影响很小，当边界损失导致能量低于支持自持爆轰的极限时，爆轰波阵面过度弯曲，爆轰迅速失效[14]。

众所周知，爆轰极限是多因素耦合的结果，爆轰极限不仅取决于边界效应造成的热损失，还取决于爆轰结构类型。爆轰波临近极限的过程中，往往伴随着结构的变化。正如图 6-30 所展示的，随着初始压力逐渐靠近临界压力，爆轰波结构从多头胞状结构变为单头螺旋结构，胞格尺寸逐渐增大，一旦超过临界压力，爆轰波单头螺旋结构消失，爆轰波失效。根据 ZND 模型：一方面，诱导长度 Δi 可表征气体的化学热力学特性；另一方面，诱导长度 Δi 与胞格尺寸 λ 呈线性相关，即 $\lambda=A\Delta i$，A 是一个常数，所以其也是一个表征爆轰结构的合适参数。在很多气体爆轰混合物中，诱导长度是冲击波压缩混合物中主要的化学长度尺度，而且 Crane[15] 研究发现爆轰结构仅受激波的诱导周期控制，反应周期对结构影响很小，因此诱导长度对爆轰结构是重要的尺度参数。

Shock & Detonation Toolbox(SD_Toolbox) 是美国 Sandia 国家实验室开发的一款开源工具箱。Cantera 是开源化学反应动力学计算软件包，可用于化学反应动力学计算和模拟。通过 SD_Toolbox 和 Cantera 的耦合使用，可以很方便地计算爆轰 ZND 参数。因此本节通过 SD_Toolbox 和 Cantera 耦合计算了 4 种预混气的诱导长度 Δi，反应机理采用 GRI Mech 3.0 进行分析。图 6-31 展示了 4 种预混气在不同初始压力下的诱导长度的变化，图中采用虚线表征诱导长度随初始压力的变化趋势。

通过图 6-31 可以明显看出，诱导长度随初始压力的增大而减小，这与胞格尺寸随初始压力的变化趋势一致。4 种预混气的诱导长度从大到小依次为：CH_4+2O_2、$C_2H_2+2.5O_2+85\%Ar$、$C_2H_2+2.5O_2+70\%Ar$、$2H_2+O_2+50\%Ar$，随着初始压力增大，彼此之间的差距越来越小，这表明 $2H_2+O_2+50\%Ar$ 的爆轰过程中的化学反应敏感性很强，极限范围内增大初始压力可以促进预混气爆轰反应的发生。

图 6-32 是 4 种预混气的诱导长度与胞格尺寸的拟合关系图。4 种气体的胞格尺寸实测值与拟合曲线的吻合度都较好，平均误差在 10% 以内。这再次证明了

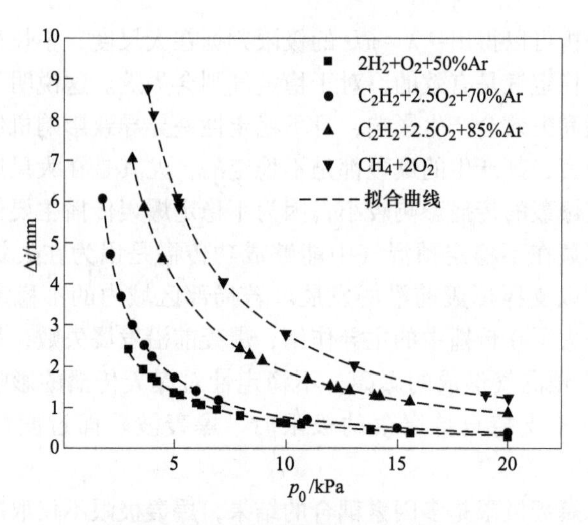

图 6-31　诱导长度随初始压力变化图

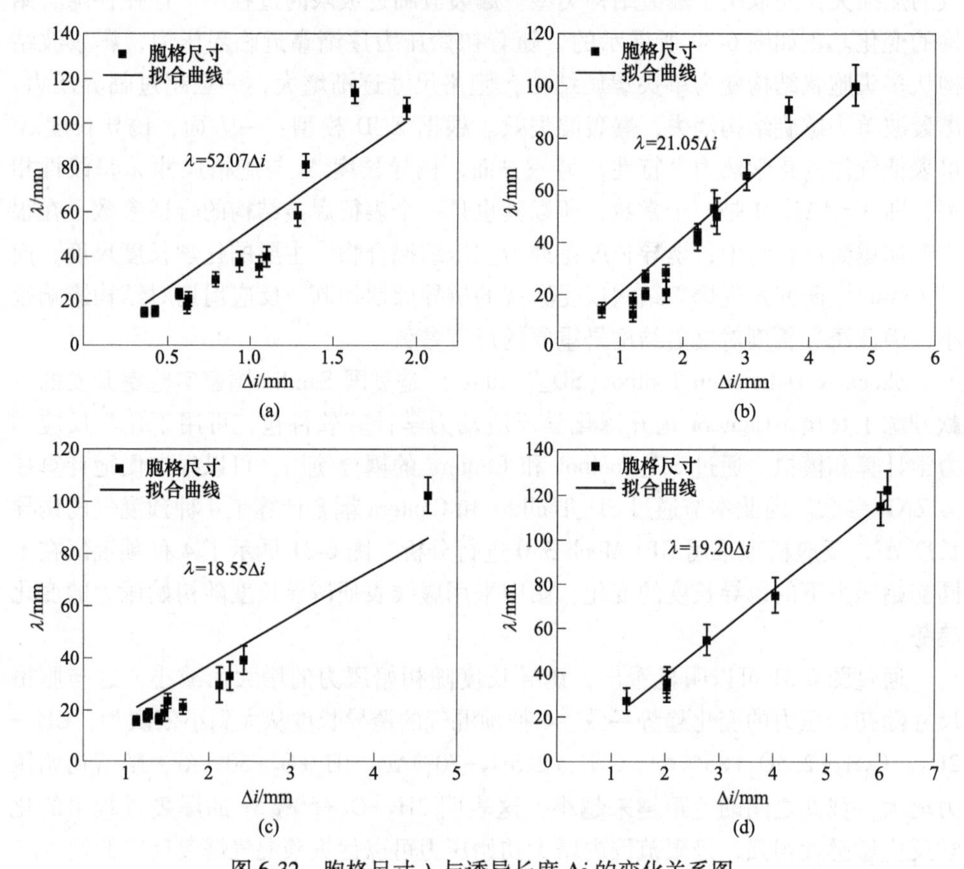

图 6-32　胞格尺寸 λ 与诱导长度 Δi 的变化关系图

(a) $2H_2+O_2+50\%Ar$；(b) $C_2H_2+2.5O_2+70\%Ar$；(c) $C_2H_2+2.5O_2+85\%Ar$；(d) CH_4+2O_2

胞格尺寸 λ 与诱导长度 Δi 之间具有 $\lambda=A\Delta i$ 的线性关系，4 种预混气胞格尺寸可以采用此关系式进行估算。因为 $2H_2+O_2+50\%Ar$ 的诱导长度相比于其他 3 种气体较小，而预混气的胞格尺寸在相同管道的近极限范围内相差无几，所以 $2H_2+O_2+50\%Ar$ 的胞格尺寸与诱导长度关系式的系数 A 较大。此外通过图 6-32 (b) ~ (d) 中的拟合公式，可以发现 $C_2H_2+2.5O_2+70\%Ar$、$C_2H_2+2.5O_2+85\%Ar$ 和 CH_4+2O_2 的拟合公式系数 A 相近，3 个系数 A 的平均值 $\overline{A}$ 为 19.6，而且这 3 种预混气的燃料均为碳氢化合物，所以碳氢化合物和氧的混合燃料爆轰产生的胞格尺寸可以用 $\lambda=19.6\Delta i$ 估算。

图 6-33 展示了边界层位移厚 δ^* 与诱导长度 Δi 之间的变化关系。从图 6-33 可以清楚地观察到，诱导长度随着边界层位移厚度的增大而增大，边界层位移厚度 δ^* 与诱导长度 Δi 之间具有 $\Delta i = a\delta^*$ ($a > 0$) 的线性相关关系。$2H_2+O_2+50\%Ar$、$C_2H_2+2.5O_2+70\%Ar$、$C_2H_2+2.5O_2+85\%Ar$、CH_4+2O_2 的比例系数 a 分别为 0.56、1.34、1.63、1.57。Zhang[16] 认为在传统模型中，爆轰胞格单元的长度被认为是化学反应区的厚度，忽略了边界效应对诱导长度的影响，然而这种影响在近极限条件下是很重要的。对于边界层位移厚度 δ^*，通过式 (6-2) 可以发现，由于 4 种预混气自身的物化性质，导致动力黏度 μ_e 与初始密度 ρ_0 和爆轰波速度 v 的乘积之比很小，所以边界层位移厚度 δ^* 主要受化学反应区厚度 x 控制。化学反应区厚度 x 与胞格尺寸 λ 存在线性物理关系，而诱导长度 Δi 同样与胞格尺寸 λ 存在线性物理关系，所以化学反应区厚度 x 和诱导长度 Δi 之间必定存在相应的线性物理关系，进而导致边界层位移厚度与诱导长度可以互相线性表征。图 6-33 的结果也证明了边界效应可通过爆轰胞格结构对诱导长度产生影响。

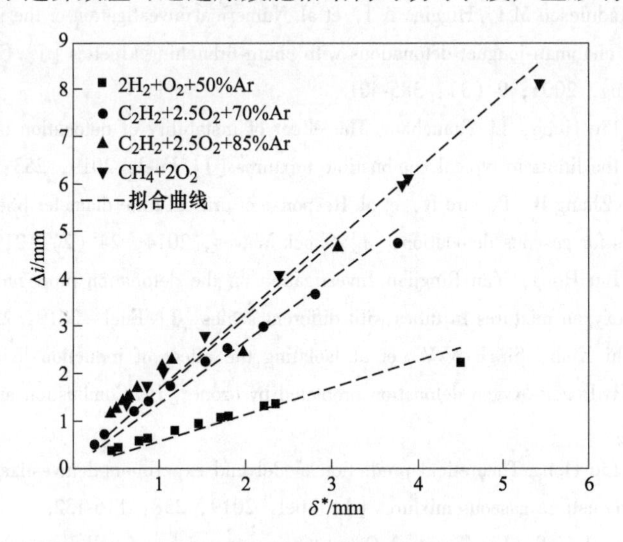

图 6-33 诱导长度 Δi 随边界层位移厚度 δ^* 变化关系

参考文献

[1] 王鲁庆．管道内不同障碍物对爆轰波影响的试验研究［D］．合肥：中国科学技术大学，2019.

[2] 武丹，刘岩，王健平．圆柱形爆轰波的二维数值模拟［J］．爆炸与冲击，2015，35（4）：561-566.

[3] 严屹然．预混气爆轰极限与螺旋爆轰胞格结构表征研究［D］．北京：北京科技大学，2020.

[4] 喻健良，管清韦，闫兴清，等．初始条件对管道内爆轰波传播特性影响研究［J］．科学技术与工程，2017，17（4）：126-131.

[5] 徐晓峰，解立峰，彭金华，等．碳氢燃料爆轰波胞格结构的试验研究［J］．含能材料，2003（2）：57-60.

[6] 孙绪绪．含有障碍物管道内氢气爆轰传播动力学研究［D］．合肥：中国科学技术大学，2021.

[7] Gooderum P B. An experimental study of the turbulent boundary layer on a shock-tube wall：NACA-TN-4243［R］. Washington：Langley Aeronautical Laboratory，1958.

[8] Lee J H S. The Detonation Phenomenon［M］. Cambridge，UK：Cambridge University Press，2008.

[9] Gao Yuan，Zhang Bo，Ng H D，et al. An experimental investigation of detonation limits in hydrogen-oxygen argon mixtures［J］. International Journal of Hydrogen Energy，2016，41（14）：6076-6083.

[10] Fay J A. Two-dimensional gaseous detonations：Velocity deficit［J］. Physical of Fluids，1959，2（3）：283-289.

[11] Ng H D，Radulescu M I，Higgins A J，et al. Numerical investigation of the instability for one-dimensional chapman-jouguet detonations with chain-branching kinetics［J］. Combustion Theory and Modelling，2005，9（3）：385-401.

[12] Zhang Bo，Liu Hong，Li Yuanchang. The effect of instability of detonation on the propagation modes near the limits in typical combustible mixtures［J］. Fuel，2019，253：305-310.

[13] Mehrjoo N，Zhang B，Portaro R，et al. Response of critical tube diameter phenomenon to small perturbations for gaseous detonations［J］. Shock Waves，2014，24（2）：219-229.

[14] Zhang Bo，Liu Hong，Yan Bingjian. Investigation on the detonation propagation limit criterion for methaneoxygen mixtures in tubes with different scales［J］. Fuel，2019，239：305-310.

[15] Crane J，Shi Xian，Singh A V，et al. Isolating the effect of induction length on detonation structure：Hydrogen-oxygen detonation promoted by ozone［J］. Combustion and Flame，2019，200：44-52.

[16] Zhang Bo，Liu Hong. Theoretical prediction model and experimental investigation of detonation limits in combustible gaseous mixtures［J］. Fuel，2019，258：116-132.

[17] Zhao H，Lee J H S，Lee J，et al. Quantitative comparison of cellular patterns of stable and unstable mixtures［J］. Shock Waves，2016，26（5）：621-633.

7 内部结构的材料特性影响下的爆轰传播现象及机理

多孔材料对于爆轰波的传播起到了一定的阻碍作用。多孔材料是指含一定数量孔洞的固体。Al_2O_3 泡沫陶瓷具有低密度、比表面积大、阻尼性强等特性，同时对液体和气体介质具有很强的透过性及对能量具有吸收作用。多孔泡沫铁镍金属为三维网络状结构，具有体积小、重量轻、材料强度大、透气性好、孔隙表面积大、吸声、减震、隔热等优点。由于多孔材料网状孔隙的存在，当爆轰波传播到多孔材料界面上时，会发生一定的反射和衍射，增加了爆轰波在介质界面上反射和衍射的可能，因此，军事领域多用其作为抗爆炸冲击材料。早在 1955 年，Evans[1-2] 等就探讨了吸声壁材料在气体中延缓爆轰起爆的有效性，研究了氢气氧气混合物在两个英寸直径圆柱形管中的化学计量学实验，结果表明，多孔烧结青铜管壁可使爆震诱导距离提高两倍。Dupré[3] 等在管道侧壁敷衬吸收材料进行实验研究，发现通过阻尼段时爆轰波出现了衰减现象，这是由于在通过阻尼段时爆轰波中的横波被吸收所致。

随着时代的发展，烟迹技术及瞬间捕捉技术逐渐得到广泛应用。1995 年，Teodorczyk[4] 等利用高速纹影技术，对爆轰通道壁上的泡沫和铁丝网的相互作用进行了系统的摄影研究，在爆震波沿着阻尼段（吸声壁）传播的过程中该阻尼段衰减了与胞格结构相关的横波。研究表明吸收材料可以有效衰减爆轰波。仿真技术的推进也促进了国内外科学家对爆轰波传播的研究，喻健良[5-6] 等通过建立可燃气体燃烧爆炸实验与数值模拟，研究了不同丝网结构对于火焰传播速度与火焰淬熄机制的影响，研究表明火焰速度与不同丝网层数呈现线性关系。以上研究表明，多孔材料对于爆轰波传播具有抑制作用。

爆轰波由横波、激波、马赫杆组成，横波碰撞使得诱导区发生剧烈的化学反应从而释放能量推动前导冲击波继续向前压缩，使得爆轰波持续向前传播。以上研究表明，多孔材料由于其特殊的结构特性可以吸收爆轰波中的横波，横波衰减使得爆轰波持续向前传播的能量不足，因而出现了爆轰波衰减现象。在过去几十年里，科学家们证实了多孔材料对于爆轰波的抑制作用，但是关于多孔材料在管道内氢气预混气爆轰传播抑制机理的研究尚不够完善和系统，仍然缺少合理的数据分析。由于多孔泡沫铁镍金属为三维网络状结构，具有体积小、重量轻、材料强度大、透气性好、孔隙表面积大、吸声、减振、隔热等优点。其自身的孔隙特性决定了泡沫铁镍金属可以有效地阻挡爆轰波的强冲击性，同时可以吸收爆轰波中的横波进而使得爆轰波衰减。Al_2O_3 泡沫陶瓷具有低密度、比表面积大、阻尼性强等特性，同时对液体和气体介质具有很强的透过性及对能量具有吸收作用。因此本章研究多孔材料对管道内氢气预混气爆轰传播影响的机理，分析爆轰波的传播速度、爆轰波胞格结构、胞格尺寸等数据，获得多孔材料对于爆轰波传播的抑制机理，为推动氢能源的大规模推广，减轻氢气爆炸事故造成的危害以及减少事故应急处理等具有重大理论意义和工程应用价值。

7.1　多孔材料对爆轰传播的抑制作用

多孔材料由于其特殊的结构特性对于爆轰波具有一定的衰减作用。各种多孔材料如最早开始研究的多孔烧结青铜、泡沫金属、泡沫陶瓷等都会对爆轰波的胞格结构造成影响，吸收爆轰波中的横波，横波碰撞减少，爆轰波衰减。

早在 1955 年，Evans[1] 就探讨了吸声壁面材料对爆轰起爆的衰减效果。针对氢气-氧气混合物在圆柱形管道中进行爆轰实验，研究发现多孔烧结青铜管壁的制备可使得爆轰波的诱导距离提高两倍。Skews[7] 研究了在弱冲击波冲击下附着在刚性墙体上的多孔可压缩泡沫板的反射波。泡沫密度为 14～38 kg/m^3，在冲击波马赫数小于 1.4 的范围内进行测试。结果表明，Gelfand et al.（1983）的伪气体模型准确预测了初始反射冲击波强度，其压力比约为刚性壁反射值的 80%。说明弱冲击波接触多孔可压缩泡沫板后的压力场发生了衰减，证明多孔可压缩泡沫板可以吸收激波反射。Dae 等[8] 从理论上和实验上研究了蜂窝状泡沫陶瓷内部的层流预混火焰，并进一步了解了其中的传热机制，特别是内部热再循环。在没有任何外部加热的情况下，可燃性和火焰稳定性的范围大大扩大。实验观察到两种稳定火焰。温度测量表明，气体温度高于绝热火焰温度，这归因于内部的热再循环。基于一维火焰理论的分析合理地再现了实验温度曲线和火焰行为，并揭示了热量通过固相的传导和辐射再循环到未燃烧的混合物中。

Teodorczyk[4] 通过高速摄影相机和烟膜研究了在泡沫、金属丝网覆盖的爆轰管道内的爆轰波变化，爆轰波沿着吸声壁进行传播的过程中，吸声壁吸收了爆轰波中的横波，横向激波衰减使得爆轰波强度衰减。当激波与反应区完全解耦时，波速持续下降到理论 CJ 速度的一半左右。同时，研究发现，开孔柔性材料（如玻璃纤维棉或聚氨酯泡沫）在爆炸衰减方面比闭孔泡沫和刚性多孔材料更有效。Guo 等[9] 针对不同浓度氩气稀释的氢气-氧气混合物，在有吸声材料内衬的管道中进行爆轰实验。测量结果与光滑壁段进行比较。结果表明，多孔钢板、钢丝网和钢丝棉对爆轰的衰减效果显著，钢棉对于爆轰波的衰减效果比钢丝网略好。在较大的初始压力下，胞格结构趋于规则。Sun Jianhua 等[10] 利用对多孔材料的抑爆性能和机理进行了研究。研究表明，钢丝网和泡沫陶瓷材料具有一定的阻燃和减压能力。钢丝网的抗爆破损伤性能较好，但抗烧结性能较差，而泡沫陶瓷的抗爆损伤性能较差，但抗烧结性能较好。泡沫陶瓷的吸声性能优于金属丝网，但是钢丝网的阻燃效果优于泡沫陶瓷。金属丝网和泡沫陶瓷对管道的某些参数的气体爆炸最大超压衰减率可达 50%。钢丝网对最高火焰温度的衰减率可达 60%。Vasil'ev[11]研究了爆轰在多孔材料中的传播，在近临界区可以观察到爆震波的明显减弱，确定了多孔材料涂层淬火近极限爆轰的最佳尺寸。横波在与多孔材料壁面碰撞时发生衰减，对爆震波整体性能产生影响。具有低声阻抗的多孔材料可以大大降低危险情况发生的概率，同时降低工业中气体混合物爆炸危害的阈值。Nie[12]分析了泡沫陶瓷作为一种多孔介质对于煤矿井下多次连续瓦斯爆炸方面的抑爆能力。研究表明，泡沫陶瓷能显著降低爆炸超压。另外，对于两种类型的泡沫陶瓷，Al_2O_3 泡沫陶瓷对爆炸的抑制性能优于 SiC。随着泡沫陶瓷厚度的增加，厚度成为抑制瓦斯爆炸的主要影响因素。孔径方面，大孔泡沫陶瓷具有较高的热导率，说明了大孔泡沫陶瓷具有较好的抑制能力。

Xie 等[13]针对氢气-空气混合物在一个实验段由硅树脂或气凝胶材料包裹的圆形管道中进行。实验采用25%或29.6%的氢气与空气进行混合，实验比较了不同材料影响下的爆轰范围和火焰传播速度。研究发现，硅橡胶壁管下爆轰波的传播速度降低 5%，压力峰值降低 12%。降低幅度较小，说明硅橡胶壁管很难降低爆轰波的强度。气凝胶管壁具有较强的降低爆震波强度的能力，其峰值压力降低了 35%。实验表明由于爆轰波与气凝胶壁的相互作用有效抑制了横波，爆轰波不能产生稳定爆轰单元，使得激波与火焰前缘解耦，从而抑制爆轰。Bivol 等[14]在一端开口的圆柱形爆轰管道中，研究了爆震波在氢-空气混合物中的爆轰波强度衰减特性。通道扩展部分的内壁覆盖有密度为 0.035 g/cm^3、平均开孔直径 0.5 mm 的泡沫橡胶作为吸声层。实验是在未被惰性气体稀释的混合物中，以及在常压和 295 K 温度下进行的。通过爆轰管封闭端部的火花隙进行氢-空气混合物点火。在进入墙体上有吸声层的截面之前，形成强爆轰波。爆轰波/激波前部速度、压力与吸声材料厚度、混合成分（等效比）具有一定的关系。研究表明，随着孔壁上多孔材料厚度的增加，爆轰波强度逐渐衰减，且爆震波在距离孔壁 15 个口径处不会再次发生。当激波速度不低于 CJ 声速的情况下，爆轰波通过吸声段后能够再次恢复。Bivol 等[14]也研究了爆轰波在不同截面多孔材料敷设通道中的传播规律。在 3 个截面尺寸的矩形通道中，研究了常压下聚氨酯泡沫对化学计量氢-空气混合物的爆轰抑制。爆轰在直径 20 mm、长 3000 mm 的圆形通道中进行。聚氨酯泡沫覆盖了通道内表面的 1/2 或 1/3，其孔径从 0.3 mm 到 2.5 mm 不等。结果表明，即使聚氨酯泡沫覆盖通道内表面的 1/3 也会引起爆轰衰减和冲击波衰减。不同孔径的多孔材料作用存在显著差异。当孔隙较小时，涂层可视为阻尼不渗透介质，而当孔隙较大时，涂层不是阻尼单元，而是湍流单元，导致燃烧面积增加，燃烧加剧。在不同结构的孔道中，10 mm 宽孔道中，多孔材料覆盖50%的内壁时爆轰衰减最大。在 20 mm 和 10 mm 宽的通道中，多孔涂层覆盖一半内壁时爆轰衰减最大。

Lei Pang 等[15]选用网状铝合金（MAAs）作为实验材料用于抑氢爆炸的实验研究。实验中研究了管道中氢-空气混合物的爆燃特性，考察了氢气密度和空气中氢浓度对爆燃的影响，比较了网状铝合金对氢-空气混合气爆燃的抑制作用及其对典型烃燃料在空气中爆燃的影响。结果表明，现有网状铝合金不仅不能有效抑制氢-空气混合物的爆燃，而且还提高了最大爆炸压力，促进了爆炸的产生，这与网状铝合金对甲烷等碳氢燃料的爆燃抑制效果相反。Lv 等[16]以典型的网状铝合金为实验材料，研究了含氢空气-甲烷预混料的爆燃特性及不同氢浓度预混气体条件下网状铝合金的爆燃压力分布及抑爆效果。结果表明，随着氢含量的增加，网状铝合金的抑爆效果逐渐减弱。采用非线性曲线拟合的方法，得到了以网状铝合金为实验材料的含氢空气-甲烷预混气的爆燃压力与氢气含量之间的关系。当氢气含量达到预混气浓度 68.95%时，其抑爆效果发生突变。当浓度超过68.95%时，平均爆燃压力由 0.01 MPa 迅速增加到 1 MPa。因此，网状铝合金在这种情况下并没有抑爆作用。

综上所述，目前国内外学者对于多孔材料的抑制作用进行了相关研究，但是大多侧重多孔材料对于火焰淬息及爆炸超压的影响，对于爆轰波传播的抑制机理及爆轰极限尚不详细。另外对于多孔材料抑爆作用的实验工况尚且不足。本章将对多孔材料对于可燃气在管道内爆轰传播的抑制作用进行进一步的详细研究。

7.2　多孔材料对爆轰波传播影响的实验研究方法

7.2.1　实验材料

本章实验所用的多孔材料为泡沫铁镍金属和 Al_2O_3 泡沫陶瓷两种，如图 7-1 所示。泡沫铁镍金属为三维网络状结构，具有体积小、重量轻、材料强度大、透气性好、孔隙表面积大、吸声、减振、隔热等优点。由于其自身的孔隙特性，泡沫铁镍金属可以有效地阻挡爆轰波的强冲击性，同时可以吸收爆轰波中的横波进而使得爆轰波衰减。多孔泡沫铁镍金属的性能优势使其在石油化工、航空航天等领域中得到广泛应用。Al_2O_3 泡沫陶瓷具有低密度、比表面积大、阻尼性强等特性，同时对液体和气体介质具有很强的透过性及对能量具有吸收作用。主要应用于金属过滤、吸声降噪、石油化工等工业领域。

本节选取密度 0.45 g/cm^3，厚度 30 mm 的 Al_2O_3 泡沫陶瓷，如图 7-2 所示。其孔隙率为 80%~90%，整体颜色为白色，可以在 1200 ℃的高温环境下进行工作，其常温压缩强度大于 0.8 MPa，常温弯曲强度大于 0.6 MPa，热稳定性能为 6 次/1000 ℃。实验根据需求定制 10 ppi、20 ppi、40 ppi 等不同孔隙密度的 Al_2O_3 泡沫陶瓷。选取孔密度 20 ppi、含镍量 30%、熔点 1538 ℃的泡沫铁镍金属，如图 7-3 所示，其整体呈黑灰色，可以在 1100 ℃以上的环境中进行工作，韧性强，其拉伸强度为 8～50 MPa，根据本实验需求定制厚度分别为 10 mm、30 mm、50 mm 的多孔泡沫铁镍金属。Al_2O_3 泡沫陶瓷的抗冲击性能弱于泡沫铁镍金属，在实验过程中，同一初始压力的爆轰波经过多孔材料时 Al_2O_3 泡沫陶瓷出现边缘碎裂的现象，破坏明显。而泡沫铁镍金属由于其较强的抗冲击性能及韧性，爆轰波的冲击使其表面弯曲，未出现材料碎裂现象。由此证实 Al_2O_3 泡沫陶瓷的抗冲击性能弱于泡沫铁镍金属。

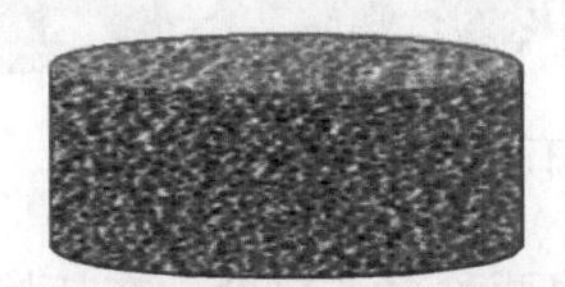

图 7-1 Al_2O_3 泡沫陶瓷及泡沫铁镍金属模型图

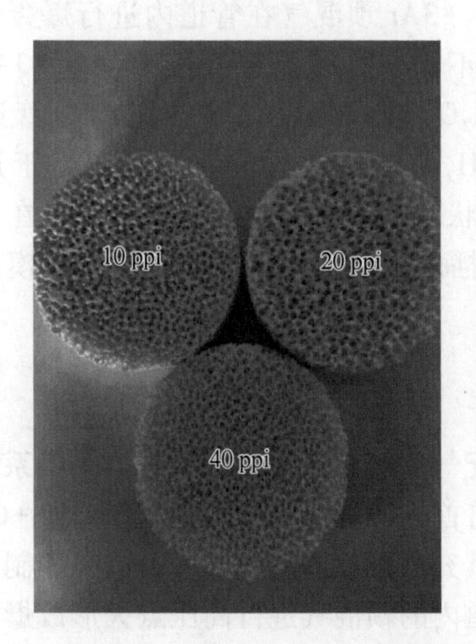

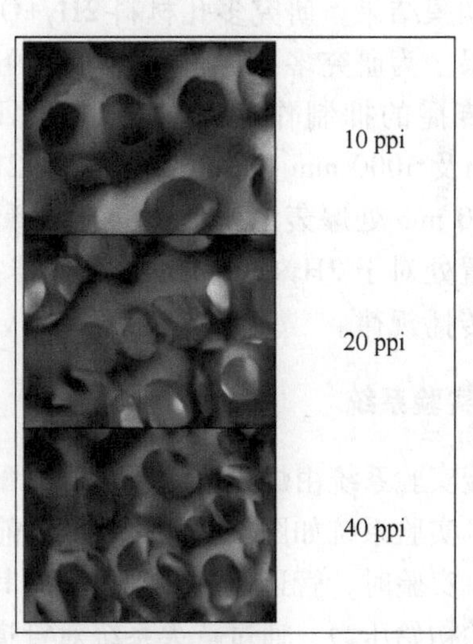

图 7-2 Al_2O_3 泡沫陶瓷（右图为显微镜所摄）

由于实验管道直径为 80 mm，为方便安设及卸除多孔材料，设计多孔材料直径为 78 mm。同时在多孔材料后方设置直径为 76 mm 的金属垫片，一方面，可以使多孔材料在爆轰波的强冲击作用下改变实验位置；另一方面，垫片的存在阻挡了爆轰波在缝隙内的传播，消除了缝隙存在的实验误差，保证了实验变量的精确性。本实验选取孔隙密度分别为 10 ppi、20 ppi、40 ppi 的 Al_2O_3 泡沫陶瓷及厚度

图 7-3　泡沫铁镍金属（右图为显微镜所摄）

分别为 10 mm、30 mm、50 mm 的泡沫铁镍两种多孔材料，在初始压力（10 kPa、15 kPa）下进行 $2H_2+O_2+3Ar$ 预混气管道爆轰实验，对比两种不同多孔材料的速度及烟膜结果，研究多孔材料 $2H_2+O_2+3Ar$ 预混气在管道内进行爆轰传播的抑制效果。为研究多孔材料在管道内的不同位置对于管道内 $2H_2+O_2+3Ar$ 预混气爆轰传播的抑制作用，本实验将 Al_2O_3 泡沫陶瓷放置在距爆轰管道首端 3000 mm及 5000 mm 处。3000 mm 处 $2H_2+O_2+3Ar$ 预混气爆轰波处于过驱状态，5000 mm 处爆轰波已呈现稳定传播状态，因此可以研究多孔材料在管道内不同位置处对于 $2H_2+O_2+3Ar$ 预混气传播的抑制效果，分析不同传播模态下的爆轰波传播规律。

7.2.2　实验系统

爆轰实验系统由爆轰管道系统、充配气系统、点火系统和数据采集系统 4 部分组成。实验系统如图 7-4 所示。实验前首先通过充配气系统配置 $2H_2+O_2+3Ar$ 预混气。实验时，管道经过抽真空后向其充入配置好的预混气，通过控制面板控制气体的初始压力，通过点火系统对管道内的预混气进行高压点火形成爆轰。管道上方设置数据采集系统记录爆轰波的传播速度及压力峰值。管道侧壁敷设烟膜记录爆轰波的三波段轨迹。

7.2.3　实验过程

7.2.3.1　实验前准备

为保证实验的安全进行，在实验管道上方设置氢气报警器，如图 7-5 所示。在进行 $2H_2+O_2+3Ar$ 预混气爆轰实验之前需要对爆轰实验各系统进行调试与检

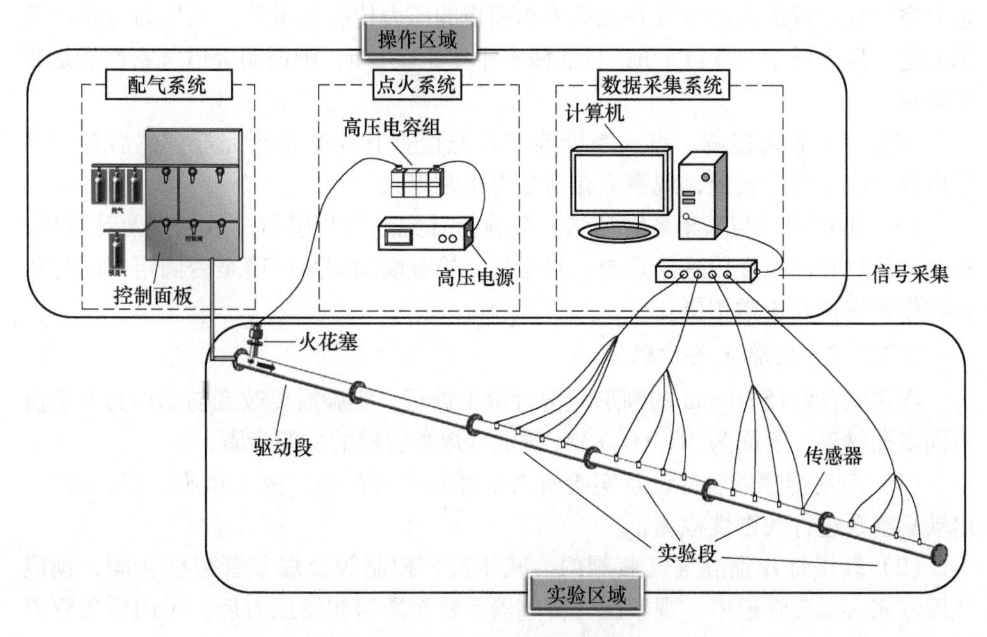

图 7-4 爆轰实验系统

查，同时准备好实验所需的烟膜。准备和调试过程主要包括爆轰管道气密性检测、点火系统调试、数据记录与采集系统调试、预混气配置及烟膜的制备等。其中，最关键的是爆轰管道的气密性检测。

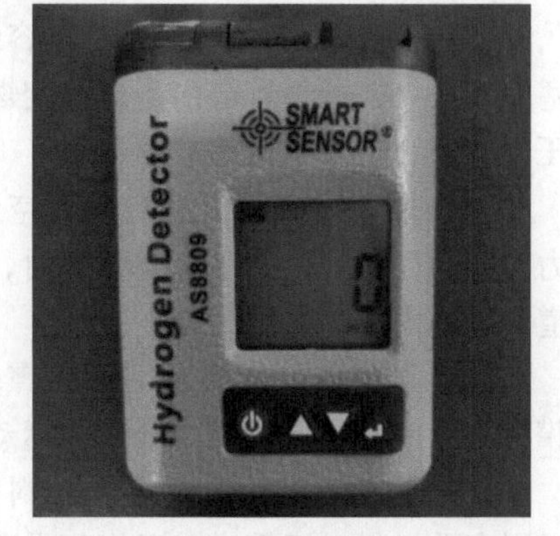

图 7-5 报警器

(1) 预混气配置。根据道尔顿分压法，使用充配气系统进行 $2H_2+O_2+3Ar$ 预混气的配置。配置好的预混气需经 24 h 静置方可使用。

(2) 烟膜及烟熏玻璃制备。使用煤油灯对 PVC 膜及端面玻璃进行熏制使碳迹均匀分布。侧壁烟膜放置在管道中要保证烟膜无旋转。端面烟熏玻璃前后放置缓冲垫，利用管道内外压力差使其吸附在管道法兰上并用夹具固定。

(3) 爆轰管道内气密性检测。爆轰管道的气密性检测是整个实验的关键步骤。这是因为，实验前的管道内气体主要是空气；实验过程中的初始压力为 7~15 kPa，爆轰管道处于负压状态。气密性检测可以防止空气残留或进入管道影响实验结果。另外，气密性检测可以防止充气过程中发生氢氧混合气泄漏现象，阻止气体爆炸事故的发生。本实验主要采用抽真空对爆轰管道进行气密性检测，通过真空泵抽排管道内的空气并观测控制面板的压力传感器示数，当压力传感器显示的绝对压力低于0.5 kPa/h，且泄漏率小于5 kPa/h，则说明管道气密性满足实验需求。

（4）点火系统检测。点火系统检测首先检查其连线是否完好，然后打开高压电源、触发器等装置，观察火花塞是否正常点火。

（5）数据记录与采集系统调试。实验前首先连接传感器、数据盒及计算机，打开计算机软件检查传感器是否正常运行。检查端面烟熏玻璃是否固定，同时调试纹影系统使其正常拍摄。

7.2.3.2 实验主要步骤

本实验在管径80 mm的圆形光滑管道中进行，实验需要改变初始压力及更换不同多孔材料。下面为$2H_2+O_2+3Ar$预混气爆轰实验的主要步骤：

（1）启动传感器软件设置实验所需采样频率等参数，放置烟膜、多孔材料，启动真空泵进行气密性检测；

（2）缓慢打开预混气气瓶阀门、减压阀、控制阀及爆轰管道截止阀，预混气缓慢充入爆轰管道中，观察压力传感器示数至所需初始压力后，关闭爆轰管道截止阀，静置5 min待压力传感器示数不变，此时爆轰管道内均匀分布一定压力的预混气；

（3）打开高压电源使其对电容组充电，点击触发器，电容组放电导致火花塞完成点火，爆轰管道内形成稳定爆轰，同时数据记录与采集系统记录爆轰波的压力峰值、胞格结构等数据；

（4）爆轰完成以后需启动真空泵，将管道及连接气管内的气体排空，当压力传感器显示管道处于真空状态时，缓慢打开管道上方的排气孔，使空气进入管道，管道内外消除压力差；

（5）取出侧壁烟膜及端面烟熏玻璃，均匀喷射保护漆，静置一段时间使烟膜上方形成一层保护膜，爆轰波运动轨迹固定；

（6）放置新的烟膜及多孔材料，重复上述操作，即可得到不同初始压力下不同多孔材料对于管道内可燃气爆轰传播影响的实验数据。

7.2.3.3 实验结果处理

本章选取孔隙密度分别为10 ppi、20 ppi、40 ppi的Al_2O_3泡沫陶瓷及厚度分别为10 mm、30 mm、50 mm的泡沫铁镍两种多孔材料，在初始压力（10 kPa、15 kPa、20 kPa）下进行$2H_2+O_2+3Ar$预混气管道爆轰实验，分析两种不同多孔材料作用下的爆轰波传播速度、多孔材料前后管道侧壁烟膜结果以及爆轰波三波点轨迹与管轴夹角值和管径-螺距比，研究多孔材料对管道内爆轰传播的抑制效果。对比分析两种不同多孔材料，研究不同材料对于爆轰波传播抑制效果的优劣。改变Al_2O_3泡沫陶瓷在光滑管道中的安设位置，研究在管道内不同传播模式下多孔材料对于$2H_2+O_2+3Ar$预混气爆轰波传播的抑制效果，分析不同传播模态下的爆轰波传播规律。每个初始压力及多孔材料进行3组实验，对3组实验结果取平均值，以降低人为操作或者实验系统精密度造成的误差。本实验所涉及的初始压力及多孔材料参数见表7-1。

表7-1　实验参数记录表

材料	初始压力/kPa			
	参数	10 kPa	15 kPa	20 kPa
光滑管	0			
Al_2O_3泡沫陶瓷	10 ppi			
	20 ppi			
	40 ppi			
多孔泡沫铁镍金属	10 mm			
	30 mm			
	50 mm			
Al_2O_3泡沫陶瓷（过驱段）	10 ppi			
	20 ppi			
	40 ppi			

本实验的速度结果处理主要通过计算爆轰波实验速度与理论CJ速度之比，分析速度比值随着爆轰波传播距离的变化规律，研究不同多孔材料对于爆轰波传播速度的影响。本实验获得的烟膜及端面烟熏玻璃结果首先经过扫描仪扫描为高清图像，进而使用Photoshop进行图片处理，使用MATLAB程序计算烟膜显示的胞格尺寸，分析爆轰波胞格结构螺旋头数变化，处理端面烟熏玻璃，研究不同多孔材料及初始压力对于胞格尺寸、胞格结构的影响。对实验获得的烟膜图像进行处理分析，总结多孔材料对管道内可燃气爆轰传播的影响规律。实验处理后胞格结构图像如图7-6所示，图中上方横向箭头表示预混气传播方向。

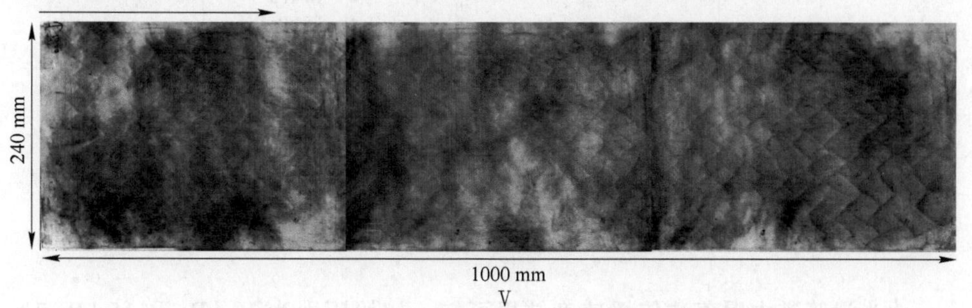

图7-6　$p_0=10$ kPa时光滑管内$2H_2+O_2+3Ar$爆轰波胞格结构

7.3　泡沫陶瓷对 $2H_2+O_2+3Ar$ 预混气爆轰传播抑制效果研究

在爆轰波的传播过程中，横波不断碰撞进而产生和发展，这也是爆轰波得以稳定自持传播的原因。多孔材料由于其材质特性可以吸收爆轰波中的横波，横波减少有效地破坏了爆轰波的传播条件，因此多孔材料可以有效地抑制爆轰波。本节选用孔隙密度分别为 10 ppi、20 ppi、40 ppi 的 Al_2O_3 泡沫陶瓷多孔材料，在初始压力（10 kPa、15 kPa）下进行 $2H_2+O_2+3Ar$ 预混气管道爆轰实验，研究多孔材料对 $2H_2+O_2+3Ar$ 预混气在管道内进行爆轰传播的抑制效果。

7.3.1　Al_2O_3 泡沫陶瓷作用下的爆轰波速度分析

Al_2O_3 泡沫陶瓷作用下的爆轰波传播速度结果如图 7-7 所示，图中纵轴表示爆轰波传播的实际速度与理论 CJ 爆轰速度之比，标志着爆轰波在管道内传播的速度亏损情况；横轴表示爆轰波在管道内的传播距离。在初始压力为 10 kPa 和 15 kPa 时，在光滑管道内安设不同孔隙密度的 Al_2O_3 泡沫陶瓷，研究 Al_2O_3 泡沫陶瓷对 $2H_2+O_2+3Ar$ 预混气爆轰传播的影响，随着安设 Al_2O_3 泡沫陶瓷孔隙密度的增大，Al_2O_3 泡沫陶瓷完全阻隔了爆轰波的传播，管道末段爆轰波消失，因此便不在此描述此情况下的爆轰波传播速度。

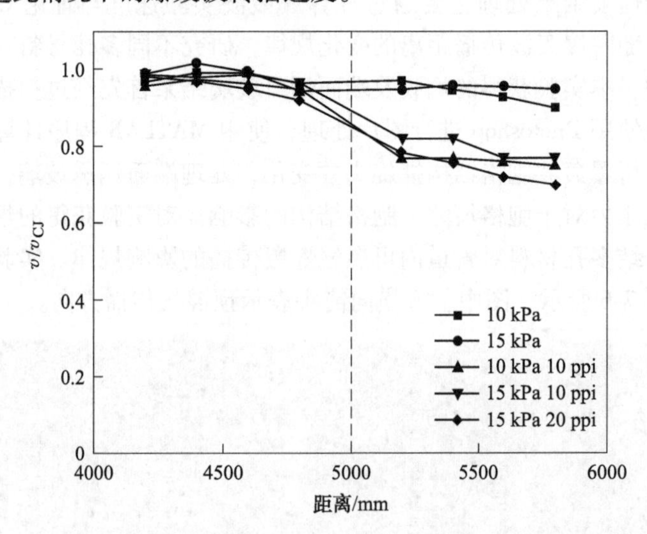

图 7-7　Al_2O_3 泡沫陶瓷作用下的爆轰波传播速度结果

由光滑管道内爆轰波传播速度结果可知，初始压力为 10 kPa 和 15 kPa 时，爆轰波传播速度在 $90\%v_{CJ}$ 以上，速度波动幅度小，爆轰波在管道内稳定自持传播。由图 7-7 可知，在光滑管道内安设 Al_2O_3 泡沫陶瓷后，初始压力为 10 kPa 和 15 kPa 下的爆轰波均出现明显的速度突降现象，爆轰波传播速度由 $90\%v_{CJ}$ 下降至 $70\%v_{CJ}$ ~ $80\%v_{CJ}$，速度亏损明显增大，说明了 Al_2O_3 泡沫陶瓷对于爆轰波传播的抑制作用。同一初始压力 $p_0=15$ kPa 时，孔隙密度为 10 ppi 的 Al_2O_3 泡沫陶瓷作用下的爆轰波传播速度降至 $77\%v_{CJ}$，孔隙密度为 20 ppi 的 Al_2O_3 泡沫陶瓷作用下的爆轰波传播速度降至 $70\%v_{CJ}$。说明随着孔隙密度的增加，爆轰波速度亏损增大。同一孔隙密度（10 ppi）下，初始压力为 10 kPa 时的爆轰波传播速度为 $75\%v_{CJ}$，初始压力为 15 kPa 时的爆轰波传播速度为 $77\%v_{CJ}$，速度亏损减小，说明随着初始压力的增加，爆轰波速度亏损降低。

7.3.2 Al_2O_3 泡沫陶瓷作用下的爆轰波胞格结构

7.3.2.1 初始压力 10 kPa 下的爆轰波胞格结构

初始压力为 10 kPa 时光滑管中 $2H_2+O_2+3Ar$ 的爆轰波胞格结构如图 7-8 所示。初始压力为 10 kPa 时 Al_2O_3 泡沫陶瓷对 $2H_2+O_2+3Ar$ 预混气爆轰实验的烟膜结果如图 7-9 所示。当孔隙密度为 10 ppi 时，管道内爆轰波胞格结构由十八头螺旋爆轰结构转为十六头螺旋爆轰结构，普遍低于光滑管道内的爆轰波螺旋头数。当管道内的爆轰波传播到第 5 节和第 6 节管道中间位置时，爆轰波与 Al_2O_3 泡沫陶瓷相接触，发现实验获得的爆轰波螺旋胞格结构急剧减少，变为双头螺旋爆轰结构。爆轰波持续传播所需的能量来源于波阵面前剧烈化学反应释放的能量，当爆轰波与 Al_2O_3 泡沫陶瓷相接触时，化学反应区的自由基与 Al_2O_3 泡沫陶瓷中的孔隙碰撞，导致化学反应区的自由基被大量摧毁，化学反应释放的能量急剧降低，因此出现爆轰波螺旋爆轰胞格结构急剧减少的现象。爆轰波继续传播，在管道末端发现单头螺旋胞格结构，表明爆轰波已经达到爆轰极限。继续增大 Al_2O_3 泡沫陶瓷的孔隙密度，实验发现当孔隙密度为 20 ppi 时，管道内爆轰波胞格结构由十八头螺旋爆轰结构转为十二头螺旋爆轰结构，当爆轰波传播至与 Al_2O_3 泡沫陶瓷相撞时，爆轰波急剧消失，仅在管道末段观察到几条轨迹划线，并未形成胞格结构。同样的，当孔隙密度增加到 40 ppi 时，爆轰波在与 Al_2O_3 泡沫陶瓷接触面处瞬间消失。原因在于当孔隙过小时，参与化学反应的自由基大量减少，导致链式反应无法进行，前导冲击波与化学反应区解耦，爆轰波消失。

图 7-8 $p_0=10$ kPa 时光滑管中 $2H_2+O_2+3Ar$ 的爆轰波胞格结构

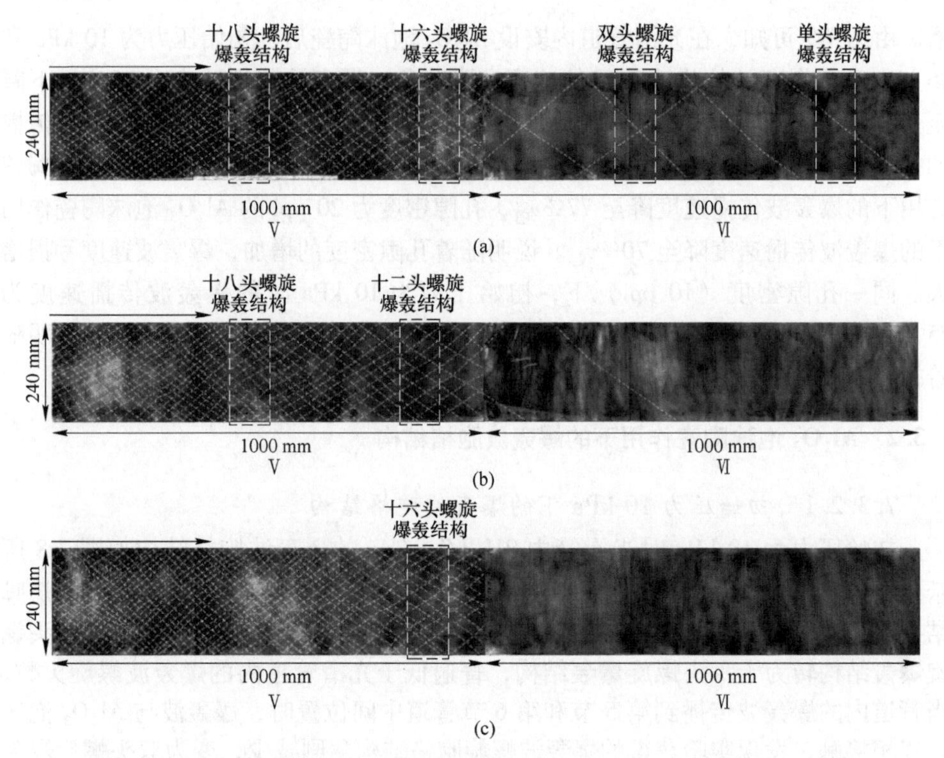

图 7-9　$p_0=10$ kPa 时 Al_2O_3 泡沫陶瓷作用下的 $2H_2+O_2+3Ar$ 爆轰波胞格结构

（a）孔隙密度为 10 ppi；（b）孔隙密度为 20 ppi；（c）孔隙密度为 40 ppi

纵向对比管道末端爆轰波胞格结构，光滑管道末端爆轰波胞格结构为十头螺旋爆轰结构，与光滑管道内爆轰波胞格结构相对比，增大 Al_2O_3 泡沫陶瓷孔隙密度至 10 ppi 时管道末端就出现单头螺旋胞格结构，说明爆轰波已经达到爆轰极限，继续增大孔隙密度，管道末端胞格结构消失，说明随着孔隙密度的增加，多孔腔室结构吸收了大量的爆轰冲击能量，Al_2O_3 泡沫陶瓷对爆轰波的抑制效果增强。在初始压力 10 kPa、孔隙密度 10 ppi 的条件下，Al_2O_3 泡沫陶瓷作用下的爆轰波胞格尺寸为43 mm，大于光滑管道内爆轰波的胞格尺寸，胞格结构减少，胞格尺寸增大。由于孔隙密度为 20 ppi 和 40 ppi 时，管道末端爆轰结构消失，便不在此分析其胞格尺寸。

7.3.2.2　初始压力 15 kPa 下的爆轰波胞格结构

初始压力为 15 kPa 时光滑管中 $2H_2+O_2+3Ar$ 的爆轰波胞格结构如图 7-10 所示。初始压力为 15 kPa 时 Al_2O_3 泡沫陶瓷对 $2H_2+O_2+3Ar$ 预混气爆轰实验的烟膜结果如图 7-11 所示。图中上方横向箭头表示预混气传播方向。15 kPa 时 Al_2O_3 泡沫陶瓷对于爆轰波的抑制趋势与初始压力为 10 kPa 相同。当 Al_2O_3 泡沫陶瓷的孔隙密度为 10 ppi 时，爆轰波螺旋胞格结构由二十六头螺旋爆轰结构转为二十二头

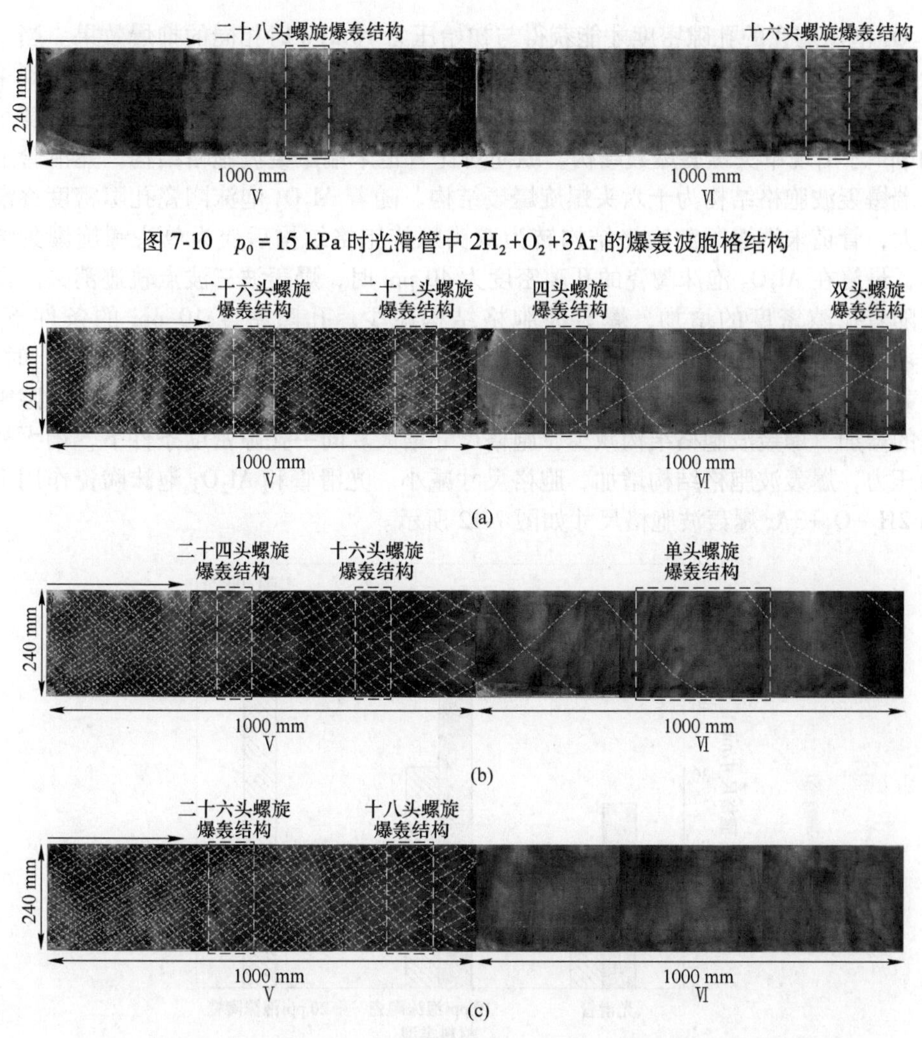

图 7-10 $p_0=15$ kPa 时光滑管中 $2H_2+O_2+3Ar$ 的爆轰波胞格结构

图 7-11 $p_0=15$ kPa 时 Al_2O_3 泡沫陶瓷作用下 $2H_2+O_2+3Ar$ 的爆轰波胞格结构

（a）孔隙密度为 10 ppi；（b）孔隙密度为 20 ppi；（c）孔隙密度为 40 ppi

螺旋爆轰结构，继而爆轰波与 Al_2O_3 泡沫陶瓷接触，化学反应区的自由基与泡沫陶瓷孔隙碰撞被大量摧毁，爆轰波螺旋胞格结构瞬间减少为四头螺旋爆轰结构，最终爆轰波逐渐衰减为四头螺旋胞格结构。继续增大孔隙密度至 20 ppi，爆轰波在与 Al_2O_3 泡沫陶瓷相撞后瞬间转变为单头螺旋爆轰结构，表明爆轰波已经达到爆轰极限。当 Al_2O_3 泡沫陶瓷的孔隙密度为 40 ppi 时，管道末端爆轰波胞格结构消失。说明由于化学反应区自由基与 Al_2O_3 泡沫陶瓷孔隙的相互碰撞减少以致链式反应无法进行，前导冲击波与化学反应区解耦，爆轰波消失，表明 Al_2O_3 泡沫陶瓷对爆轰波的传播具有较好的抑制效果。与初始压力为 10 kPa 的爆轰波胞格结构对比，15 kPa 时，初始压力的提高使得爆轰波获得了更大的初始能量，增大

Al_2O_3 泡沫陶瓷的孔隙密度才能获得与初始压力 10 kPa 时相同的抑爆效果。当初始压力为 10 kPa 时，Al_2O_3 泡沫陶瓷的孔隙密度为 10 ppi 就在管道末端观察到单头螺旋爆轰结构，而初始压力为 15 kPa 时，增大 Al_2O_3 泡沫陶瓷的孔隙密度至 20 ppi 才出现单头螺旋爆轰结构。纵向对比管道末端爆轰波胞格结构，光滑管道末端爆轰波胞格结构为十六头螺旋爆轰结构。随着 Al_2O_3 泡沫陶瓷孔隙密度逐渐增大，管道末端爆轰波胞格结构转为双头螺旋胞格结构后变为单头螺旋爆轰结构，最终在 Al_2O_3 泡沫陶瓷的孔隙密度为 40 ppi 时，爆轰波三波点轨迹消失。说明随着孔隙密度的增加，爆轰波胞格结构减少。孔隙密度 10 ppi 的条件下，Al_2O_3 泡沫陶瓷作用下的爆轰波胞格尺寸为 31 mm，增大孔隙密度至 20 ppi 时，爆轰波胞格尺寸变为 44 mm，都大于光滑管道内爆轰波的胞格尺寸。随着孔隙密度的增加，爆轰波胞格结构减少，胞格尺寸增大。同一孔隙密度条件下，增大初始压力，爆轰波胞格结构增加，胞格尺寸减小。光滑管和 Al_2O_3 泡沫陶瓷作用下的 $2H_2+O_2+3Ar$ 爆轰波胞格尺寸如图 7-12 所示。

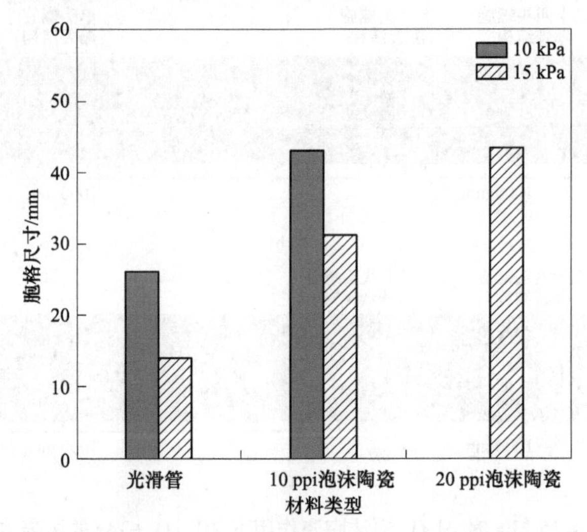

图 7-12　光滑管和 Al_2O_3 泡沫陶瓷作用下的爆轰波胞格尺寸

7.3.3　爆轰波的三波点轨迹线分析

爆轰波三波点轨迹线描述了爆轰波的运动状态。单头螺旋爆轰只存在一条左旋波或者右旋波，双头螺旋爆轰则是由一条左旋波和一条右旋波组成。左旋波与管轴的夹角为左旋角，记为 α^-，右旋波与管轴的夹角为右旋角，记为 α^+，如图 7-13 所示。图中上方横向箭头表示预混气传播方向。Duff 等[17]研究了螺旋爆轰轨迹线与管轴形成的夹角 α 可写为：

$$\tan\alpha = \frac{k_{nm}R}{n} \cdot \frac{\gamma}{\gamma + 1} \tag{7-1}$$

式中，γ 为比热比；$k_{nm}R$ 可从 Bessel 函数获得；n 为周向振荡模态数；m 为径向振荡模态数，对于螺旋爆轰，可令 $m=1$。

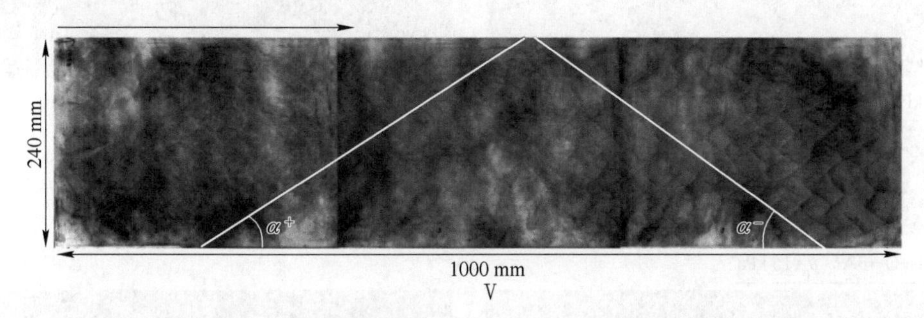

图 7-13 $p_0=10$ kPa 时 Al_2O_3 泡沫陶瓷作用下 $2H_2+O_2+3Ar$ 预混气轨迹与管轴夹角示意图

横波绕管道周向传播一周的时间等于爆轰传播一个螺距需要的时间，所以螺距-直径比可以写为：

$$\frac{p_n}{d}=\frac{n\pi}{k_{nm}R}\cdot\frac{D}{c} \tag{7-2}$$

式中，p_n 为螺距；d 为管道直径；$\frac{D}{c}$为爆轰波的传播速度与声速之比，由 CJ 理论可知，$\frac{D}{c}=\frac{\gamma+1}{\gamma}$。则螺距-直径比公式为：

$$\frac{p_n}{d}=\frac{n\pi}{k_{nm}R}\cdot\frac{\gamma+1}{\gamma}=\frac{\pi}{\tan\alpha} \tag{7-3}$$

通过实验获得管道侧壁烟膜，采用 MATLAB 程序测量管道侧壁烟膜轨迹与管轴夹角和螺距-直径比，对比实测值与声学理论值是否拟合，研究分析 Al_2O_3 泡沫陶瓷作用下轨迹与管轴夹角和螺距-直径比的影响。

选取爆轰波稳定传播之后的管道末段侧壁烟膜，利用 Photoshop 图像处理工具对每张烟膜进行处理。对处理后的烟膜图像人为地描绘爆轰波的左旋波及右旋波，如图 7-14 所示。使用 MATLAB 程序遍历左旋波及右旋波轨迹图像，识别得到左旋波及右旋波的轨迹线，对轨迹线进行离散化得到左旋波及右旋波的离散矩阵，矩阵表示了每一条轨迹线的位置，继而得到每一条轨迹线的上顶点与下顶点的差值。通过反三角函数即可得到轨迹与管轴夹角，如图 7-15 所示。通过式（7-3）计算得到左旋波及右旋波轨迹线螺距-管径之比，如图 7-16 所示。

Al_2O_3 泡沫陶瓷作用下 $2H_2+O_2+3Ar$ 预混气螺旋爆轰轨迹与管轴夹角如图 7-15 所示。由图 7-15 可知，光滑管道内爆轰轨迹与管轴夹角与声学理论值较为吻合，$2H_2+O_2+3Ar$ 预混气爆轰波符合物理波的传播特性。当光滑管道内安设 Al_2O_3 泡沫陶瓷后，管道内爆轰轨迹与管轴夹角实测值与声学理论值偏差变大，

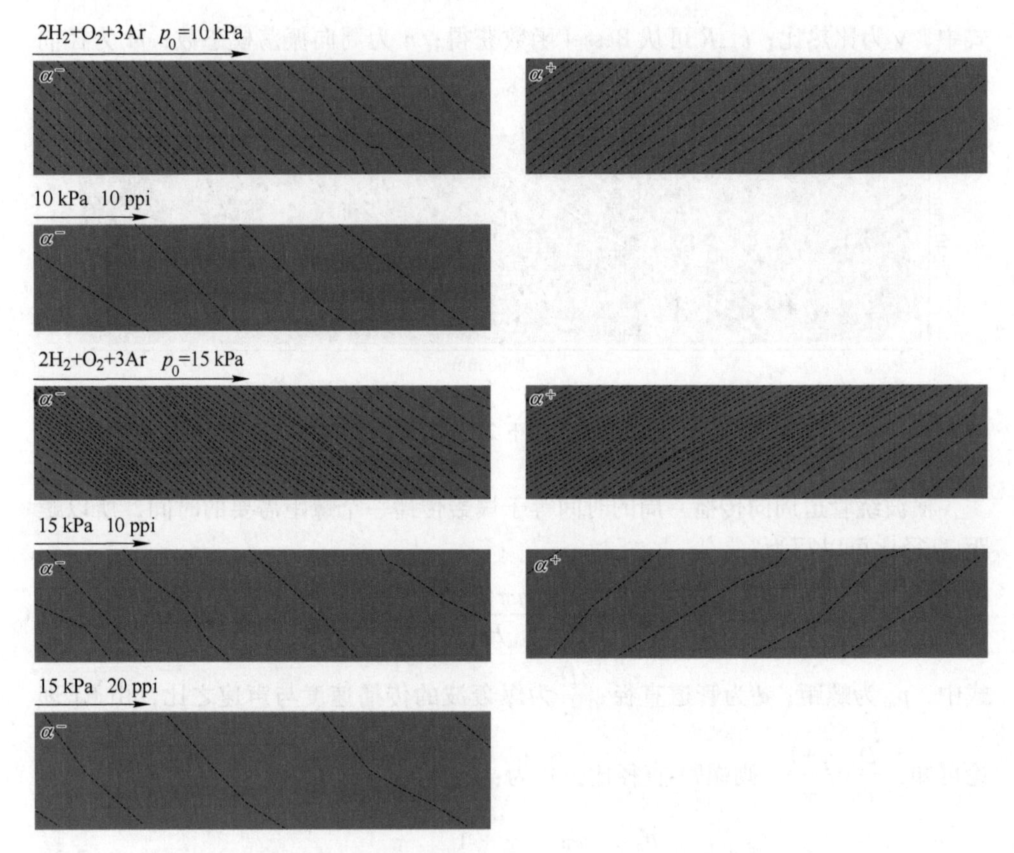

图 7-14　Al_2O_3 泡沫陶瓷作用下 $2H_2+O_2+3Ar$ 预混气左旋波及右旋波

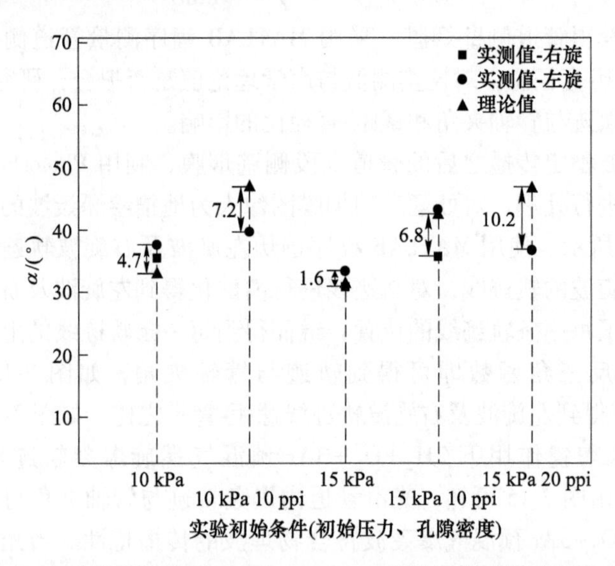

图 7-15　Al_2O_3 泡沫陶瓷作用下 $2H_2+O_2+3Ar$ 预混气螺旋爆轰轨迹与管轴夹角

爆轰波在泡沫陶瓷的作用下与物理波传播特性存在差异。初始压力为 15 kPa 时，光滑管内爆轰轨迹与管轴夹角实测值与理论值最大偏差为 1.6°，安设孔隙密度为 10 ppi 的 Al_2O_3 泡沫陶瓷后，实测值与理论值最大偏差增长为 6.8°，继续增大 Al_2O_3 泡沫陶瓷的孔隙密度至 20 ppi，爆轰轨迹与管轴夹角实测值与理论值最大偏差增长为 10.2°。这表明，随着 Al_2O_3 泡沫陶瓷的孔隙密度的增大，管道内爆轰轨迹与管轴夹角实测值与理论值偏差变大。Al_2O_3 泡沫陶瓷作用下的爆轰波结构为低频螺旋爆轰结构，此情况下横波强度弱于声波，横波与声波耦合关系较弱，因此爆轰波在泡沫陶瓷的作用下与物理波传播特性存在差异。

Al_2O_3 泡沫陶瓷作用下 $2H_2+O_2+3Ar$ 预混气螺旋爆轰管径-螺距比如图 7-16 所示。由图 7-16 可知，光滑管道内爆轰管径-螺距比与声学理论值较为吻合。当初始压力为 15 kPa 时，光滑管道内管径-螺距比与声学理论值偏差较小。在安设 Al_2O_3 泡沫陶瓷后，随着孔隙密度的增加，管径-螺距比与声学理论值偏差变大，爆轰波螺旋频率降低。总体来说，管径-螺距比在声学理论值附近上下波动。左旋夹角与右旋夹角方向和大小近似相等，左旋波右旋波强度相同。

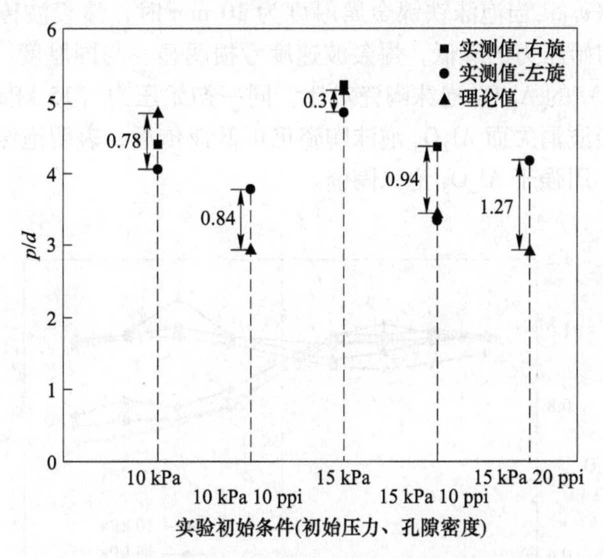

图 7-16 Al_2O_3 泡沫陶瓷作用下 $2H_2+O_2+3Ar$ 预混气螺旋爆轰管径-螺距比

7.4 泡沫铁镍对 $2H_2+O_2+3Ar$ 预混气爆轰传播抑制效果研究

泡沫铁镍金属为三维网络状结构，具有体积小、重量轻、材料强度大、透气性好、孔隙表面积大、吸声、减振、隔热等优点。由于其自身的孔隙特性，泡沫铁镍金属可以有效的阻挡爆轰波的强冲击性，同时可以吸收爆轰波中的横波进而使得爆轰波衰减。本节选取厚度分别为 10 mm、30 mm、50 mm 的泡沫铁镍多孔材料，在初始压力（10 kPa、15 kPa）下进行 $2H_2+O_2+3Ar$ 预混气管道爆轰实验，对比分析不同厚度多孔材料的速度以及烟膜结果，研究多孔材料 $2H_2+O_2+3Ar$ 预混气在管道内进行爆轰传播的抑制效果。

7.4.1　泡沫铁镍金属作用下的爆轰波速度分析

泡沫铁镍金属作用下的爆轰波传播速度结果如图 7-17 所示。当泡沫铁镍金属完全阻隔爆轰波的传播时，传感器未检测到结果，胞格结构显示管道末段爆轰波消失，因此此情况下的爆轰波传播速度不再赘述。初始压力为 10～20 kPa 时，光滑管内爆轰波传播速度在 $90\%v_{CJ}$ 以上，速度波动幅度不明显，爆轰波在光滑管道内稳定自持传播。在光滑管内安设泡沫铁镍金属后，爆轰波传播速度均出现明显的速度突降现象，由 $90\%v_{CJ}$ 突降至 $70\%v_{CJ}$～$78\%v_{CJ}$，速度亏损明显，爆轰波不能继续维持稳定自持传播。同一初始压力（20 kPa）条件下，泡沫铁镍金属厚度增加，爆轰波传播速度亏损增大。当泡沫铁镍金属厚度为 30 mm 时，爆轰波传播速度突降至 $75\%v_{CJ}$；当泡沫铁镍金属厚度为 10 mm 时，爆轰波传播速度突降至 $78\%v_{CJ}$。随着初始压力的降低，爆轰波速度亏损明显。与同厚度（30 mm）同孔隙密度（20 ppi）的 Al_2O_3 泡沫陶瓷对比，同一初始压力（15 kPa）条件下，泡沫铁镍金属爆轰波消失而 Al_2O_3 泡沫陶瓷仍可低速传播，表明泡沫铁镍金属对于爆轰波的抑制作用强于 Al_2O_3 泡沫陶瓷。

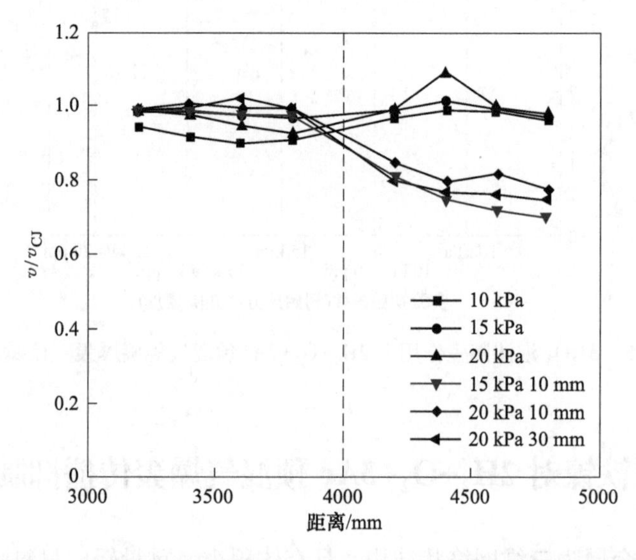

图 7-17　泡沫铁镍金属作用下的 $2H_2+O_2+3Ar$ 爆轰波传播速度结果

7.4.2 泡沫铁镍金属作用下的爆轰波胞格结构

7.4.2.1 初始压力 10~15 kPa 下的爆轰波胞格结构

初始压力为 10 kPa 时光滑管中 $2H_2+O_2+3Ar$ 的爆轰波胞格结构如图 7-18 所示。初始压力为 10 kPa 时泡沫铁镍金属对 $2H_2+O_2+3Ar$ 预混气爆轰实验的烟膜结果如图 7-19 所示。图中上方横向箭头表示预混气传播方向。在光滑管道内爆轰波传播至管道末端时为十八头螺旋胞格结构。在光滑管道中安设泡沫铁镍金属后，管道末端爆轰波消失，说明泡沫铁镍金属对爆轰波具有阻隔作用。由于初始压力太小，爆轰波初始能量不足以穿过泡沫铁镍金属传播至管道末端。

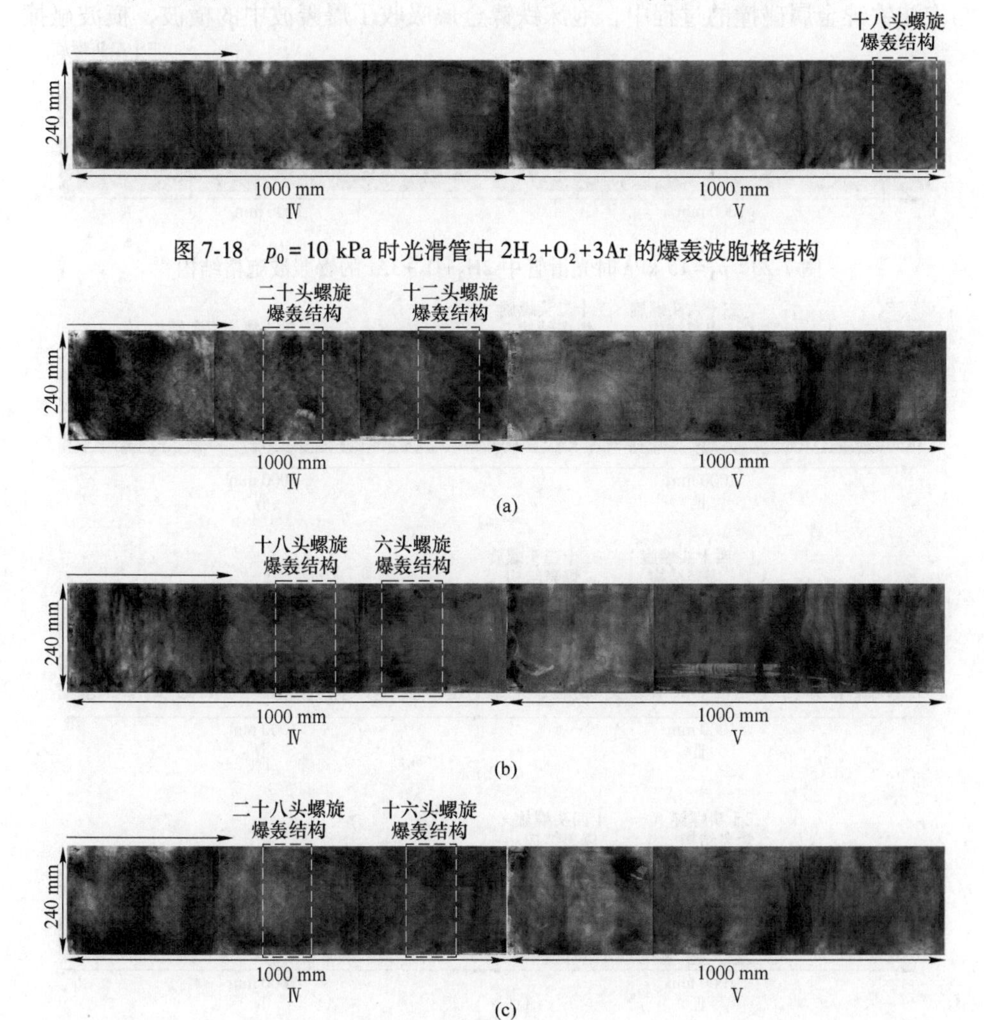

图 7-18 $p_0=10$ kPa 时光滑管中 $2H_2+O_2+3Ar$ 的爆轰波胞格结构

图 7-19 $p_0=10$ kPa 时不同厚度泡沫铁镍金属作用下 $2H_2+O_2+3Ar$ 的爆轰波胞格结构

(a) 厚度为 10 mm；(b) 厚度为 30 mm；(c) 厚度为 50 mm

增大初始压力至 15 kPa，如图 7-20 所示，爆轰波在光滑管道末端呈现三十二头螺旋胞格结构。在光滑管道内安设厚度为 10 mm 的泡沫铁镍金属时，如图 7-21 所示，爆轰波首先在管道内以三十六头螺旋爆轰胞格结构传播，传播一段距离后，爆轰波胞格结构转为三十二头螺旋爆轰胞格结构，图中上方横向箭头表示预混气传播方向。此时爆轰波与泡沫铁镍金属接触并相互碰撞，爆轰波穿过泡沫铁镍金属后瞬间变为双头爆轰螺旋结构并快速衰减至弹头螺旋胞格结构，爆轰波达到极限。继续增加泡沫铁镍金属厚度至 30 mm 和 50 mm，爆轰波在经过泡沫铁镍金属前为三十二头螺旋爆轰胞格结构，经过泡沫铁镍金属后瞬间消失。由于泡沫铁镍金属材料是一种三维网状结构，且其孔状结构是无方向性的，所以爆轰波在与泡沫铁镍金属碰撞的过程中，泡沫铁镍金属吸收了爆轰波中的横波，横波碰撞

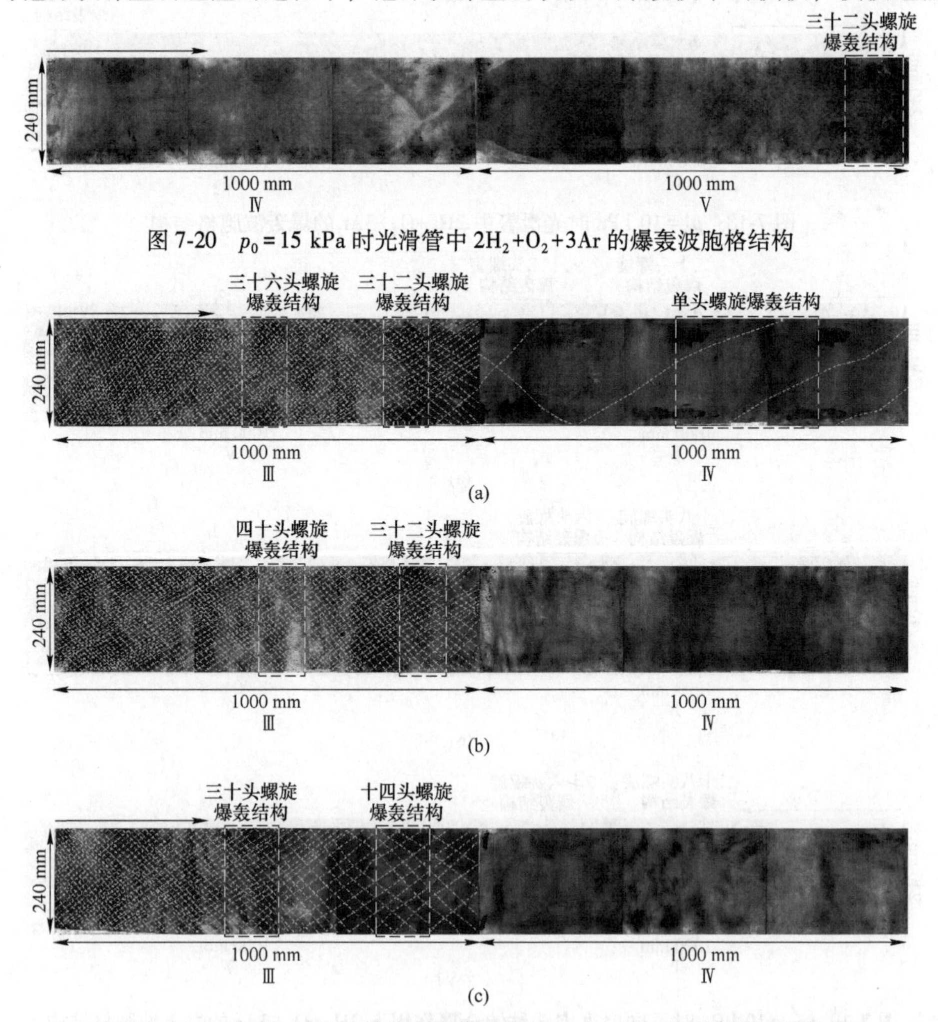

图 7-20　$p_0 = 15$ kPa 时光滑管中 $2H_2+O_2+3Ar$ 的爆轰波胞格结构

图 7-21　$p_0 = 15$ kPa 时泡沫铁镍金属作用下 $2H_2+O_2+3Ar$ 的爆轰波胞格结构

（a）厚度为 10 mm；（b）厚度为 30 mm；（c）厚度为 50 mm

频率降低，爆轰波胞格结构减少。另外，爆轰波与泡沫铁镍金属之间存在温差，当爆轰波接触到泡沫铁镍金属后产生温差传热，造成爆轰波的热量损失，爆轰波强度衰减，这也是导致爆轰波胞格结构减少的原因之一。随着泡沫铁镍金属厚度的增大，泡沫铁镍金属内部孔状结构更为复杂，爆轰波衰减，胞格结构逐渐减少，最终在泡沫铁镍金属的双重抑制作用下未穿过泡沫铁镍金属，爆轰波消失。所以说，泡沫铁镍金属对于爆轰波具有抑制效果，且随着厚度的增加，抑制效果增强。爆轰波在光滑管道传播的整个过程中，胞格尺寸为 15 mm，安装厚度 10 mm 的泡沫铁镍金属后，爆轰波整个传播过程中的胞格尺寸为 26 mm。安设泡沫铁镍金属后，爆轰波胞格结构减少，胞格尺寸增加。

7.4.2.2 初始压力 20 kPa 下的爆轰波胞格结构

初始压力为 20 kPa 时泡沫铁镍金属对 $2H_2+O_2+3Ar$ 预混气爆轰实验的烟膜结果如图 7-22 所示，图中上方横向箭头表示预混气传播方向。当泡沫铁镍金属厚度为 10 mm 时，爆轰波首先以五十二头螺旋爆轰结构的形式传播，一段距离后转变为三十六头螺旋爆轰结构。爆轰波传播至与泡沫铁镍金属相碰撞，泡沫铁镍金属的无方向网状孔隙吸收了爆轰波中的横波，横波振荡频率降低，穿过泡沫铁镍金属后爆轰波胞格结构瞬间减少至四头螺旋爆轰结构并逐渐衰减为双头螺旋爆轰

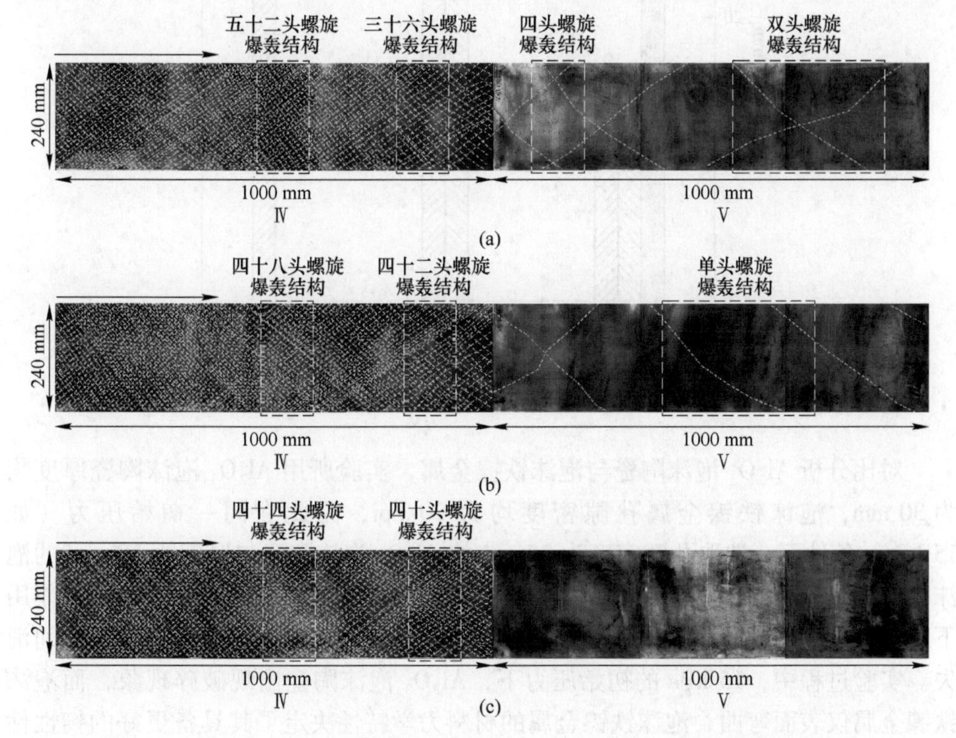

图 7-22 $p_0=20$ kPa 时泡沫铁镍金属作用下 $2H_2+O_2+3Ar$ 的爆轰波胞格结构

（a）厚度为 10 mm；（b）厚度为 30 mm；（c）厚度为 50 mm

结构。增大泡沫铁镍金属厚度为 30 mm，爆轰波由四十八头螺旋爆轰结构转变为四十二头螺旋爆轰结构，在穿过泡沫铁镍金属后瞬间衰减为单头螺旋爆轰结构，爆轰波达到爆轰极限。继续增大泡沫铁镍金属厚度至 50 mm，爆轰波在穿过泡沫铁镍金属后消失。综上可知，初始压力为 20 kPa 时，泡沫铁镍金属对于爆轰波的抑制趋势与初始压力为 15 kPa 时相同，爆轰波在与泡沫铁镍金属相撞后，爆轰波胞格结构瞬间减少，且随着泡沫铁镍金属的厚度逐渐增大，其对爆轰波的抑制效果增强。泡沫铁镍金属厚度为 10 mm 时，相较于初始压力为 15 kPa、20 kPa 时，管道末端获得了更多的胞格结构。初始压力的增高使爆轰波获得了更多的初始能量，爆轰波强度增强，横波碰撞频率增高，胞格结构增多。泡沫铁镍金属厚度为 10 mm 时，爆轰波胞格尺寸为 21 mm。泡沫铁镍金属厚度为30 mm 时，爆轰波胞格尺寸为 22 mm。胞格结构增多，胞格尺寸减小。泡沫铁镍金属作用下爆轰波的胞格尺寸如图 7-23 所示。

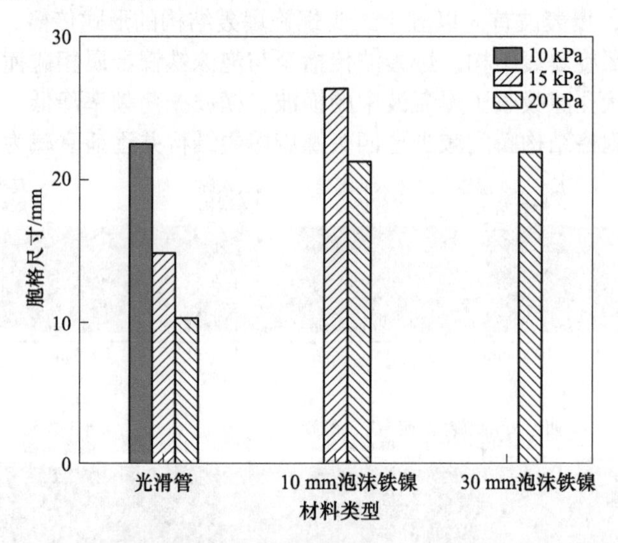

图 7-23　光滑管和泡沫铁镍金属作用下的爆轰波胞格尺寸

对比分析 Al_2O_3 泡沫陶瓷与泡沫铁镍金属，实验所用 Al_2O_3 泡沫陶瓷厚度均为 30 mm，泡沫铁镍金属孔隙密度均为 20 ppi，因此在同一初始压力（如 15 kPa）条件下，选取孔隙密度为 20 ppi 的 Al_2O_3 泡沫陶瓷与厚度为 30 mm 的泡沫铁镍金属进行对比，侧壁烟膜结果显示，爆轰波在 Al_2O_3 泡沫陶瓷的抑制作用下，管道末端出现单头螺旋胞格结构，而爆轰波在与泡沫铁镍金属碰撞后瞬间消失。实验过程中，15 kPa 的初始压力下，Al_2O_3 泡沫陶瓷出现破碎现象，而泡沫铁镍金属仅表面弯曲，泡沫铁镍金属的材料力学特性决定了其具备更好的韧性性能。实验研究表明，相较于 Al_2O_3 泡沫陶瓷，泡沫铁镍金属对爆轰波抑制效果更好。

7.4.3 爆轰波的三波点轨迹线分析

对实验得到的管道侧壁烟膜进行图像处理之后，人为描绘爆轰波的左旋波及右旋波轨迹，如图 7-24 所示。使用 MALTAB 程序对人为描绘的左旋波及右旋波轨迹进行数字化处理进而计算得到爆轰波的轨迹与管轴夹角，如图 7-25 所示。通过式（7-3）计算得到左旋波及右旋波轨迹线螺旋-管径之比，如图 7-26 所示。

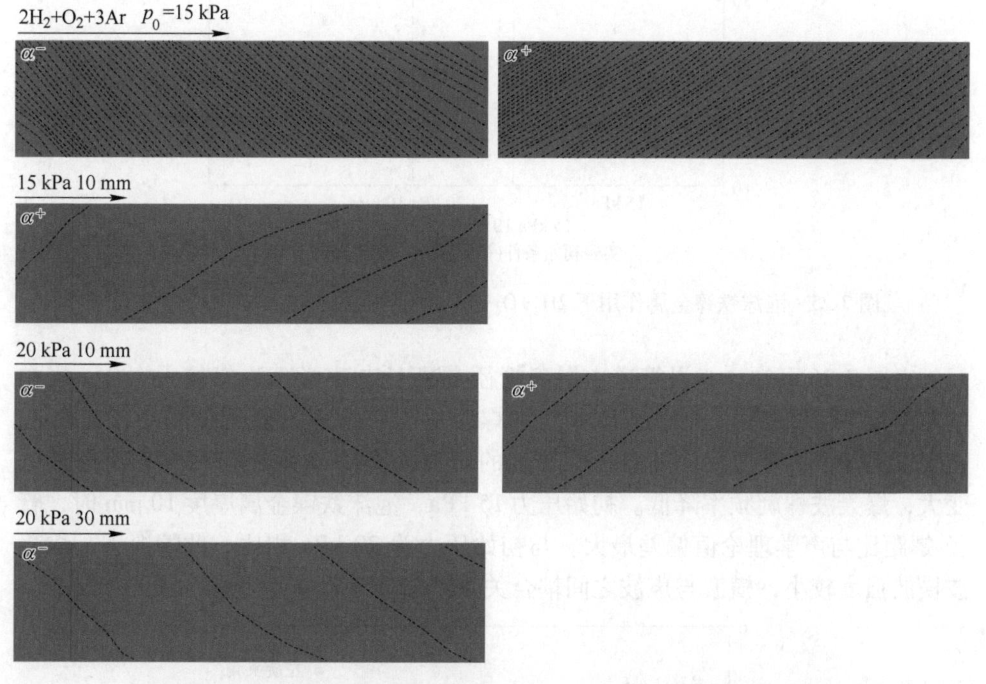

图 7-24 泡沫铁镍金属作用下 $2H_2+O_2+3Ar$ 预混气左旋波及右旋波

初始压力为 15 kPa 时，光滑管内爆轰左旋波及右旋波轨迹与管轴夹角实测值与声学理论值吻合较好，最大偏差为 4. 3°。在光滑管道内安设泡沫铁镍金属后，左旋波及右旋波轨迹与管轴夹角实测值与声学理论值偏差变大。泡沫铁镍金属的加入抑制了管道内爆轰波的传播，管道末段爆轰波螺旋爆轰结构减少，横波强度弱于声波，两者之间耦合关系较弱，因此，在光滑管道内安设泡沫铁镍金属后，左旋波及右旋波轨迹与管轴夹角实测值与声学理论值存在差异。同一厚度（10 mm）的泡沫铁镍金属作用下，初始压力为 20 kPa 时的轨迹与管轴夹角实测值与声学理论值的偏差小于 15 kPa。初始压力的增高使得横波强度增大，横波与声波耦合关系加强，因此，左旋波及右旋波轨迹与管轴夹角实测值与声学理论值吻合相对较好。

泡沫铁镍金属作用下 $2H_2+O_2+3Ar$ 预混气螺旋爆轰管径-螺距比如图 7-26 所

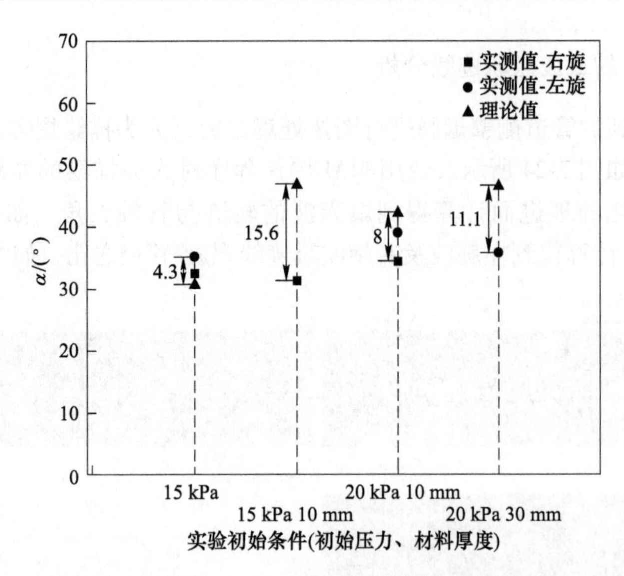

图 7-25　泡沫铁镍金属作用下 $2H_2+O_2+3Ar$ 预混气螺旋爆轰轨迹与管轴夹角

示。由图 7-26 可知，光滑管道内爆轰管径-螺距比与声学理论值较为吻合。当初始压力为 15 kPa 时，光滑管道内管径-螺距比与声学理论值偏差较小，为 0.8。在安设泡沫铁镍金属后，随着孔隙密度的增加，管径-螺距比与声学理论值偏差变大，爆轰波螺旋频率降低。初始压力 15 kPa，泡沫铁镍金属厚度 10 mm 时，管径-螺距比与声学理论值偏差最大。与初始压力为 20 kPa 相比，此情况下，爆轰波横波强度较小，横波与声波之间耦合关系较弱。

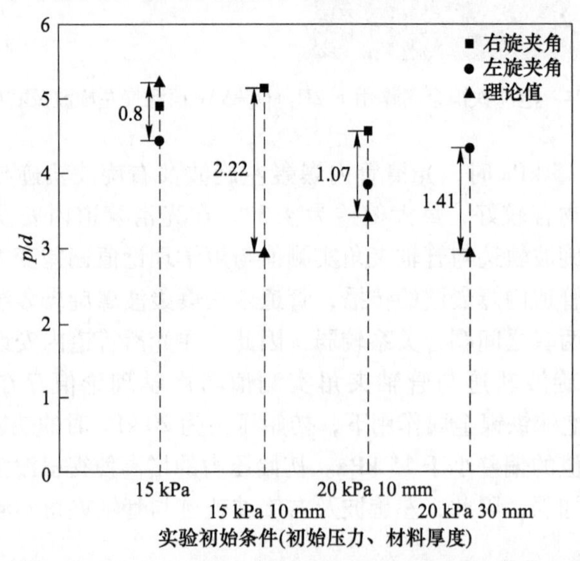

图 7-26　泡沫铁镍金属作用下 $2H_2+O_2+3Ar$ 预混气螺旋爆轰管径-螺距比

7.5 不同传播模式下泡沫陶瓷对爆轰传播的抑制效果研究

7.5.1 不同传播模式下的爆轰波速度分析

过驱爆轰模式下的爆轰波传播速度结果如图 7-27 所示。当 Al_2O_3 泡沫陶瓷完全阻隔爆轰波的传播时，传感器未检测到结果，胞格结构显示管道末段爆轰波消失，因此此情况下的爆轰波传播速度不再赘述。由图 7-27 可知，爆轰波在光滑管内稳定传播，速度没有明显波动。当光滑管内安设 Al_2O_3 泡沫陶瓷后，不同孔隙密度条件下的爆轰波传播速度突然降低，由 $90\%v_{CJ}$突然降低至 $70\%v_{CJ}$~$82\%v_{CJ}$，说明了 Al_2O_3 泡沫陶瓷具有抑制作用。当 Al_2O_3 泡沫陶瓷孔隙密度为 10 ppi 时，爆轰波传播速度降至 $82\%v_{CJ}$；当 Al_2O_3 泡沫陶瓷孔隙密度为 20 ppi 时，爆轰波传播速度降至 $70\%v_{CJ}$，随着 Al_2O_3 泡沫陶瓷孔隙密度的增大，爆轰波速度亏损明显。过驱爆轰阶段 Al_2O_3 泡沫陶瓷对爆轰波传播速度的抑制趋势与稳定爆轰传播阶段相同。

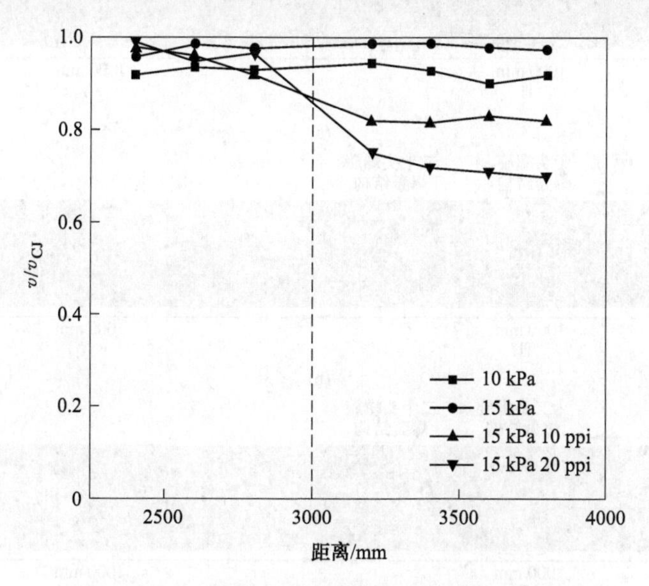

图 7-27 过驱爆轰模式下的爆轰波传播速度结果

7.5.2 不同传播模式下的爆轰波胞格结构

为了便于观察烟膜的三波点轨迹，图片使用 Photoshop 进行描绘处理。过驱爆轰模式下 Al_2O_3 泡沫陶瓷对 $2H_2+O_2+3Ar$ 预混气爆轰实验所用管道直径为 80 mm，长 6000 mm，管道分 6 节，每节长度 1000 mm。将泡沫铁镍金属放置在第 3 节管道与第 4 节管道中间位置，并在第 3 节和第 4 节管道内壁敷设长

1000 mm、宽 240 mm 的烟膜以记录爆轰波的三波点轨迹。过驱爆轰模式下 Al_2O_3 泡沫陶瓷对 $2H_2+O_2+3Ar$ 预混气爆轰实验的烟膜结果如图 7-28 所示。初始压力为 10 kPa 时过驱爆轰模式下 Al_2O_3 泡沫陶瓷对 $2H_2+O_2+3Ar$ 预混气爆轰实验的烟膜结果如图 7-29 所示，图中上方横向箭头表示预混气传播方向。

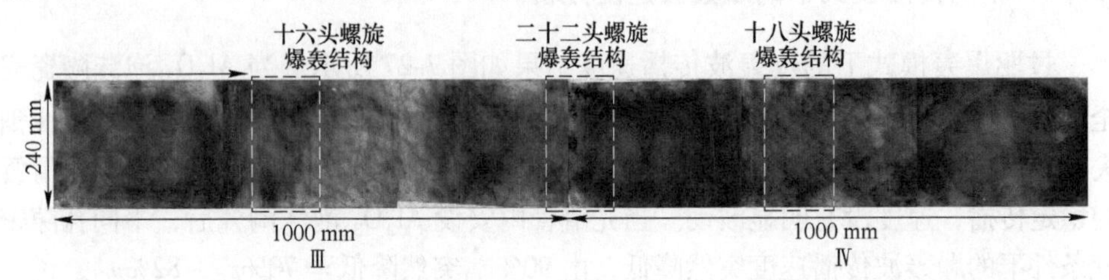

图 7-28　$p_0=10$ kPa 时过驱爆轰模式下光滑管中 $2H_2+O_2+3Ar$ 的爆轰波胞格结构

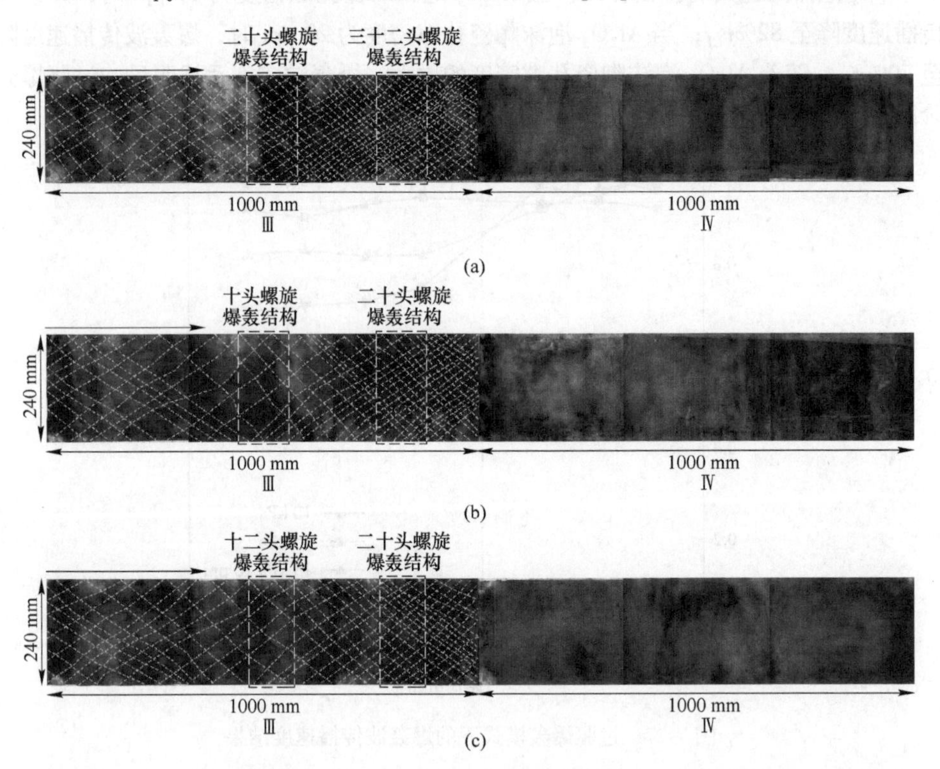

图 7-29　$p_0=10$ kPa 时过驱爆轰模式下泡沫陶瓷作用的 $2H_2+O_2+3Ar$ 爆轰波胞格结构

（a）孔隙密度为 10 ppi；（b）孔隙密度为 20 ppi；（c）孔隙密度为 40 ppi

爆轰波在光滑管道内首先由十六头螺旋爆轰结构增加为二十二头螺旋爆轰结构。过驱爆轰是一种不稳定的传播模式，随着爆轰波的传播，胞格结构衰减为十八头螺旋爆轰结构。在光滑管道中安设 Al_2O_3 泡沫陶瓷后，爆轰波以高频螺旋爆轰结构的形式传播至 Al_2O_3 泡沫陶瓷后消失，说明 Al_2O_3 泡沫陶瓷对爆轰波具有阻隔作用。由于初始压力太小，过驱爆轰不稳定，爆轰波初始能量不足以穿过 Al_2O_3 泡沫陶瓷传播至管道末端。

增大初始压力至 15 kPa，爆轰波在光滑管道末端以二十八头螺旋爆轰的形式传播，如图 7-30 所示。如图 7-31 所示，在光滑管道中安设孔隙密度为 10 ppi 的 Al_2O_3 泡沫陶瓷后，爆轰波首先由十四头螺旋爆轰结构转为十二头螺旋爆轰结构，当爆轰波接触到 Al_2O_3 泡沫陶瓷后，爆轰波在泡沫陶瓷的孔隙内碰撞，爆轰波化学反应区的自由基被大量摧毁，参与化学反应区的活化分子减少，爆轰波强度衰减，爆轰波穿过 Al_2O_3 泡沫陶瓷后瞬间衰减为四头螺旋爆轰结构。当光滑管道中安设孔隙密度为 20 ppi 的 Al_2O_3 泡沫陶瓷时，爆轰波在穿过 Al_2O_3 泡沫陶瓷时由

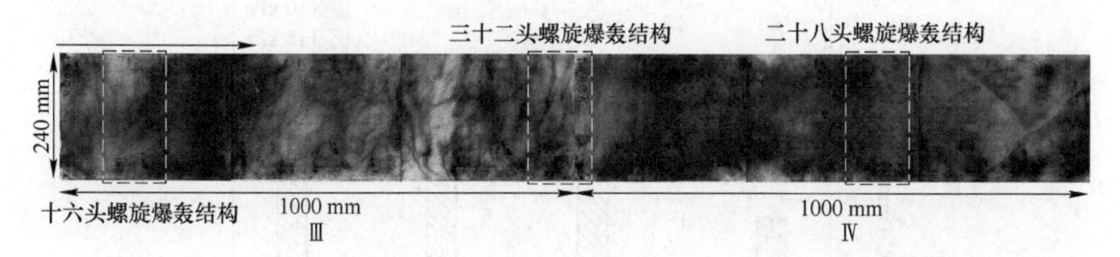

图 7-30 $p_0=15$ kPa 时过驱爆轰模式下光滑管中 $2H_2+O_2+3Ar$ 的爆轰波胞格结构

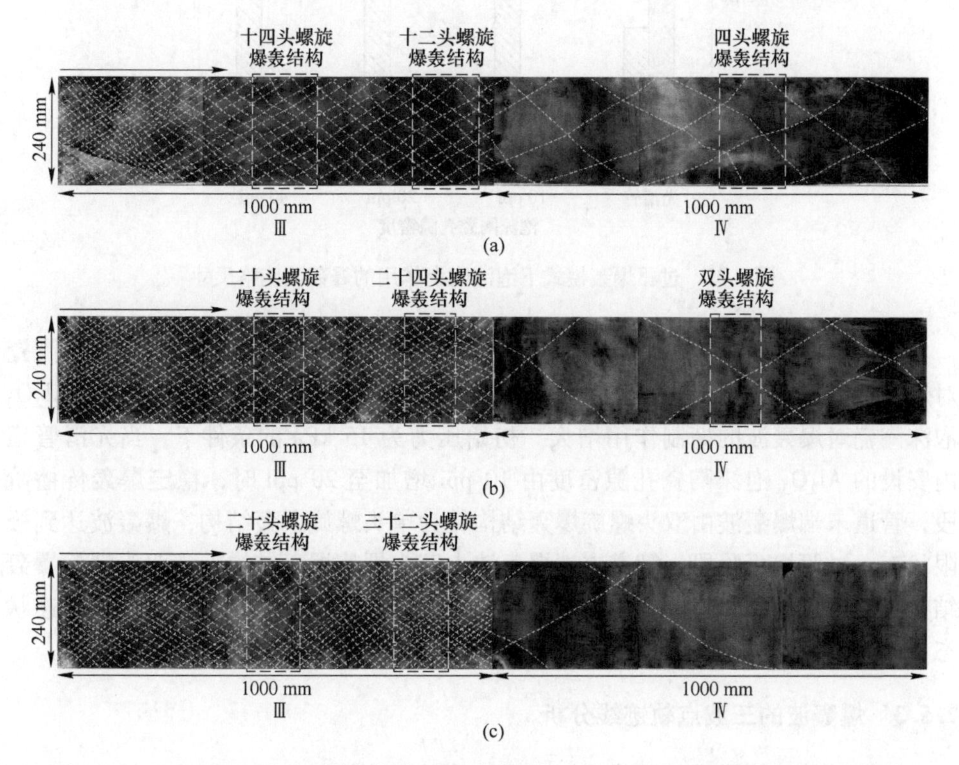

图 7-31 $p_0=15$ kPa 时过驱爆轰模式下泡沫陶瓷作用的 $2H_2+O_2+3Ar$ 爆轰波胞格结构

(a) 孔隙密度为 10 ppi；(b) 孔隙密度为 20 ppi；(c) 孔隙密度为 40 ppi

二十四头螺旋爆轰结构瞬间衰减为双头螺旋爆轰结构。继续增大 Al_2O_3 泡沫陶瓷的孔隙密度至 40 ppi，爆轰波在穿过 Al_2O_3 泡沫陶瓷后瞬间消失。随着孔隙密度的增加，化学反应区的自由基摧毁以致无法进行链式反应，爆轰波前导冲击波与化学反应区解耦，爆轰波消失。因此，Al_2O_3 泡沫陶瓷的孔隙密度增加，管道末端胞格结构减少，Al_2O_3 泡沫陶瓷对爆轰波的抑制作用增大。过驱爆轰是一种不稳定的传播模式，其整个传播过程中的平均胞格尺寸不遵循稳定爆轰过程中存在的“孔隙密度增加，胞格尺寸增大”这一理论，不同传播模式下泡沫陶瓷作用的爆轰波胞格尺寸如图 7-32 所示。

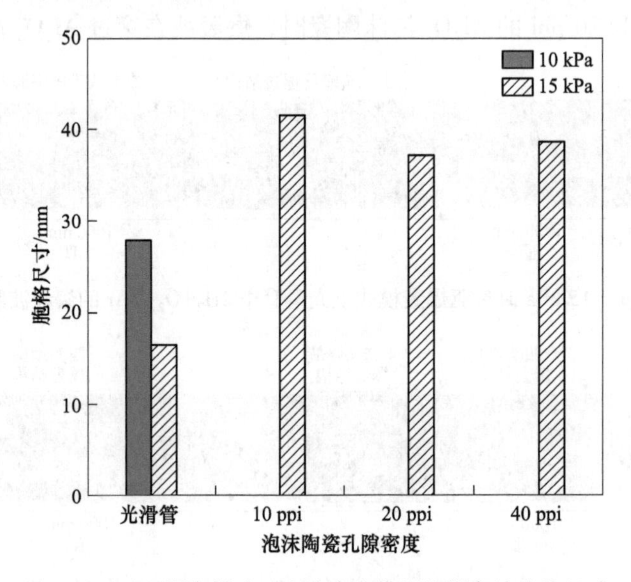

图 7-32　过驱爆轰模式下泡沫陶瓷作用的爆轰波胞格尺寸

与 Al_2O_3 泡沫陶瓷在稳定爆轰段对爆轰波的实验研究对比，Al_2O_3 泡沫陶瓷对爆轰波的抑制趋势相同，随着孔隙密度的增加，爆轰波胞格结构减少，Al_2O_3 泡沫陶瓷对爆轰波的抑制作用增大。初始压力为 15 kPa 的条件下，当光滑管道内安设的 Al_2O_3 泡沫陶瓷孔隙密度由 10 ppi 增加至 20 ppi 时，稳定爆轰传播阶段，管道末端爆轰波由双头螺旋爆轰结构转为单头螺旋爆轰结构，爆轰波达到极限状态。过驱爆轰阶段，管道末端爆轰波由四头螺旋爆轰结构转为双头螺旋爆轰结构。这可能是由于过驱爆轰阶段，爆轰波在接触 Al_2O_3 泡沫陶瓷前处于加速状态，使得更多的爆轰波穿过 Al_2O_3 泡沫陶瓷。

7.5.3　爆轰波的三波点轨迹线分析

对管道侧壁烟膜进行图像处理之后描绘爆轰波的左旋波及右旋波轨迹，如图 7-33 所示。使用 MALTAB 程序对人为描绘的左旋波及右旋波轨迹进行数字化处理进而计算得到不同传播模式下泡沫陶瓷作用的爆轰波轨迹与管轴夹角，如图 7-34 所示。由图 7-34 可知，光滑管道内爆轰轨迹与管轴夹角与声学理论值较为吻合，$2H_2+O_2+3Ar$ 预混气爆轰波符合物理波的传播特性。但是当光滑管道内安设 Al_2O_3 泡沫陶瓷及泡沫铁镍金属后，管道内爆轰轨迹与管轴夹角实测值与声学理论值偏差变大，爆轰波在多孔材料的作用下与物理波传播特性存在差异，并且随着 Al_2O_3 泡沫陶瓷孔隙密度及泡沫铁镍金属厚度的增大，管道内爆轰轨迹与管轴夹角实测值与理论值偏差也变大。在过驱爆轰状态下，管道内爆轰轨迹与管轴夹

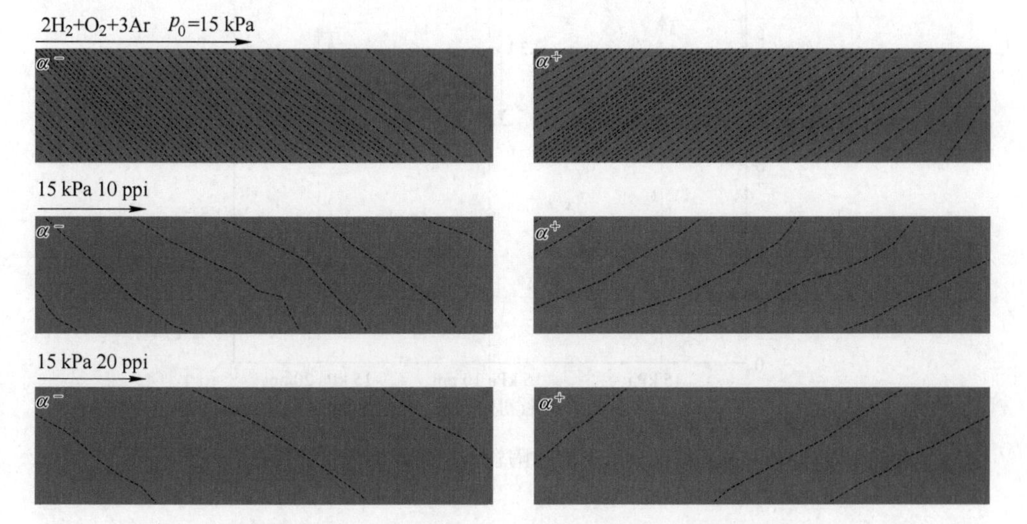

图 7-33 过驱爆轰模式下泡沫陶瓷作用的 $2H_2+O_2+3Ar$ 预混气左旋波及右旋波

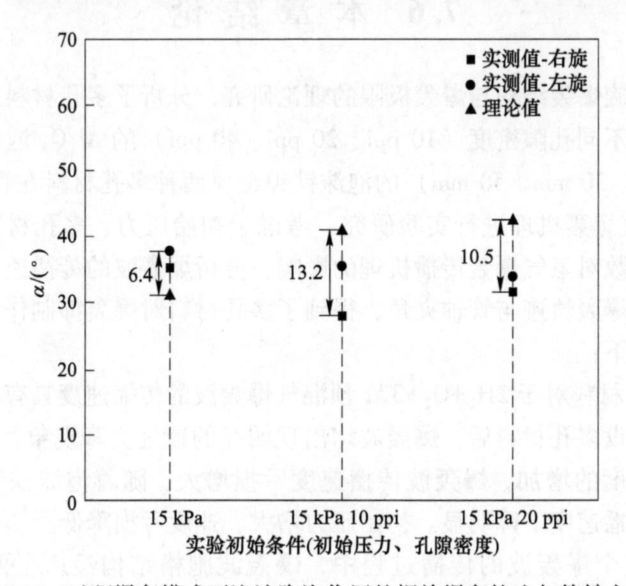

图 7-34 过驱爆轰模式下泡沫陶瓷作用的螺旋爆轰轨迹与管轴夹角

角偏差在安设泡沫陶瓷后变大，但是并未出现孔隙密度越大，实测值与理论值偏差越大这一规律。这可能是由于过驱爆轰阶段爆轰波传播的不稳定性影响了管道内爆轰轨迹与管轴夹角。过驱爆轰模式下泡沫陶瓷作用的爆轰波螺距-管径比同样不遵循稳定传播阶段的变化规律，如图 7-35 所示。

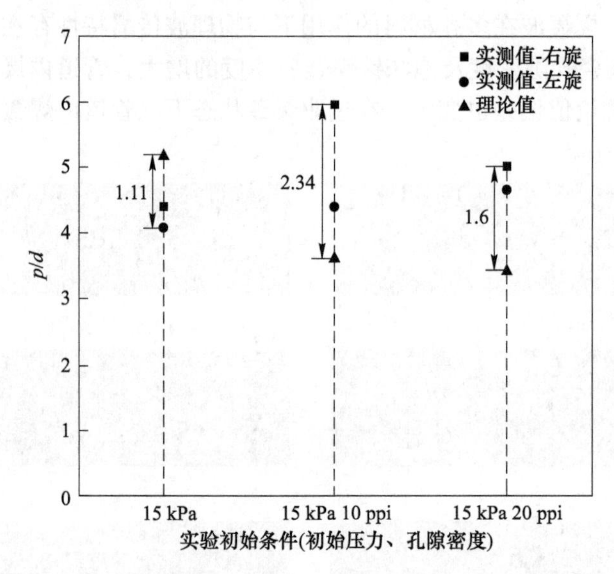

图 7-35　过驱爆轰模式下泡沫陶瓷作用的螺旋爆轰管径-螺距比

7.6　本章结论

通过对螺旋爆轰结构与爆轰极限的理论研究，分析了多孔材料对于爆轰波的抑制效果。就不同孔隙密度（10 ppi、20 ppi、40 ppi）的 Al_2O_3 泡沫陶瓷和不同厚度（10 mm、30 mm、50 mm）的泡沫铁镍金属两种多孔材料在管道内对 $2H_2+O_2+3Ar$ 预混气爆轰机理进行实验研究，考虑了初始压力、多孔材料品类、厚度及孔隙度等参数对氢气爆轰传播机理的影响，分析爆轰波的传播速度以及侧壁烟膜结果、螺旋爆轰轨迹与管轴夹角，得到了多孔材料对爆轰抑制作用的规律，主要研究结论如下：

（1）多孔材料对于 $2H_2+O_2+3Ar$ 预混气爆轰波的传播速度具有抑制作用。在光滑管道内安设多孔材料后，爆轰波均出现明显的速度突降现象。随着 Al_2O_3 泡沫陶瓷孔隙密度的增加，爆轰波传播速度亏损增大；随着泡沫铁镍金属厚度增加，爆轰波传播速度下降明显。初始压力增大，速度亏损降低。

（2）在整个爆轰波的传播过程中，爆轰波胞格结构经历了两个周期的增长—衰减现象。管道内爆轰波开始加速传播，爆轰波螺旋头数不断增加，最终在管道 670 mm 附近增长为二十二头螺旋爆轰胞格结构。此为过驱爆轰阶段，过驱爆轰本身是一种不稳定的传播模式，此后胞格结构逐渐衰减，甚至消失，随后化学反应区附近局部爆炸产生爆轰波，开始新一轮的爆轰传播。在管道内的传播过程中观察到了两个周期的增长—衰减阶段。

（3）Al_2O_3 泡沫陶瓷对爆轰波的传播具有较好的抑制效果，随着 Al_2O_3 泡沫陶瓷孔隙密度的增大，爆轰波胞格结构减少，胞格尺寸增大，Al_2O_3 泡沫陶瓷对爆轰波的抑制作用增强。当爆轰波与 Al_2O_3 泡沫陶瓷接触时，化学反应区的自由基与泡沫陶瓷孔隙相互碰撞，使得化学反应区内的自由基被摧毁，参与化学反应的自由基减少，爆轰波强度减弱，因此爆轰波穿过 Al_2O_3 泡沫陶瓷后爆轰波胞格结构急剧减少。

（4）泡沫铁镍金属对于爆轰波具有抑制效果，且随着厚度的增加，螺旋头数减少，抑制效果增强。爆轰波传播至与泡沫铁镍金属相碰撞，泡沫铁镍金属的无方向网状孔隙吸收了爆轰波中的横波，横波振荡频率降低，穿过泡沫铁镍金属后爆轰波胞格结构瞬间减少，胞格尺寸增大。随着泡沫铁镍金属厚度的增加，管道末端胞格结构减少，胞格尺寸增大，泡沫铁镍金属对于爆轰波的抑制效果增强。泡沫铁镍金属对于爆轰波的抑制效果强于 Al_2O_3 泡沫陶瓷。

（5）过驱爆轰阶段，Al_2O_3 泡沫陶瓷对爆轰波的抑制趋势与稳定爆轰传播阶段相同，随着孔隙密度的增加，爆轰波胞格结构减少，Al_2O_3 泡沫陶瓷对爆轰波的抑制作用增大。过驱爆轰阶段，Al_2O_3 泡沫陶瓷对爆轰波的抑制效果弱于稳定爆轰状态。初始压力为 15 kPa 的条件下，随着孔隙密度的增加，稳定爆轰传播阶段，管道末端爆轰波由双头螺旋爆轰结构转为单头螺旋爆轰结构，爆轰波达到极限状态。过驱爆轰阶段，管道末端爆轰波由四头螺旋爆轰结构转为双头螺旋爆轰结构。

（6）光滑管道内爆轰轨迹与管轴夹角与声学理论值较为吻合，$2H_2+O_2+3Ar$ 预混气爆轰波符合物理波的传播特性。在光滑管道内安设 Al_2O_3 泡沫陶瓷及泡沫铁镍金属后，管道内爆轰轨迹与管轴夹角实测值与声学理论值偏差变大，爆轰波在多孔材料的作用下与物理波传播特性存在差异，并且随着 Al_2O_3 泡沫陶瓷孔隙密度及泡沫铁镍金属厚度的增大，管道内爆轰轨迹与管轴夹角实测值与理论值偏差也变大。在过驱爆轰状态下，管道内爆轰轨迹与管轴夹角偏差在安设泡沫陶瓷后变大，但是并未出现孔隙密度越大，实测值与理论值偏差越大这一规律。

参 考 文 献

[1] Evans M W, Given F I, Richeson W E. Effects of attenuating materials on detonation induction distances in gases [J]. Journal of Applied Physics, 1955, 26 (9): 1111-1113.

[2] Borisov A, Kuhl A L, Bowen J R. Dynamics of explosions propagation of detonation waves in an acoustic absorbing walled tube [J]. AIAA, 1988, 10: 248-263.

[3] Dupré G, Peraldi O, Lee J H, et al. Propagation of detonation waves in acoustic absorbing walled tube [J]. ATAA, 1988, 114: 248-263.

[4] Teodorczyk A, Lee J H S. Detonation attenuation by foams and wire meshes lining the walls [J]. Shock Waves, 1995, 4 (4): 225-236.

[5] 喻健良，孟伟，王雅杰．多层丝网结构抑制管内气体爆炸的试验 [J]．天然气工业, 2005, 25 (6): 116-118.

[6] 喻健良，蔡涛，李岳，等．丝网结构对爆炸气体淬熄的试验研究 [J]．燃烧科学与技术, 2008, 14 (2): 97-100.

[7] Skews B W. The reflected pressure field in the interaction of weak shock waves with a compressible foam [J]. Shock Waves, 1991, 1 (3): 205-211.

[8] Dae Ki Min, Hyun Dong Shin. Laminar premixed flame stabilized inside a honeycomb ceramic [J]. International Journal of Heat and Mass Transfer, 1991, 34 (2): 341-356.

[9] Guo C, Thomas G, Li J, et al. Experimental study of gaseous detonation propagation over acoustically absorbing walls [J]. Shock Waves, 2002, 11 (5): 353-359.

[10] Sun Jianhua, Zhao Yi, Wei Chunrong, et al. The comparative experimental study of the porous materials suppressing the gas explosion [J]. Procedia Engineering, 2011, 26 (C): 954-960.

[11] Vasil'ev A A. Near-limiting detonation in channels with porous walls [J]. Combustion, Explosion and Shock Waves, 1994, 30 (1): 101-106.

[12] Nie B, Yang L, Wang J. Experiments and mechanisms of gas explosion suppression with foam ceramics [J]. Combustion Science and Technology, 2016, 188 (11/12): 2117-2127.

[13] Xie Qiaofeng, Wen Haocheng, Ren Zhaoxin, et al. Effects of silicone rubber and aerogel blanket-walled tubes on H_2/Air gaseous detonation [J]. Journal of Loss Prevention in the Process Industries, 2017, 49: 753-761.

[14] Bivol G Y, Golovastov S V, Golub V V. Attenuation and recovery of detonation wave after passing through acoustically absorbing section in hydrogen-air mixture at atmospheric pressure [J]. Journal of Loss Prevention in the Process Industries, 2016, 43: 311-314.

[15] Pang Lei, Wang Chenxu, Han Mengxing, et al. A study on the characteristics of the deflagration of hydrogen-air mixture under the effect of a mesh aluminum alloy [J]. Journal of Hazardous Materials, 2015, 299: 174-180.

[16] Lv Pengfei, Pang Lei, Jin Jianghong, et al. Effects of hydrogen addition on the deflagration characteristics of hydrocarbon fuel/air mixture under a mesh aluminium alloy [J]. International Journal of Hydrogen Energy, 2016, 41 (18): 7511-7517.

[17] Duff R E, Young J L. Shock-wave curvature at low initial pressure [J]. The Physics of Fluids, 1961, 4 (7): 812-816.